Teubner Studienbücher der Biologie

M. Françon
Physik für Biologen, Chemiker und Geologen   Band 1

Studienbücher der Biologie

Herausgegeben von
Prof. Dr. H. Stieve, Jülich, und Dr. E. Hildebrand, Jülich

Die Studienbücher der Reihe Biologie sollen in Form einzelner Bausteine grundlegende und weiterführende Themen aus allen Gebieten der Biologie umfassen. Daneben werden auch die übrigen Naturwissenschaften in einem Maße berücksichtigt, wie sie für den Umgang mit den Denk- und Arbeitsmethoden der Biologie notwendig erscheinen. Die Bände der Reihe sind wegen ihrer studienbezogenen Konzeption besonders zum Gebrauch neben Vorlesungen oder auch anstelle von Vorlesungen sowie zur Fortbildung der Lehrer geeignet. Für den Studierenden der Mathematik, Physik oder Chemie, der an biologischen Problemen interessiert ist, bietet die Reihe die Möglichkeit, sich an exemplarisch ausgewählten Themengruppen in die Biologie einführen zu lassen.

Physik für Biologen Chemiker und Geologen

Band 1

Von M. Françon
Professor an der Faculté des Sciences de Paris

Aus dem Französischen übersetzt von
Dipl.-Phys. H. von Groote, Universität Würzburg

1971. Mit 261 Figuren

 B. G. Teubner Stuttgart

Prof. Dr. Maurice M. Françon

1913 geboren in Paris. Studium am Lycée Buffon und an der Faculté des sciences de Paris. Promotion in Physik. Von 1941–1945 Schüler von Ch. Fabry am Institut d'optique de Paris. 1943 Assistant, 1948 Chef de travaux. Von 1948–1954 Maître de recherche am Centre national de la recherche scientifique. 1954 Maître de conférence, 1958 Professeur titulaire an der Faculté des sciences de Paris. Seit 1950 Professor am Institut d'optique und an der Faculté des sciences de Paris.

ISBN 3-519-03022-5

© 1969 Masson & Cie. Paris
Titel der Originalausgabe: Françon, Physique CB-BG première année
2., durchgesehene und erweiterte Auflage 1969
© 1971 der deutschen Übersetzung B. G. Teubner, Stuttgart
Alle Rechte vorbehalten
Printed in Germany
Satz und Druck: Anton Hain KG, Meisenheim am Glan
Umschlaggestaltung: W. Koch Stuttgart

Vorwort der Herausgeber

Die Physik ist in verschiedener Hinsicht für die Biologie wichtig. Zum einen strebt Biologie letztlich an, alle Erscheinungen des Lebens durch allgemein gültige Gesetze zu beschreiben, und folgt damit dem Beispiel der Physik, der es als erster Naturwissenschaft gelungen ist, klare Gesetze zu formulieren, die im übrigen auch für die Biologie gültig sind. Zum anderen ist biologische Forschung ohne die Anwendung physikalischtechnischer Hilfsmittel undenkbar. Weil es notwendig erscheint, sich mit den Gesetzen der Physik vertraut zu machen, bevor man Biologie betreibt, ist seit längerer Zeit an allen Universitäten und Hochschulen eine Grundausbildung in Physik für die Studierenden der Biologie obligatorisch. In zunehmendem Maße bedient sich die biologische Forschung auch physikalischer Denk- und Arbeitsmethoden, beispielsweise auf den Gebieten der Molekulargenetik und der Erregungsphysiologie. Eine Einführung in die Physik für Biologen sollte aus diesem Grunde mehr als bisher neben den elementaren physikalischen Gesetzen einen Einblick in die Denk- und Arbeitsmethoden der Physik und ihre Bedeutung für die moderne Biologie vermitteln.

Das vorliegende Lehrbuch von M. Françon kommt, wie wir meinen, diesen Wünschen in mancher Beziehung sehr entgegen. Es verzichtet weitgehend auf grundlegende Betrachtungen, was Physik sei, und stellt dafür deutlicher als in Büchern vergleichbaren Umfangs dar, worin physikalische Arbeitsmethoden bestehen und welchen Wert die Physik für die biologische Wissenschaft hat. Wir glauben, daß dieses Buch erkennen läßt, wozu ein Biologe Physik braucht, und daß es dem Studierenden helfen kann, physikalische Denkmethoden zu verstehen.

Neben der leicht faßbaren und formal exakten Darstellung der wichtigsten physikalischen Gesetzmäßigkeiten enthält das Werk in kurzer Form und auf das Wesentliche beschränkt erstaunlich viele für die Biologie wichtige Methoden, wie z.B. das Prinzip der Fourier-Analyse, Transistorverstärker, Laser und verschiedene mikroskopische Verfahren. Diese tragen wesentlich zum Verständnis für die physikalischen Hilfsmittel des Biologen bei und können geeignet sein, den Leser anzuregen, sich mit den dargebotenen physikalischen Grundlagen aus Überzeugung zu beschäftigen.

Als Grundlage für die meisten Teilgebiete der Biologie und für Biologielehrer erscheint uns diese Einführung in die Physik ausreichend. Über das Grundstudium hinaus wird das Buch ein ständiger Begleiter des Studierenden während des ganzen Studiums sein; dem Fortgeschrittenen kann es als Nachschlagewerk dienen. Auch für solche Gebiete, die spezielle Kenntnisse der Physik erfordern, wie beispielsweise die Thermodynamik irreversibler Prozesse oder die Molekularbiologie, bietet das Buch die notwendige breite Grundlage für das weiterführende Studium.

Die französische Originalausgabe des Buches wurde sowohl für Biologen als auch für Studierende der Chemie und Geologie geschrieben; das Buch ist daher auch den Bedürfnissen dieser Fächer angepaßt. Wir meinen, daß es darüber hinaus auch für Mediziner und Pharmazeuten, die in der Forschung tätig werden möchten, ein geeigneter Leitfaden sein kann.

Der Verzicht auf die traditionelle Einteilung des Stoffes und die Gliederung in weitgehend unabhängige Kurse scheinen uns auch vom Gesichtspunkt der Didaktik ein lohnenswerter Versuch zu sein und können die Verwendung des Buches zum Selbststudium erleichtern.

Die einbändige französische Originalausgabe wurde aus technischen Gründen und zur leichteren Benutzbarkeit in zwei Bände geteilt, die aber inhaltlich ein einheitliches Ganzes bilden. Das Sachverzeichnis wurde beträchtlich erweitert, ein Verzeichnis der wichtigsten Symbole hinzugefügt. In einigen Fällen hat der Übersetzer die im Originaltext verwendeten Symbole durch solche ersetzt, die in deutschen Lehrbüchern gebräuchlich sind. Die im Original als Anhang beschriebenen Methoden der Mikroskopie wurden in den Text eingearbeitet.

Jülich, im Sommer 1971 H. Stieve und E. Hildebrand

Vorwort des Verfassers

Dieses Lehrbuch der Physik wendet sich hauptsächlich an Studenten der Fächer Biologie, Chemie und Geologie in den ersten Semestern.

Zum Aufbau dieses Buches möchten wir einige kurze Bemerkungen machen. Anstatt die Interferenzerscheinungen anhand des Youngschen Versuches darzulegen, wie es üblicherweise getan wird, haben wir das Interferometer von Michelson vorgezogen. Die Erklärungen sind genauso einfach, und man erhält zugleich die notwendigen Kenntnisse für die Beschreibung des Versuchs von Michelson-Morley in dem Kapitel über die Relativitätstheorie. Die Beugungserscheinungen wurden so dargestellt, daß der Student die Wirkungsweise des Lichtmikroskops unter dem „physikalisch-optischen" Gesichtspunkt verstehen kann. Der Vergleich zwischen dem Lichtmikroskop und dem Elektronenmikroskop wird dadurch erleichtert.

Weiterhin wurden einige Erkenntnisse über Elektronen in Kristallen in den Inhalt einbezogen, und es erschien uns vorteilhafter, für Verstärker und Schwingungserzeuger Transistor-Schaltungen anzugeben und in diesem Zusammenhang auf Elektronenröhren zu verzichten.

Aus dem Gebiet der Mikroskopie, die ja ein besonders wichtiges Gebiet für die Biologen, Mediziner und Geologen ist, werden das Phasenkontrastmikroskop, das Interferenzmikroskop, das Elektronenmikroskop, das Röntgenstrahlenmikroskop (Röntgenschattenmikroskop) und einige spezielle Techniken behandelt.

Über die Unvollkommenheit eines solchen Lehrbuchs und die Gefahr von Irrtümern, wie sie elementare Darstellungen mit sich bringen, bin ich mir durchaus im klaren. Aber ich hoffe trotzdem, daß dieses Buch den Studenten das Verständnis der wesentlichen Erscheinungen der Physik erleichtern wird.

M. Françon

Inhalt

1. **Das Bezugssystem in der Mechanik**
   1.1. Wann kann man sagen, daß sich ein Gegenstand bewegt? ... 21
   1.2. Lagebestimmung eines bewegten Körpers ... 21
   1.3. Bezugssystem der Mechanik im Sonnensystem ... 21

2. **Geschwindigkeit und Beschleunigung**
   2.1. Mittlere Geschwindigkeit ... 22
   2.2. Momentangeschwindigkeit ... 23
   2.3. Beschleunigung ... 24
   2.4. Geschwindigkeit und Beschleunigung in einigen Spezialfällen ... 25
   2.5. Änderung des Bezugssystems. Translation des bewegten Bezugssystems relativ zum ruhenden ... 27
   2.6. Beliebige Bewegungen des bewegten Koordinatensystems gegenüber dem festen Koordinatensystem ... 28

3. **Kräfte**
   3.1. Kraftbegriff ... 29
   3.2. Vektornatur der Kräfte ... 29
   3.3. Prinzip von Wirkung und Gegenwirkung ... 29
   3.4. Trägheit ... 30
   3.5. Grundgesetz der Dynamik eines Massenpunktes ... 30
   3.6. Gewicht, Schwerkraft ... 31
   3.7. Das Grundgesetz der Dynamik im Bezugssystem Erde ... 32
   3.8. Bewegung eines Weltraumfahrers in einem künstlichen Satelliten. Schwerelosigkeit ... 33
   3.9. Physiologische Auswirkung der Schwerelosigkeit ... 35

4. **Bewegungsgleichungen**
   4.1. Arbeit einer Kraft ... 35
   4.2. Erhaltung der Arbeit ... 36
   4.3. Kinetische Energie ... 37
   4.4. Potential im Schwerefeld ... 37
   4.5. Potentielle Energie im Schwerefeld ... 38
   4.6. Mechanische Energie. Energieerhaltung ... 39
   4.7. Impuls eines Massenpunktes ... 39
   4.8. Kraftstoß und Stoß ... 40
   4.9. Elastischer und unelastischer Stoß ... 40

Inhalt 9

4.10. Impulserhaltung 41
4.11. Bewegung von Raketen 42
4.12. Relativistischer Impuls 43

5. **Massensysteme**

5.1. Starre Körper im Gleichgewicht 44
5.2. Drehmoment einer Kraft um eine Achse 45
5.3. Schwerpunkt 46
5.4. Schwerpunktsatz 46
5.5. Drehimpuls 46
5.6. Drehimpulssatz. Drehimpulserhaltung 47
5.7. Drehung eines festen Körpers um eine freie Achse 47

6. **Gravitation**

6.1. Gravitationsgesetz 48
6.2. Keplersche Gesetze 49
6.3. Künstliche Satelliten 49
6.4. Fluchtgeschwindigkeit aus der Erdanziehung 51

7. **Mechanik der Flüssigkeiten**

7.1. Ideale Flüssigkeiten 52
7.2. Kräfte, welche die Flüssigkeit auf die Gefäßwände ausübt . . . 52
7.3. Kräfte, die von einer Flüssigkeit auf einen sich innerhalb dieser Flüssigkeit befindenden Körper ausgeübt werden 53
7.4. Grundgleichung der Statik von Flüssigkeiten. Flüssigkeit unter Einfluß der Schwerkraft 53
7.5. Archimedisches Gesetz 54
7.6. Druck in einer Flüssigkeit 55
7.7. Übertragung von Drücken in einem flüssigen Medium 55
7.8. Strömung einer idealen Flüssigkeit 55
7.9. Venturische Röhre 57
7.10. Ausströmung eines flüssigen Mediums aus einer Öffnung unter Einfluß der Schwerkraft 57
7.11. Viskosität der Flüssigkeiten 58
7.12. Laminare Strömung. Poiseuillesches Gesetz 59
7.13. Turbulente Strömung 60
7.14. Widerstand in einer viskosen laminaren Strömung 61
7.15. Widerstand in einer turbulenten Strömung 62
7.16. Auftrieb 63
7.17 Phänomene, die mit der Geschwindigkeit und Antriebskraft von Fischen und Walen zusammenhängen 64

8. Wechselwirkungen zwischen Molekülen

8.1. Wechselwirkungen zwischen polaren Molekülen 65
8.2. Wechselwirkungen zwischen polaren und nicht polaren Molekülen . 65
8.3. Wechselwirkungen zwischen nicht polaren Molekülen 66
8.4. Änderung der Wechselwirkung zwischen zwei Molekülen als Funktion ihres Abstandes 66

9. Kinetische Gastheorie

9.1. Struktur der Gase 68
9.2. Verteilungsgesetz der Molekülgeschwindigkeit 68
9.3. Ideale Gase 70
9.4. Gleichverteilung der Energie 72
9.5. Druck 73
9.6. Temperatur 75
9.7. Mittlere freie Weglänge der Moleküle 75
9.8. Viskosität der Gase 76

10. Der feste Zustand

10.1. Der kristalline Zustand. Eigenschaften 77
10.2. Ebene Gitter 78
10.3. Raumgitter 78
10.4. Bemerkung 81
10.5. Zweidimensionale periodische Struktur 82
10.6. Atomare Struktur der Kristalle 83
10.7. Beispiele für Kristallstrukturen 84
10.8. Erscheinungsform der Kristalle im makroskopischen Maßstab . . 87
10.9. Molekülkristalle 88
10.10. Kristalle mit Valenzbindung 90
10.11. Ionenkristalle 91
10.12. Kristalle mit metallischer Bindung 92

11. Der flüssige Zustand

11.1. Struktur der Flüssigkeiten 93
11.2. Effekte aufgrund der Kohäsionskräfte speziell bei Flüssigkeiten. Oberflächenkräfte 94
11.3. Effekte der Oberflächenkräfte bei Anwesenheit der Schwerkraft . 95
11.4. Oberflächenspannung 96
11.5. Druck im Innern eines Flüssigkeitstropfens oder in einer Gasblase innerhalb der Flüssigkeit 97

11.6. Grenzflächenspannung 99
11.7. Flüssigkeit in Kontakt mit einem festen Körper 100
11.8. Trennung von Mineralien durch Aufschwemmen 102
11.9. Aufsteigen in kapillaren Röhren. Jurinsches Gesetz. 102
11.10. Anziehung und Abstoßung zwischen kleinen schwimmenden Körpern 104
11.11. Molekulare Aspekte der Viskosität von Flüssigkeiten. Suprafluider Zustand 104

12. Diffusion

12.1. Diffusion von Flüssigkeiten 106
12.2. Diffusion zwischen Lösungsmittel und Lösung 106
12.3. Osmotischer Druck 107
12.4. Versuch von Berthollet 108
12.5. Diffusion eines Gases in einem anderen Gas 110

13. Zustandsänderungen

13.1. Definition 111
13.2. Verflüssigung, Verdampfung 112
13.3. Verzögerung des Verdampfens und der Verflüssigung 114
13.4. Schmelzen. Gleichgewicht zwischen fester und flüssiger Phase . . 115
13.5. Verzögerung der Erstarrung. Unterkühlte Flüssigkeit 116
13.6. Sublimation 117
13.7. Koexistenz zwischen den dampfförmigen, flüssigen und festen Phasen. Tripelpunkt 117
13.8. Charakteristische Fläche 117
13.9. Bemerkungen über die molekulare Theorie der Zustandsänderungen 118

14. Erster Hauptsatz der Thermodynamik

14.1. Thermische Umwandlungen. Wärmemenge 119
14.2. Ausbreitung von Wärme 119
14.3. Thermodynamik 120
14.4. Variablen, die den Gleichgewichtszustand eines Systems definieren 121
14.5. Reversibler Prozeß 122
14.6. Adiabatisch reversible Zustandsänderung eines idealen Gases . . 124
14.7. Gegenseitige Umwandlung von Wärme und Arbeit. Erster Hauptsatz 124
14.8. Nicht geschlossene Prozesse. Innere Energie 125
14.9. Innere Energie eines idealen Gases 126
14.10. Gesamtenergie. Energieerhaltung 126
14.11. Unmöglichkeit des Perpetuum mobile 127

15. Zweiter Hauptsatz der Thermodynamik

15.1. Monothermischer Kreisprozeß. Zweiter Hauptsatz der Thermodynamik: Prinzip von Kelvin 127
15.2. Kreisprozeß mit zwei Wärmereservoiren. Zweiter Hauptsatz: Prinzipien von Carnot und Clausius 128
15.3. Beispiel zur Erläuterung des zweiten Hauptsatzes 129
15.4. Carnotscher Kreisprozeß 130
15.5. Wirkungsgrad einer Wärmekraftmaschine mit zwei Reservoiren . . 131
15.6. Satz von Carnot 132
15.7. Thermodynamische Temperatur 132
15.8. Wirkungsgrad eines Carnotschen Kreisprozesses als Funktion der absoluten Temperatur 133
15.9. Nicht geschlossener reversibler Prozeß. Entropie 133
15.10. Entropieänderung eines realen, isolierten Systems 134
15.11. Bedeutung der Entropie 135
15.12. Entwicklung des Universums 135

16. Phänomene der Elektrizität

16.1. Elektrisierung durch Reibung 136
16.2. Coulombsches Gesetz 137
16.3. Leiter und Nichtleiter 137
16.4. Blättchenelektroskop 138
16.5. Elektrisierung durch Influenz 138
16.6. Elektrische Abschirmung 139

17. Elektrisches Feld und Potential

17.1. Elektrisches Feld 140
17.2. Elektrisches Feld einer Kugel 140
17.3. Feld im Innern und in der Nähe eines geladenen Leiters 141
17.4. Wirkung eines elektrischen Feldes auf ein Dielektrikum 141
17.5. Elektrisches Potential 142
17.6. Äquipotentialflächen 143
17.7. Potentialdifferenz in einem homogenen elektrischen Feld . . . 143
17.8. Potential eines kugelförmigen Leiters 144
17.9. Fall zweier entfernter Leiter, die durch einen dünnen leitenden Draht miteinander verbunden sind 144
17.10. Anwendung für das Elektroskop 145
17.11. Kapazität eines Leiters in Gegenwart eines anderen Leiters. Kondensator 146

18. Elektrischer Gleichstrom

18.1. Strom elektrischer Ladungen 147
18.2. Strömungsgeschwindigkeit von Ladungen 148
18.3. Stromstärke 148
18.4. Ohmsches Gesetz 148
18.5. Elektrische Energie. Joulesches Gesetz 150
18.6. Elektromotorische Kraft einer elektrischen Stromquelle 151
18.7. Elektrischer Verbraucher. Gegenelektromotorische Kraft . . . 151
18.8. Stromkreis mit Stromquellen und Verbrauchern 152

19. Magnetische Induktion. Wirkung eines Induktionsfeldes auf einen Strom

19.1. Magnetisches Induktionsfeld 153
19.2. Bahnkurve eines geladenen Teilchens in einem homogenen Induktionsfeld 154
19.3. Wirkung eines magnetischen Induktionsfeldes auf ein Stromelement 155
19.4. Wirkung eines homogenen Induktionsfeldes auf eine rechteckige Stromschleife 155
19.5. Magnetisches Induktionsfeld eines Permamentmagneten 157
19.6. Induktionslinien eines Magneten 158
19.7. Wirkung eines Magneten auf eine stromdurchflossene Schleife . . 158
19.8. Induktionsfluß 159
19.9. Arbeit der elektromagnetischen Kräfte bei Änderung der Leiterfläche 160
19.10. Gesetz vom größten Fluß 160

20. Magnetisches Induktionsfeld eines Gleichstroms

20.1. Grundlegende Versuche 161
20.2. Bio-Savartsches Gesetz 162
20.3. Magnetische Induktion eines geraden, unendlichen, stromdurchflossenen Leiters 163
20.4. Kraft zwischen zwei geraden, parallelen, stromdurchflossenen Leitern 164
20.5. Magnetische Induktion eines Kreisstroms 165

21. Materie im Magnetfeld

21.1. Induzierte Magnetisierung 166
21.2. Charakterisierung des Magnetisierungszustandes 167
21.3. Entmagnetisierung 167
21.4. Magnetisierungskurven von Eisen und Stahl 168
21.5. Theorie des Magnetismus 170

22. Elektromagnetische Induktion

22.1. Qualitative Aussagen 172
22.2. Beziehung zwischen den Erscheinungen der Induktion und den magnetischen Kräften auf bewegte Ladungen 173
22.3. Faradaysches Gesetz 174
22.4. Selbstinduktion 175
22.5. Ein- und Ausschalten eines Stromes in einem Stromkreis 176
22.6. Induktor 177

23. Strom in Gasen

23.1. Ionisation der Gase 179
23.2. Entladung in verdünnten Gasen 180
23.3. Kathodenstrahlen 181
23.4. Eigenschaften der Kathodenstrahlen 182

24. Ströme in Elektrolyten

24.1. Ströme in Flüssigkeiten 184
24.2. Faradaysches Gesetz 185

25. Ströme in Festkörpern

25.1. Elektronen in Kristallen 186
25.2. Besetzung der Energiebänder eines Festkörpers 188
25.3. Stromfluß im Kristall 189
25.4. Halbleiter 189

26. Kontaktspannung

26.1. Peltier-Effekt 191
26.2. Spannung, die von zwei verschiedenen, sich berührenden Leitern erzeugt wird. Thermoelement 191
26.3. Kontaktspannung zwischen einem Metall und einem Elektrolyten . 192
26.4. Galvanische Elemente. Akkumulatoren 193
26.5. Elektrophorese 195
26.6. Elektrogenese bei Lebewesen 195

27. Wechselstrom

27.1. Beispiel für die Erzeugung einer sinusförmigen elektromotorischen Kraft 196
27.2. Effektive Stromstärke 197
27.3. Verschiedene Effekte des Wechselstroms 198
27.4. Wechselspannung an den Klemmen einer Reihenschaltung von Widerstand und Induktivität 198

27.5. Wechselspannung an den Klemmen eines Widerstandes allein . . 200
27.6. Wechselspannung an den Klemmen einer Induktivität 200
27.7. Wechselspannung an den Klemmen einer Reihenschaltung von
 Widerstand, Induktivität und Kapazität 201
27.8. Resonanz 202
27.9. Leistung bei einem Wechselstrom 202
27.10. Transformatoren 203

Sachverzeichnis 205

Band 2 (gekürzte Inhaltsübersicht)

28. Elektronik
29. Emission und Empfang von elektromagnetischen Wellen (Hertzsche Wellen)
30. Schwingungen
31. Lichtwellen
32. Interferenz von Lichtwellen
33. Beugung
34. Beugung von Röntgenstrahlen. Beugung von Elektronen
35. Polarisation
36. Photometrie
37. Einführung in die Relativitätstheorie
38. Atombau
39. Der Atomkern
40. Natürliche Radioaktivität
41. Detektoren und Nachweismethoden in der Kernphysik
42. Kernreaktionen
43. Elementarteilchen

Die wichtigsten verwendeten Symbole

Bei Symbolen mit mehrfacher Bedeutung sind die erklärenden Abschnitte in Klammern angegeben.

$\vec{a}$	Beschleunigung	R	Reynoldsche Zahl (7.13); molare Gaskonstante (9.3); elektrischer Widerstand (18.4)
$\vec{B}$	magnetische Induktion		
c	Lichtgeschwindigkeit in Vakuum		
C	Kapazität	s	Spinquantenzahl
D	Diffusionskoeffizient	S	Entropie
e	Positronenladung	t	Zeit; Temperatur
E	Energie (37.7); Beleuchtungsstärke (36.1)	T	Kinetische Energie (4.3); absolute Temperatur (9.3); Periode einer Schwingung (30.1)
$\vec{E}$	elektrisches Feld		
F	Faraday-Konstante	$T_{1/2}$	Halbwertzeit
$\vec{F}$	Kraft	u	Molekülgeschwindigkeit
g	Fallbeschleunigung	U	innere Energie (14.8); elektromotorische Kraft (18.6)
G	Gravitationskonstante (6.1)		
$\vec{G}$	Gewicht[1]) (3.6)	v	Geschwindigkeit
h	Plancksche Konstante	V_m	Molvolumen
$\vec{H}$	magnetische Feldstärke	V	Volumen; potentielle Energie (4.5); elektrisches Potential (17.5)
I	Trägheitsmoment (5.5); Stromstärke (18.3); Lichtstärke (36.1)		
$\vec{j}$	Stromdichte	W	Arbeit (4.1); Energie
k	Boltzmann-Konstante	η	Viskositätskoeffizient (7.11); Wirkungsgrad (15.5)
ℓ	mittlere freie Weglänge (9.7); Neben-(Drehimpuls-)Quantenzahl (38.3)		
		κ	magnetische Suszeptibilität
		λ	Wellenlänge
L	Eigeninduktivität (22.4); Leuchtdichte (36.1)	μ	magnetische Permeabilität
		μ_0	magnetische Feldkonstante
m	Masse (3.4); magnetische Quantenzahl (38.3)	ν	Frequenz
		π	osmotischer Druck
M	spezifische Lichtausstrahlung	ρ	Dichte (7.6); spezifischer Widerstand (18.4)
$\vec{M}$	Drehmoment (5.1); Magnetisierung (21.2)		
		σ	Oberflächenspannung (11.4); elektrische Leitfähigkeit (18.4)
n	Brechungsindex; Hauptquantenzahl (38.3)		
		φ	Phase, Phasenverschiebung
p	Druck	Φ	Induktionsfluß
q	elektrische Ladung	ω	Kreisfrequenz
Q	Wärmemenge	$\vec{\omega}$	Winkelgeschwindigkeit

---

[1]) s. Fußnote S. 31.

Physikalische Einheiten und Konstanten

Einheiten

Das Internationale Einheitensystem ist ein kohärentes Einheitensystem, bei dem man neben den 4 Basiseinheiten des MKSA-Systems Meter (m), Kilogramm (kg), Sekunde (s) und Ampere (A) noch die Basiseinheit Grad Kelvin (K) für die Basisgröße thermodynamische Temperatur und die Basiseinheit Candela (cd) für die Basisgröße Lichtstärke benutzt. Die Einheiten dieses Systems heißen SI-Einheiten.

Folgende SI-Einheiten haben besondere Namen und Kurzzeichen:

Mechanische Einheiten

Frequenz	Hertz	(Hz)	($= s^{-1}$)
Kraft	Newton	(N)	($= kg\, m/s^2$)
Energie	Joule	(J)	($= kg\, m^2/s^2$)
Leistung	Watt	(W)	($= J/s$)

Elektrische Einheiten

Ladung	Coulomb	(C)	($= As$)
elektrisches Potential	Volt	(V)	($= W/A$)
Kapazität	Farad	(F)	($= C/V$)
elektrischer Widerstand	Ohm	(Ω)	($= V/A$)
Induktivität	Henry	(H)	($= Vs/A$)
Induktionsfluß	Weber	(Wb)	($= Vs$)
Magnetische Induktion	Tesla	(T)	($= Wb/m^2$)

Photometrische Einheiten

Lichtstrom	Lumen	(lm)	($= cd\, sterad$)
Beleuchtungsstärke	Lux	(lx)	($= lm/m^2$)

Weitere Einheiten

Länge	Angström	(Å)	($= 10^{-10}\, m$)
ebene Winkel	Radiant	(rad)	($:= \frac{\text{Bogenlänge}}{\text{Radius}}$)
Raumwinkel	Steradiant	(sterad)	($:= \frac{\text{Kugelflächenstück}}{(\text{Radius})^2}$)
Wirkungsquerschnitt	Barn	(b)	($= 10^{-28}\, m^2$)
Druck	(physikalische) Atmosphäre	(atm)	($= 1{,}013 \cdot 10^5\, N/m^2$)
Wärmemenge	Kalorie	(cal)	($= 4{,}186\, J$)
Energie	Elektronenvolt	(eV)	($= 1{,}602 \cdot 10^{-19}\, J$)

Physikalische Einheiten und Konstanten

Atommasse	(vereinheitlichte) atomare Masseneinheit	(u)	(= $1{,}6603 \cdot 10^{-27}$ kg)
elektrische Leitfähigkeit	Siemens	(S)	(= A/V)
radioaktive Strahlungsstärke	Curie	(Ci)	(= $3{,}7 \cdot 10^{10}$ s^{-1})

Das Mol (mol) ist die Stoffmenge eines Systems, das aus ebensovielen Molekülen (oder anderen Teilchen) besteht, wie Atome in genau 12 Gramm reinen Kohlenstoffs ^{12}C enthalten sind.

Vorsätze

Zur Bezeichnung eines dezimalen Teiles oder Vielfachen werden folgende Vorsätze benutzt:

Deci	(= 10^{-1})	d	Kilo	(= 10^{3})	k
Zenti	(= 10^{-2})	c	Mega	(= 10^{6})	M
Milli	(= 10^{-3})	m	Giga	(= 10^{9})	G
Mikro	(= 10^{-6})	μ	Tera	(= 10^{12})	T
Nano	(= 10^{-9})	n			
Piko	(= 10^{-12})	p			
Femto	(= 10^{-15})	f			
Atto	(= 10^{-18})	a			

Wichtige physikalische Konstanten

Vakuumlichtgeschwindigkeit	$c = 2{,}998 \cdot 10^{8}$ ms^{-1}
Boltzmann-Konstante	$k = 1{,}381 \cdot 10^{-23}$ J K^{-1}
Ruhemasse des Protons	$m_p = 1{,}67252 \cdot 10^{-27}$kg = $1{,}007276$ u
des Neutrons	$m_n = 1{,}67482 \cdot 10^{-27}$kg = $1{,}008665$ u
des Elektrons	$m_e = 9{,}1091 \cdot 10^{-31}$kg = $5{,}486 \cdot 10^{-4}$u
Ladung des Positrons	$e = 1{,}6021 \cdot 10^{-19}$ C
Spezifische Positronenladung	$e/m_e = 1{,}7588 \cdot 10^{11}$ C kg^{-1}
Magnetisches Moment	
des Elektrons	$\mu_e = 9{,}284 \cdot 10^{-24}$ JT^{-1}
des Protons	$\mu_p = 1{,}4105 \cdot 10^{-26}$ JT^{-1}
Planck-Konstante	$h = 6{,}6256 \cdot 10^{-34}$ Js
	$h/2\pi = 1{,}0545 \cdot 10^{-34}$ Js
Konstante des Wienschen Verschiebungsgesetz	$\lambda_{max} T = 2{,}8978 \cdot 10^{-3}$ m K
Stefan-Boltzmann-Konstante	$\sigma = 5{,}6697 \cdot 10^{-8}$ Wm^{-2}K^{-4}
Compton Wellenlänge	
des Elektrons	$\lambda_C = h/m_e c = 2{,}4262 \cdot 10^{-12}$ m
des Protons	$\lambda_{Cp} = h/m_p c = 1{,}3214 \cdot 10^{-15}$ m
des Neutrons	$\lambda_{Cn} = h/m_n c = 1{,}3196 \cdot 10^{-15}$ m

Avogadro-Konstante $\quad N_A = 6{,}02252 \cdot 10^{-23} \text{mol}^{-1}$
Molare Gaskonstante $\quad R = 8{,}3143 \text{ JK}^{-1}\text{mol}^{-1}$
Faraday-Konstante $\quad F = N_A e = 9{,}6487 \cdot 10^4 \text{C mol}^{-1}$
Gravitationskonstante $\quad G = 6{,}667 \cdot 10^{-11} \text{Nm}^2/\text{kg}^2$

1. Das Bezugssystem in der Mechanik

1.1. Wann kann man sagen, daß sich ein Gegenstand bewegt?

Um festzustellen, ob ein Gegenstand sich bewegt, ist es notwendig, seine Lage relativ zu den ihn umgebenden Objekten mit Hilfe von Marken zu bestimmen. Indem man nun zu jedem Zeitpunkt die Entfernungen zu den verschiedenen Marken ausmißt, kann man das Vorhandensein einer Bewegung feststellen. Es ist offensichtlich, daß sich dabei die Abstände zwischen den Marken untereinander nicht ändern dürfen, und deshalb sollten sie Bestandteil eines festen Körpers sein. Von Ruhe oder Bewegung kann man somit nur hinsichtlich eines bestimmten festen Körpers sprechen: des festen Bezugskörpers oder Bezugssystems. Bewegung ist folglich ein relativer Begriff.

1.2. Lagebestimmung eines bewegten Körpers.

Die Position eines bewegten Körpers kann zu jedem Zeitpunkt durch Messung der Entfernungen zu Punkten des Bezugssystems oder durch Messung von Winkeln bestimmt werden. Drei Messungen sind notwendig und hinreichend, um die Lage eines Punktes im Raum festzustellen. Die dabei erhaltenen Zahlenwerte sind die Koordinaten des Körpers in dem gewählten Bezugssystem.

Kartesische Koordinaten. Das rechtwinklige Dreibein Oxyz (Fig. 1) soll aus Teilen des festen Bezugskörpers bestehen. Die drei Abstände des Körpers M von den drei Ebenen des Dreibeins sind die drei kartesischen Koordinaten x, y, z von M.

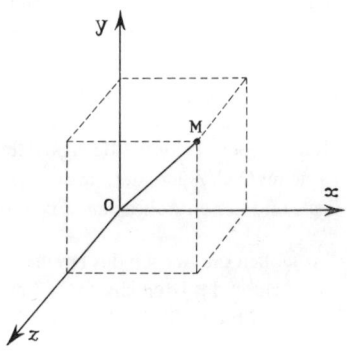

Fig. 1
Achsen eines rechtwinkligen Koordinatensystems

1.3. Bezugssystem der Mechanik im Sonnensystem.

Die Bewegungen von Körpern nahe der Erdoberfläche werden natürlich in einem Bezugssystem betrachtet, das von der Erde gebildet wird. Um jedoch die Bewegungen im Weltraum, z.B. die Bahnen von künstlichen Satelliten, erklären zu können, benötigt ein Beobachter ein anderes Bezugssystem als das System Erde.

Man muß ein solches Bezugssystem wählen, in dem die Erde sehr wohl noch eine wesentliche Rolle spielt, in dem darüberhinaus aber die Drehung der Erde im Raum als Bewegung gekennzeichnet ist. Als Bezugssystem Erde–Sterne bezeichnen wir das von einem Dreibein gebildete System, dessen Ursprung im Erdmittelpunkt liegt, und dessen

22   2. Geschwindigkeit und Beschleunigung

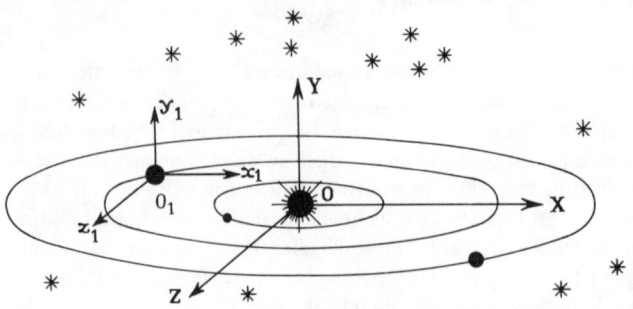

Fig. 2
Das Bezugssystem Erde—Sterne und das kopernikanische Bezugssystem

Achsen auf Fixsterne gerichtet sind (die man in erster Näherung als feststehend betrachtet). Dies ist das Bezugssystem $O_1 x_1 y_1 z_1$ in Fig. 2. Die Bewegung des Bezugssystems Erde relativ zu dem Bezugssystem Erde—Sterne ist eine gleichförmige Drehung um die Polarachse. Eine Umdrehung vollzieht sich in 24 Stunden. Wir werden jedoch sehen, daß das Grundgesetz der Dynamik nur für ein absolutes Bezugssystem gilt, das als das kopernikanische Bezugssystem bezeichnet wird. Dieses System wird von dem Dreibein OXYZ gebildet, dessen Ursprung im Gravitationszentrum des Sonnensystems liegt, und dessen Achsen auf Fixsterne gerichtet sind.

Wir wollen die Achsen des Dreibeins $O_1 x_1 y_1 z_1$ (Bezugssystem Erde—Sterne) parallel zu den Achsen des Dreibeins OXYZ ausrichten. Bezogen auf das kopernikanische System ruht die Erde nicht. Ihr Mittelpunkt beschreibt eine nahezu kreisförmige Bahn um die Sonne, und sie dreht sich um sich selbst um eine Achse, die bezogen auf die Erde fest und bezogen auf die Sterne nahezu fest steht. Wir wollen voraussetzen, daß die Zeitdauer, während der Beobachtungen vorgenommen werden, kurz ist im Vergleich zu der Zeit, die die Erde braucht, um ihre Bahn einmal zu durchlaufen (365 Tage). Unter dieser Bedingung kann man in erster Näherung annehmen, daß die Bewegung des Systems Erde—Sterne $O_1 x_1 y_1 z_1$ bezogen auf das kopernikanische System OXYZ eine geradlinige und gleichförmige Bewegung ist. Dann gilt das Grundgesetz der Dynamik in beiden Systemen. Im folgenden werden wir als festes oder absolutes Bezugssystem das System Erde—Sterne wählen.

2. Geschwindigkeit und Beschleunigung

2.1. Mittlere Geschwindigkeit. Ein Körper bewege sich längs einer beliebigen Bahn (C). Zur Zeit t befinde er sich am Ort M und zur Zeit $t' = t + \Delta t$ am Ort M' (Fig. 3). Defini-

2.2. Momentangeschwindigkeit

tionsgemäß ist der **Vektor der mittleren Geschwindigkeit** zwischen M und M' der Vektor

$$\vec{v}_m = \frac{\overrightarrow{MM'}}{\Delta t} \qquad (2.1)$$

Wie jeder Vektor wird $\vec{v}_m$ durch seinen Angriffspunkt, seine Richtung und seinen Betrag charakterisiert. Hier erhält man:

Angriffspunkt   M
Richtung   von M nach M'
Betrag $|\vec{v}_m|$ oder einfach v_m

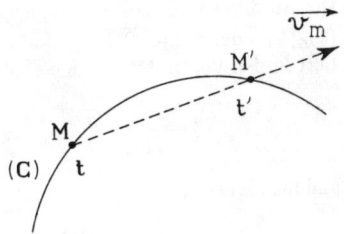

Fig. 3
Mittlere Geschwindigkeit $\vec{v}_m$

2.2. Momentangeschwindigkeit. Läßt man den Zeitpunkt t' immer näher an den Zeitpunkt t heranrücken, dann geht der Vektor der mittleren Geschwindigkeit $\vec{v}_m$ über in den **Vektor der Momentangeschwindigkeit** $\vec{v}$ im Punkt M zur Zeit t. Man erhält

$$\vec{v} = \lim_{\Delta t \to 0} \frac{\overrightarrow{MM'}}{\Delta t} \qquad (2.2)$$

Die Richtung des Vektors $\vec{v}$ ist die Richtung der Tangente an die Bahn C im Punkt M, und sein Betrag ist gleich der zeitlichen Änderung der Bogenlänge $\widehat{M_0 M} = s$, wobei M_0 ein beliebiger Anfangspunkt auf der Bahn C (Fig. 4) ist. Somit gilt:

$$v = \frac{ds}{dt} \qquad (2.3)$$

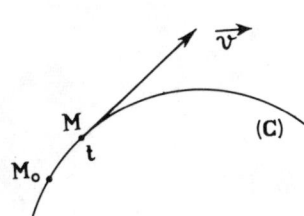

Fig. 4
Momentangeschwindigkeit $\vec{v}$

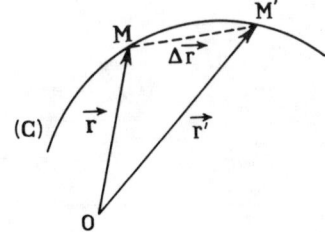

Fig. 5
Momentangeschwindigkeit als zeitliche Änderung des Vektors $\overrightarrow{OM}$

2. Geschwindigkeit und Beschleunigung

Durch Projektion auf die Achsen des Koordinatensystems xOy erhält man die Komponenten der Geschwindigkeit

$$v_x = \frac{dx}{dt} \qquad v_y = \frac{dy}{dt} \qquad (2.4)$$

Der Ausdruck (2.2) läßt sich folgendermaßen umwandeln: Ist O irgendein fester Punkt (Fig. 5), $\vec{r}$ der Vektor $\overrightarrow{OM}$ zur Zeit t, $\vec{r}'$ der Vektor $\overrightarrow{OM'}$ zur Zeit $t + \Delta t$ und repräsentiert $\Delta\vec{r}$ den Vektor $\overrightarrow{MM'}$, dann ergibt sich aus (2.2)

$$\vec{v} = \lim_{\Delta t \to 0} \frac{\Delta \vec{r}}{\Delta t} \qquad (2.5)$$

und man schreibt

$$\vec{v} = \frac{d\vec{r}}{dt} = \frac{d(\overrightarrow{OM})}{dt} \qquad (2.6)$$

Diese Schreibweise besagt, daß die Geschwindigkeit gleich der zeitlichen Änderung des Ortsvektors $\overrightarrow{OM}$ ist, der von einem beliebigen aber festen Punkt O aus abgetragen wird.

2.3. Beschleunigung. Oft ist es notwendig, die Änderung der Geschwindigkeit von einem Zeitpunkt zum anderen zu untersuchen. Betrachten wir hierzu den Quotienten $\frac{\Delta \vec{v}}{\Delta t}$, wobei $\Delta \vec{v} = \vec{v}' - \vec{v}$ der Änderung des Geschwindigkeitsvektors $\vec{v}$ während des Zeitintervalls Δt entspricht (Fig. 6). Strebt Δt gegen Null, dann erhalten wir als Grenzwert dieses Quotienten die Momentanbeschleunigung zur Zeit t

$$\vec{a} = \lim_{\Delta t \to 0} \frac{\Delta \vec{v}}{\Delta t} = \frac{d\vec{v}}{dt} \qquad (2.7)$$

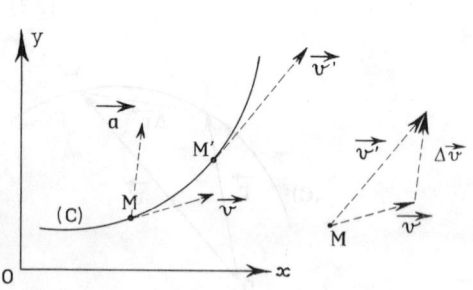

Fig. 6
Momentanbeschleunigung $\vec{a}$

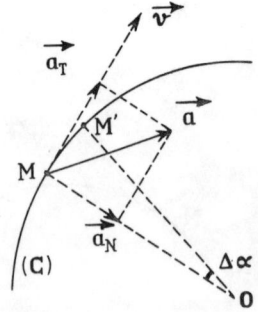

Fig. 7
Normal- und Tangentialkomponenten der Beschleunigung

2.4. Geschwindigkeit und Beschleunigung in einigen Spezialfällen

Die Komponenten der Beschleunigung in bezug auf die Koordinatenachsen sind

$$a_x = \frac{d^2x}{dt^2} \qquad a_y = \frac{d^2y}{dt^2} \qquad (2.8)$$

Analog zu (2.6) schreibt man den Beschleunigungsvektor auch in der Form

$$\vec{a} = \frac{d^2\vec{r}}{dt^2} = \frac{d^2(\overrightarrow{OM})}{dt^2} \qquad (2.9)$$

Von Interesse ist auch die Zerlegung des Beschleunigungsvektors $\vec{a}$ in zwei vektorielle Komponenten, die eine in Richtung der Tangente, die andere in Richtung der Normalen liegend (Fig. 7). Man kann zeigen, daß die Tangentialbeschleunigung $\vec{a}_T$ den Betrag

$$a_T = \frac{d^2s}{dt^2} = \frac{dv}{dt} \qquad (2.10)$$

hat. Um den Betrag der Normalbeschleunigung zu bestimmen, betrachte man den Bogen $\widehat{MM'}$ und den Winkel $\Delta\alpha$, der zwischen den beiden Kurvennormalen in M und M' liegt. Man erhält

$$\widehat{MM'} = \Delta s = \overline{MO} \cdot \Delta\alpha \qquad (2.11)$$

Strebt M' gegen M, dann strebt der Quotient $\frac{\Delta s}{\Delta \alpha}$ gegen $\frac{ds}{d\alpha} = \rho$, den sog. Krümmungsradius der Kurve in M. Der Betrag der Normalbeschleunigung $\vec{a}_N$ ergibt sich damit zu

$$a_N = \frac{v^2}{\rho} \qquad (2.12)$$

2.4. Geschwindigkeit und Beschleunigung in einigen Spezialfällen

Geradlinige Bewegung. Die Position des bewegten Körpers M wird zu jedem Zeitpunkt (Fig. 8) durch seine Abszisse x = OM gegeben, die eine Funktion x(t) der Zeit ist. Der Geschwindigkeitsvektor und der Beschleunigungsvektor weisen in Richtung der Bahn Ox. Ihre Beträge sind

$$v = \frac{dx}{dt} \quad \text{und} \quad a = \frac{dv}{dt} = \frac{d^2x}{dt^2} \qquad (2.13)$$

Kreisbewegung. Die Lage des bewegten Körpers M (Fig. 9) wird zu jedem Zeitpunkt entweder durch den Winkel Θ oder durch seine Bogenlänge s bestimmt, die z.B. vom Punkt A ab gerechnet wird. Die Geschwindigkeit, die in Richtung der Kreistangenten in M weist, ist nach (2.3)

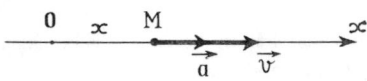

Fig. 8
Geradlinige Bewegung

26   2. Geschwindigkeit und Beschleunigung

$$v = \frac{ds}{dt} = R \frac{d\Theta}{dt} \qquad (2.14)$$

wobei $\frac{d\Theta}{dt} = \omega$ die Winkelgeschwindigkeit von M ist.

Die Beschleunigung $\vec{a}$ hat nach (2.10) und (2.11) die Komponenten

$$a_T = \frac{d^2 s}{dt^2} = R \frac{d^2 \Theta}{dt^2} = R \frac{d\omega}{dt}$$

$$a_N = \frac{v^2}{R} = R\left(\frac{d\Theta}{dt}\right)^2 = R\omega^2 \qquad (2.15)$$

wobei R der Kreisradius und $\frac{d\omega}{dt}$ die Winkelbeschleunigung bedeuten. Ist $\frac{d\omega}{dt} = 0$, dann nennt man die Kreisbewegung gleichförmig, und es gilt

$$\frac{d\Theta}{dt} = \omega = \text{const}$$

Damit ergibt sich

$$\Theta = \omega t \qquad (2.16)$$

d.h., es gilt (Fig. 10)

$$v = R\omega = \text{const} \qquad (2.17)$$

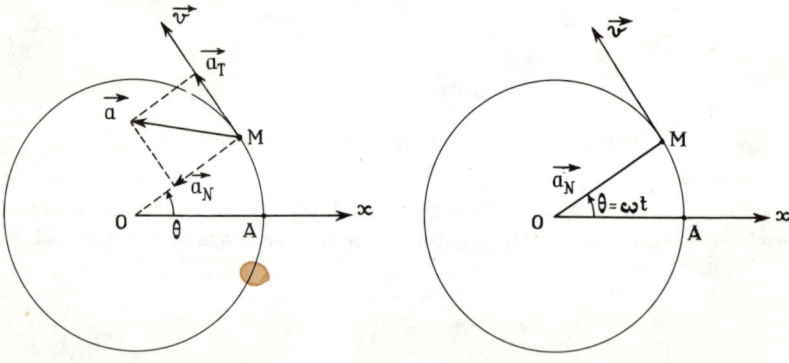

Fig. 9
Kreisbewegung

Fig. 10
Gleichförmige Kreisbewegung $\omega = \text{const}$

In diesem Fall ist die Tangentialbeschleunigung $\vec{a}_T$ Null, und die Normalbeschleunigung $\vec{a}_N$ hat den Betrag

$$a_N = \frac{v^2}{R} = \omega^2 R = \text{const} \qquad (2.18)$$

Hier ist $\vec{a}_N$ eine Radialbeschleunigung (in Richtung auf 0). Die Bewegung ist periodisch mit der Periode $T = 2\pi/\omega = 2\pi R/v$.

Einfache Schwingung. Damit bezeichnet man die Projektion einer gleichförmigen Kreisbewegung auf einen Durchmesser. Die Lage des Körpers H (Fig. 11) wird zu jedem Zeitpunkt durch seine Abszisse

$$x = OH = R \cos(\omega t - \varphi) \tag{2.19}$$

bestimmt. Dabei nehmen wir an, daß sich der Punkt M zur Zeit $t = 0$ im Punkt M_0 befand, so daß

$$\widehat{M_0 OA} = \varphi$$

Die Geschwindigkeit von H ist die Projektion der Geschwindigkeit von M auf Ox. Sie hat den Betrag

$$v = -R \sin(\omega t - \varphi) \tag{2.20}$$

Die Beschleunigung von H ist die Projektion der Beschleunigung von M auf Ox. Sie ist auf 0 gerichtet und hat den Betrag $-\omega^2 x$, der proportional zur Auslenkung OH ist. Die charakteristischen Größen einer einfachen Schwingung sind somit die Kreisfrequenz ω (Winkelgeschwindigkeit des Punktes M), die Periode $T = 2\pi/\omega$, die Frequenz $\nu = 1/T$ und die Phasenverschiebung φ.

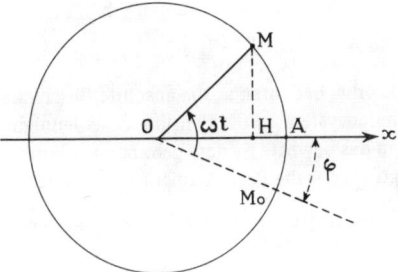

Fig. 11
Die Projektion einer gleichförmigen Kreisbewegung auf Ox ist eine sinusförmige Bewegung

2.5. Änderung des Bezugssystems. Translation des bewegten Bezugssystems relativ zum ruhenden. Wir wollen annehmen, daß das bewegte Bezugssystem $O_1 x_1 y_1 z_1$ eine Translationsbewegung relativ zu dem ruhenden System OXYZ ausführt (Fig. 12). Die Bewegung von M bezogen auf OXYZ ist die absolute Bewegung, während die Bewegung von M bezogen auf $O_1 x_1 y_1 z_1$ die Relativbewegung ist. Wir schreiben

$$\overrightarrow{OM} = \overrightarrow{OO_1} + \overrightarrow{O_1 M} \tag{2.21}$$

und bilden die Ableitung

$$\frac{d(\overrightarrow{OM})}{dt} = \frac{d(\overrightarrow{OO_1})}{dt} + \frac{d(\overrightarrow{O_1 M})}{dt} \tag{2.22}$$

28   2. Geschwindigkeit und Beschleunigung

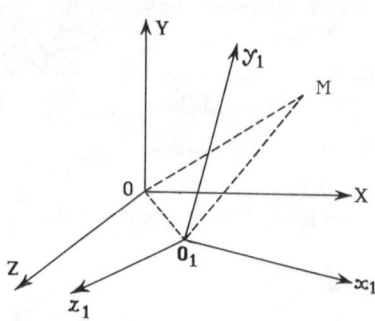

Fig. 12
Änderung des Bezugssystems

Die Ableitung $\frac{d(\overrightarrow{OM})}{dt}$ ist dann die Geschwindigkeit des Körpers M bezogen auf das feste Koordinatensystem: Sie wird als absolute Geschwindigkeit $\vec{v}_a$ bezeichnet.

Die Ableitung $\frac{d(\overrightarrow{O_1M})}{dt}$ ist die Geschwindigkeit von M bezogen auf das bewegte System $O_1x_1y_1z_1$: Dies ist die Relativgeschwindigkeit $\vec{v}_r$. Die Ableitung $\frac{d(\overrightarrow{OO_1})}{dt}$ ist die Geschwindigkeit des Punktes O_1 bezogen auf das feste Koordinatensystem. Folglich ist diese Geschwindigkeit für jeden an $O_1x_1y_1z_1$ gebundenen Punkt die gleiche, da dieses bewegte Bezugssystem eine Translationsbewegung relativ zu dem festen System ausführt. Man bezeichnet diese Geschwindigkeit als Führungsgeschwindigkeit $\vec{v}_f$. Somit erhalten wir aus (2.22)

$$\vec{v}_a = \vec{v}_f + \vec{v}_r \tag{2.23}$$

Durch nochmaliges Ableiten erhält man

$$\vec{a}_a = \vec{a}_f + \vec{a}_r \tag{2.24}$$

Hierbei bedeuten $\vec{a}_a$ die absolute Beschleunigung von M bezogen auf das feste Koordinatensystem, $\vec{a}_f$ die Führungsbeschleunigung oder die Beschleunigung eines beliebigen an das bewegte System gebundenen Punktes (z.B. O_1) und $\vec{a}_r$ die Relativbeschleunigung oder die Beschleunigung von M bezogen auf das bewegte Koordinatensystem.

Beispiel. Die Bewegung des Bezugssystems Erde–Sterne relativ zum kopernikanischen System.

Wie wir schon festgestellt haben (Abschn. 1.3), kann unter der Voraussetzung, daß die Beobachtungen nicht zu lange dauern, die Bewegung des Bezugssystems Erde–Sterne als geradlinig relativ zum kopernikanischen System angenommen werden. Gl. (2.24) ist demnach anwendbar auf die beiden Bezugssysteme. Da man weiterhin annimmt, daß die Bewegung gleichförmig ist, gilt $\vec{a}_f = 0$ und $\vec{a}_a = \vec{a}_r$. Die Beschleunigungen, die hinsichtlich dieser beiden Bezugssysteme gemessen werden, sind folglich gleich.

2.6. Beliebige Bewegungen des bewegten Koordinatensystems gegenüber dem festen Koordinatensystem. Wenn das bewegte Koordinatensystem keine Translationsbewegung ausführt, bleibt zwar die Relation (2.23) weiterhin gültig, aber die Führungsgeschwindigkeit ist hier die Geschwindigkeit, die der bewegte Körper hätte, wenn er zum Zeitpunkt t an das bewegte System angeheftet wäre.

Hingegen muß die Relation (2.24) modifiziert werden. Man kann zeigen, daß in (2.24) eine Zusatzbeschleunigung $\vec{a}_z$ hinzugefügt werden muß, d.h., es gilt

$$\vec{a}_a = \vec{a}_f + \vec{a}_r + \vec{a}_z \qquad (2.25)$$

Die Führungsbeschleunigung ist jetzt die Beschleunigung, die der bewegte Körper M hätte, wenn er zum Zeitpunkt t an das bewegte Koordinatensystem angeheftet wäre.

Die Relation (2.25) reduziert sich auf (2.24):

a) wenn die Bewegung des bewegten Systems eine Translationsbewegung ist (vgl. Abschn. 2.5)

b) wenn die Relativgeschwindigkeit des bewegten Körpers gleich Null ist.

Im folgenden werden wir die Zusatzbeschleunigung nicht berücksichtigen, entweder weil sie vernachlässigbar sein wird, oder weil wir einen der soeben angeführten Fälle vorfinden.

3. Kräfte

3.1. Kraftbegriff. Die Kraft ist eine physikalische Größe, die einen Körper verformen oder ihn in Bewegung versetzen kann. Man kann zwei große Arten von Kräften unterscheiden: die Kontaktkräfte und die Fernwirkungskräfte.

Zu der ersten Art kann man die Torsions-, Kompressions- und Stoßkräfte zählen. Außerdem gehören hierzu die Kohäsionskräfte, die die Form eines festen Körpers aufrechterhalten. Die Reibungs- und Viskositätskräfte sind weitere Beispiele für diesen Typ. Diese Kräfte resultieren aus den Wechselwirkungen zwischen den einzelnen Atomen oder Molekülen, aus denen die betrachteten Körper bestehen. Ihre Reichweite beträgt nur einige Moleküldurchmesser, also 10^{-8} bis 10^{-7} cm, und erfordern den Kontakt, um wirksam zu werden.

Zu der zweiten Art gehören die Kräfte, deren Reichweite als unendlich groß angesehen werden kann, da ihre Intensität sehr viel langsamer mit der Entfernung abnimmt. Die allgemeine Anziehungskraft, die auf der Erde Schwerkraft genannt wird, ist ebenso eine Fernwirkungskraft wie die elektrostatischen Kräfte zwischen elektrischen Ladungen und die magnetischen Kräfte.

3.2. Vektornatur der Kräfte. Eine Kraft ist gekennzeichnet durch ihre Größe, ihren Angriffspunkt und ihre Richtung. Die Kräfte sind Vektoren.

3.3. Prinzip von Wirkung und Gegenwirkung. Ziehen wir an einer Feder A, deren eines Ende befestigt ist, dann wird eine Kraft $\vec{F}$ ausgeübt. Umgekehrt übt die Feder A auf uns eine Kraft $\vec{F}'$ aus. Der Beweis dafür ist, daß man Gefahr läuft, nach hinten zu fallen, wenn die Feder bricht. Es ist also die Kraft $\vec{F}$, die vor dem Sturz bewahrt.

3. Kräfte

Ganz allgemein gilt, daß eine Kraft $\vec{F}$, die von B auf A wirkt, stets von einer Gegenkraft $\vec{F}'$ begleitet wird, die umgekehrt von A auf B wirkt. Man erhält

$$\vec{F} = -\vec{F}' \tag{3.1}$$

Dies ist das Prinzip von der Gleichheit von Wirkung (actio) und Gegenwirkung (reactio), das auch das dritte Newtonsche Gesetz genannt wird. Die Gültigkeit dieses Prinzips ist beschränkt auf das Gebiet der Newtonschen Mechanik. In der Relativitätstheorie hängt die Kraft ebenso wie die Masse von der Geschwindigkeit der Teilchen ab, zwischen denen sie wirkt. Wenn die beiden Teilchen A und B verschiedene (und sehr große) Geschwindigkeiten haben, kann die Wirkung von A auf B verschieden von der von B auf A sein.

3.4. Trägheit. Verschiedene Körper, auf die die gleiche Kraft wirkt, führen unterschiedliche Bewegungen aus. Man sagt, daß sie verschiedene Trägheiten besitzen. Je geringer die mitgeteilte Bewegungsänderung ist, desto größer ist die Trägheit des betrachteten Körpers. Die Trägheit eines Körpers ist der Widerstand, den er jeder Änderung seiner Geschwindigkeit entgegensetzt.

Wird ein anfänglich ruhender Körper A einer Kraft $\vec{F}$ ausgesetzt, dann erfährt er eine Beschleunigung $\vec{a}$, und man stellt fest, daß im Fall eines homogenen Körpers der Betrag dieser Beschleunigung um so kleiner ist, je größer das Volumen des Körpers ist. Die Trägheit von A wächst mit seinem Volumen. Man stellt weiterhin fest, daß gleiche Volumina von homogenen Stoffen verschiedener Natur unterschiedliche Beschleunigungen unter der Wirkung derselben Kraft erfahren. Man sagt, daß die Körper verschiedene Trägheiten besitzen.

Die Trägheit, die im Falle homogener Körper proportional zum Volumen ist, wird durch eine skalare Größe wiedergegeben, die für die Natur des betrachteten Körpers charakteristisch ist. Diese Größe bestimmt die Stoffmenge des betrachteten Körpers. Man nennt sie die Masse des Körpers. Die Einheit der Masse ist das Kilogramm (kg). Das ist die Masse eines Zylinders aus einer Platin-Iridium-Legierung, der im Internationalen Büro für Maße und Gewichte in Breteuil aufbewahrt wird.

3.5. Grundgesetz der Dynamik eines Massenpunktes. Wir beschränken unsere Studien auf den Fall eines Massenpunktes oder eines festen Körpers endlicher Ausdehnung, dessen Drehbewegungen vernachlässigt werden können.

In der nicht relativistischen Mechanik kann man annehmen, daß die Kraft nicht von der Geschwindigkeit abhängt. Demnach wird die Kraft in den verschiedenen Bezugssystemen denselben Ausdruck haben. Bei der Beschleunigung hingegen hat man festgestellt, daß dies nicht der Fall ist. Man wird also erwarten, daß die Beziehung zwischen Kraft und Beschleunigung in verschiedenen Bezugssystemen nicht stets die gleiche ist.

Es sei A ein Körper, auf den eine Kraft $\vec{F}_a$ wirke. Hierdurch erfährt er eine Beschleunigung $\vec{a}_a$ (bezogen auf das System Erde–Sterne), die dieselbe Richtung wie die Kraft hat.

3.6. Gewicht, Schwerkraft

Der Proportionalitätsfaktor zwischen diesen beiden parallelen Vektoren ist die Masse m. Man erhält

$$\vec{F}_a = m\, \vec{a}_a \tag{3.2}$$

Gl. (3.2) wird zweites Newtonsches Gesetz genannt. Sie bildet das Grundgesetz der Dynamik in einem absoluten Bezugssystem (wir haben angenommen, daß das System Erde–Sterne ein solches ist). Das Grundgesetz der Dynamik enthält als Spezialfall das erste Newtonsche Gesetz: Für $\vec{F}_a = 0$ erhält man $\vec{a}_a = 0$. Die Bewegung ist also geradlinig und gleichförmig.

Im MKS-System ist die Einheit der Kraft ein Newton (N)

$$1\,N = 1\,kg \cdot 1\,m/s^2$$

3.6. Gewicht, Schwerkraft. Betrachten wir einen Massenpunkt M der Masse m, der am Ende eines Fadens aufgehängt ist und sich in einer Gleichgewichtslage befindet (s. Fig. 13). Als Gewicht[1] des Massenpunktes M bezeichnet man die Kraft, die in der Gleichgewichtslage von dem Massenpunkt M auf das Ende des Fadens ausgeübt wird.

Bezogen auf das System Erde bewegt sich der Körper M nicht; demnach sind die Beschleunigung $\vec{a}_r$ (Relativbeschleunigung) und die Zusatzbeschleunigung $\vec{a}_z$ gleich Null. Gemäß Gl. (2.25) gilt

$$\vec{a}_a = \vec{a}_f \tag{3.3}$$

d.h., die Beschleunigung $\vec{a}_a$ des Körpers M ist bezogen auf das System Erde–Sterne gleich der Führungsbeschleunigung $\vec{a}_f$, für die wir später noch den Ausdruck kennenlernen werden.

Das Produkt $m\vec{a}_a$ repräsentiert die Resultierende der an M angreifenden Kräfte. Es gibt zwei Kräfte, die an M angreifen.

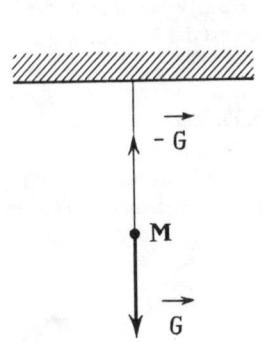

Fig. 13
Gewicht eines Körpers

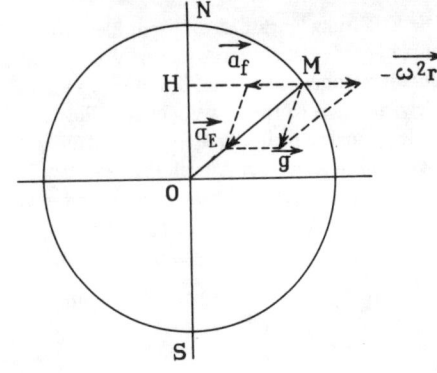

Fig. 14
Gewicht und Fallbeschleunigung

[1] In diesem Buch wird der Begriff „Gewicht" ausschließlich im Sinne einer Kraft, der Gewichtskraft, verwendet, nicht – wie heute vielfach üblich – im Sinne von Masse.

3. Kräfte

a) die Anziehungskraft (Gravitation, s. (6.1)) der Erde, die auf den Mittelpunkt 0 der Erde gerichtet ist. Man schreibt für diese Kraft $m\vec{a}_E$ (s. Fig. 14).

b) die Kraft, die vom Ende des Fadens auf M ausgeübt wird. Nach dem Prinzip von Aktion und Reaktion ist das die Kraft $-\vec{G}$.

Gl. (3.3) lautet also

$$m\vec{a}_E - \vec{G} = m\vec{a}_f \qquad (3.4)$$

Die Führungsbeschleunigung ist diejenige Beschleunigung, die der Punkt M hätte, wenn er zum Zeitpunkt t an das bewegte Bezugssystem (die Erde) befestigt wäre. Nun ist hier der Punkt M unmittelbar an die Erde gebunden und beschreibt einen Kreis mit Radius r um den Mittelpunkt H. Seine Beschleunigung ist die Zentripetalbeschleunigung $\overrightarrow{\omega^2 r}$ (von M nach H gerichtet) vom Betrag $\omega^2 r$, die in Abschn. 2.4 behandelt wurde. Die Relation (3.4) ergibt

$$\vec{G} = m\vec{a}_E - m\overrightarrow{\omega^2 r} \qquad (3.5)$$

wobei die Kraft $-m\vec{a}_f = -m\overrightarrow{\omega^2 r}$ die Zentrifugalkraft ist, die von der Erddrehung herrührt. Unter der Fallbeschleunigung $\vec{g}$ versteht man diejenige Beschleunigung, die dem Gewicht $\vec{G}$ zugeordnet ist.

$$\frac{\vec{G}}{m} = \vec{g} = \vec{a}_E - \overrightarrow{\omega^2 r} \qquad (3.6)$$

Die Kraft $\vec{G}$, das Gewicht des Körpers M, ist entlang $\vec{g}$ gerichtet, ihre Richtung stimmt also nicht mit M0 überein. Definitionsgemäß gibt die Senkrechte in M die Richtung der Erdanziehung an. Die Fallbeschleunigung $\vec{g}$ ist nicht gleich der Beschleunigung $\vec{a}_E$, die von der Erdanziehung herrührt. Aufgrund der Erdumdrehung tritt der Korrekturterm $-\overrightarrow{\omega^2 r}$ auf.

Die Erfahrung lehrt, daß $\omega^2 r$ sehr klein ist gegen a_E und aus (3.6) erkennt man, daß g am Pol größer ist als am Äquator. Vom Äquator zum Pol variiert der Betrag von $\vec{g}$ auf der Meeresoberfläche von 9,78 m/s² bis 9,83 m/s². Folglich verringert sich auch das Gewicht eines Körpers, wenn er vom Pol zum Äquator gebracht wird. Wenn sich die Erde 17 mal schneller drehen würde, dann wäre am Äquator die Zentrifugalkraft dem Betrag nach gleich der Anziehungskraft der Erde, und nach Gl. (3.5) wäre dann $\vec{G} = 0$. Im sog. „praktischen" Maßsystem nimmt man als Einheit für die Kraft das Gewicht, das einer Masse von 1 kg an einem Ort entspricht, an dem g = 9,80665 m/s². Da G = mg, wird diese Einheit ein Kilogrammgewicht oder überlicherweise ein Kilopond (kp) genannt

$$1 \text{ kp} = 1 \text{ kg} \cdot 9{,}80665 \text{ m/s}^2 \approx 9{,}81 \text{ N}$$

3.7. Das Grundgesetz der Dynamik im Bezugssystem Erde.

Der Körper M sei nun unter Einwirkung einer Kraft $\vec{F}_a$ in Bewegung. Bezogen auf das System Erde–Sterne (das als festes Bezugssystem gewählt wurde), erfährt der Körper eine Beschleunigung $\vec{a}_a$, und man erhält $\vec{F}_a = m\vec{a}_a$.

3.8. Bewegung eines Weltraumfahrers in einem künstlichen Satelliten

Bezogen auf das System Erde erfährt der Körper eine Beschleunigung $\vec{a}_r$, aber es gilt nicht $\vec{F}_a = m\vec{a}_r$. Für die relativ kleinen Geschwindigkeiten, die man zu betrachten hat, ist i. allg. die Zusatzbeschleunigung vernachlässigbar[1]. Gl. (2.25) ergibt also

$$\vec{F}_a - m\vec{a}_f = m\vec{a}_r \tag{3.7}$$

Man muß zu der Kraft $\vec{F}_a$ die Kraft $-m\vec{a}_f$ (vektoriell) addieren. Wie wir im vorhergehenden Abschnitt gesehen haben, ist dies die Zentrifugalkraft $-m\vec{\omega^2 r}$, die von der Erdumdrehung herrührt.

Die Kraft $\vec{F}_a$, der der Körper M ausgesetzt ist, rührt her von der Erdanziehung $m\vec{a}_E$ und möglicherweise noch von weiteren Kräften, die von benachbarten Körpern ausgeübt werden, und deren Resultierende die Kraft $\vec{F}'$ sei. Man erhält

$$\vec{F}_a = m\vec{a}_E + \vec{F}' \tag{3.8}$$

Mit (3.6) und indem man in (3.7) $-m\vec{a}_f$ durch $-m\vec{\omega^2 r}$ und $\vec{F}_a$ gemäß (3.8) ersetzt, vereinfacht sich Gl. (3.7) zu

$$m\vec{g} + \vec{F}' = m\vec{a}_r \tag{3.9}$$

und indem man $\vec{F} = m\vec{g} + \vec{F}'$ setzt, erhält man

$$\vec{F} = m\vec{a}_r \tag{3.10}$$

Folglich werden wir das Grundgesetz der Dynamik in der Form (3.10) schreiben, wenn ein Problem auf der Erdoberfläche (Bezugssystem Erde) zu behandeln ist. Die Kraft $\vec{F}$ ist die vektorielle Summe aus dem Gewicht $m\vec{g}$ des Körpers und der Resultierenden $\vec{F}'$ der an diesen Körper angreifenden Kräfte, und die Beschleunigung $\vec{a}_r$ ist diejenige Beschleunigung, die bezogen auf die Erde gemessen wird.

Wenn man die von der Erdumdrehung herrührende Zentrifugalkraft $-m\vec{\omega^2 r}$ vernachlässigt, bleibt die in (3.10) gegebene Form des Grundgesetzes erhalten; aber da nun $\vec{g}$ mit $\vec{a}_E$ übereinstimmt, ist sie gleichbedeutend mit dem Ausdruck $\vec{F}_a = m\vec{a}_r = m\vec{a}_a$.

3.8. Bewegung eines Weltraumfahrers in einem künstlichen Satelliten. Schwerelosigkeit.

Wir wollen annehmen, daß der Satellit eine Kreisbewegung bezogen auf das System Erde–Sterne ausführt. Seine Antennen sollen ständig in Richtung der Fixsterne weisen. Das entspricht der Bewegung der Kabinen A, B, C, usw. (s. Fig. 15) bezogen auf die festen Achsen mit dem Ursprung in 0, dem Mittelpunkt des senkrechten Rades.
Wir betrachten das Bezugssystem Satellit–Sterne $O_2 x_2 y_2 z_2$ (s. Fig. 16), dessen Ursprung O_2 im Mittelpunkt des Satelliten liegt, und dessen Achsen auf die Fixsterne gerichtet sind. Der Satellit ist der feste Bezugskörper dieses Systems, das gegenüber dem System Erde–Sterne $O_1 x_1 y_1 z_1$ eine Kreisbewegung ausführt.
In dem Satelliten befinde sich ein Körper der Masse m. Er ist der Erdanziehung $m\vec{a}_E$ ausgesetzt und möglicherweise noch anderen Kräften, die man ihm innerhalb des Satel-

---
[1] Für eine Geschwindigkeit von 1500 m/s ist das Verhältnis a_z/g nicht größer als 3/100.

34   3. Kräfte

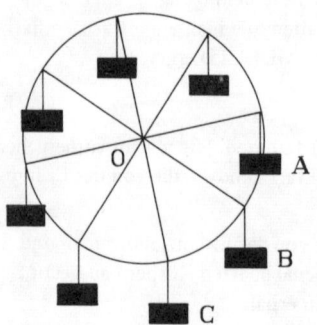

Fig. 15
Kreisbewegung

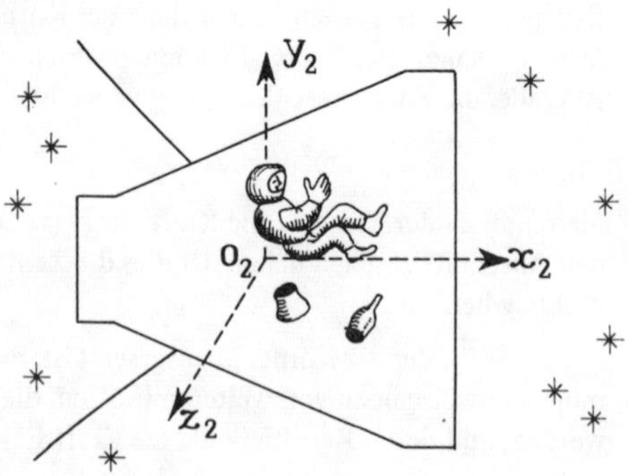

Fig. 16
Schwerelosigkeit

liten aufprägt, und deren Resultierende $\vec{F}'$ sei. Da die Bewegung des Bezugssystems $O_2 x_2 y_2 z_2$ des Satelliten eine Translationsbewegung (Kreisbewegung) bezogen auf das System Erde–Sterne (das als fest angenommen wird) ist, gibt es keine Zusatzbeschleunigung, und die Führungsbeschleunigung ist hier die Beschleunigung eines beliebigen, an $O_2 x_2 y_2 z_2$ gebundenen Punktes. Sie ist z.B. die Beschleunigung des Mittelpunktes O_2.

Ist nun $\vec{a}_r$ die Beschleunigung der Masse m bezogen auf das System Satellit–Sterne, dann ergibt die Relation (2.24)

$$m\vec{a}_r = m\vec{a}_a - m\vec{a}_f \qquad (3.11)$$

Wie wir bereits gesehen haben (s. Abschn. 3.7, Gl. (3.8)), schreibt man für die Kraft $m\vec{a}_a$

$$m\vec{a}_a = m\vec{a}_E + \vec{F}'$$

und man erhält

$$m\vec{a}_r = m\vec{a}_E + \vec{F}' - m\vec{a}_f \qquad (3.12)$$

Bezogen auf das System Erde–Sterne erlaubt die Bewegung des Satelliten mit der Masse M die Beziehung

$$M\vec{a}_E = M\vec{a}_f$$

aufzustellen. Folglich wird in Gl. (3.12) die Erdanziehung genau durch die Zentrifugalkraft aufgehoben, und man erhält

$$\vec{F}' = m\vec{a}_r \qquad (3.14)$$

Wenn $\vec{F}' = 0$, so bedeutet dies, daß der Körper der Masse m keiner Kraft von seiten der benachbarten Körper, die sich innerhalb des Satelliten befinden, ausgesetzt ist. Der

4.1. Arbeit einer Kraft

Körper verharrt also im Zustand der Ruhe, wenn er anfangs in Ruhe war, oder aber er führt eine geradlinige und gleichförmige Bewegung aus (bis zum Stoß an eine der Satellitenwände). Das ist der Zustand der Schwerelosigkeit.

3.9. Physiologische Auswirkung der Schwerelosigkeit. Das Jahr 1961 hat die ersten Ausflüge des Menschen in den Weltraum gesehen. Da waren der erste Flug von Y. A. Gagarin, die Flüge von A. B. Sheppard und V. Grissom, dann die Fahrt von Titov.

Diese Flüge oberhalb der Erdatmosphäre ermöglichten ebenso wie die nachfolgenden zahlreiche Forschungen über die physiologischen Auswirkungen der Schwerelosigkeit, die der ungewohnte aber übliche Zustand ist, in dem sich ein Weltraumfahrer befindet.

Die Schwerelosigkeit wird häufig von Übelkeit begleitet, einer Art Weltraumkrankheit, die durch das Fehlen einer vestibulären Reizung hervorgerufen wird. Als erster hat Titov diese Empfindungen gehabt. Diese Weltraumkrankheit tritt nicht sofort auf, deshalb erleidet man sie nicht bei relativ kurzen Flügen (Gagarin, Shepard, Grissom).

Die Aufmerksamkeit der Astronauten wird vermindert, und man stellt eine Beeinträchtigung der motorischen Koordination fest, die aber durch Anpassung an die Schwerelosigkeit verringert werden kann.

4. Bewegungsgleichungen

4.1. Arbeit einer Kraft. Verändert man die Lage eines Objektes, dann übt man auf dieses eine Kraft aus, und der Angriffspunkt dieser Kraft erfährt eine Verschiebung. Man sagt, daß man eine Arbeit geleistet hat und drückt diese Arbeit durch das Produkt von Kraft und Verrückung aus.

Die Arbeit ist abhängig von dem Winkel, den die Richtung der Kraft und die Richtung der Verschiebung zueinander bilden. Wenn die Kraft konstant ist und in einem festen Winkel zur Verschiebungsrichtung steht, *ist die Arbeit gleich dem Produkt aus Verschiebung und dem Betrag der Projektion der Kraft auf die Verschiebung*, d.h., es gilt

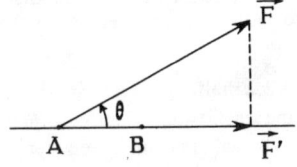

Fig. 17
Arbeit einer Kraft

$$W = \overline{AB} \cdot F' = \overline{AB} \cdot F \cos\Theta \qquad (4.1)$$

Schreibt man $W = F \cdot \overline{AB} \cos\Theta$, so kann man auch sagen, daß die Arbeit gleich ist dem Produkt aus dem Betrag der Kraft und der Projektion der Verschiebung auf die Rich-

36   4. Bewegungsgleichungen

tung der Kraft. Die Arbeit W ist eine skalare Größe, die entweder positiv, negativ oder Null ist, je nach den in Fig. 18 gezeigten Fällen.

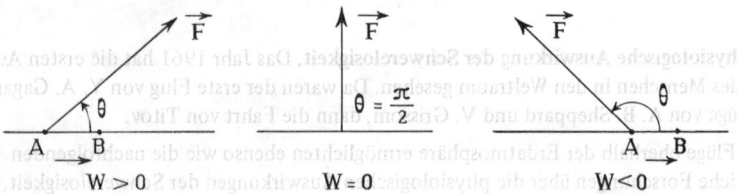

Fig. 18
Positive, verschwindende oder negative Arbeit

Im Falle einer veränderlichen Kraft und beliebiger Verschiebung summiert man die Arbeiten, die sehr kleinen Verschiebungen AB = ds entsprechen, auf und erhält als Grenzwert

$$W = \int_A^B F \cdot \cos\Theta \, ds \qquad (4.2)$$

Im MKS-System ist die Einheit für die Arbeit das Joule (J). Dies ist die Arbeit einer Kraft von 1 Newton, deren Angriffspunkt um einen Meter verschoben wird. Im „praktischen" Maßsystem mit dem Kilopond als Einheit der Kraft ist die Einheit der Arbeit das Kilopondmeter (kpm).

1 kpm = 1 kp · 1 m ≈ 9,81 J

Wir wollen daran erinnern, daß die Leistung P das Verhältnis W/t ist. Das ist die Arbeit, die während einer Zeiteinheit geleistet wird. Das Watt entspricht einer Arbeit von 1 Joule, die in 1 Sekunde geleistet wurde. Man benutzt auch das Kilopondmeter pro Sekunde mit einem Wert von 9,81 Watt und die Pferdestärke, die gleich 75 Kilopondmeter pro Sekunde oder 736 Watt ist. Die Wattstunde ist die Arbeit, die einer Leistung von 1 Watt während 1 Stunde entspricht. Sie beträgt 3600 Joule.

4.2. Erhaltung der Arbeit. Ein Körper A unterliege einer nach oben gerichteten Kraft $\vec{F}$, die sein Gewicht $\vec{G}$ aufhebe. Wird der Körper A unter der Wirkung der Kraft $\vec{F}$ angehoben, so besagt das Grundgesetz der Dynamik, daß $\vec{F} + \vec{G} = m\vec{a}$. Wenn sich der Körper sehr langsam hebt, ist die Beschleunigung $\vec{a}$ vernachlässigbar, und man hat praktisch $\vec{F} = -\vec{G}$. Für eine Hubhöhe h ist die aufgewandte Arbeit F · h gleich der verbrauchten Arbeit −G · h. Diese Gleichheit zwischen der aufgewandten und verbrauchten Arbeit bildet das Gesetz von der Erhaltung der Arbeit. Bei gewissen Mechanismen, wie z.B. den Hebeln, dem Flaschenzug oder der Zugwinde kann man sehr schwere Gegenstände um eine Höhe h anheben mittels einer sehr kleinen Kraft, deren Angriffspunkt sich aber um eine sehr große Strecke H verschiebt. Man erhält jedoch immer G · h = F · H. Was an Kraft gewonnen wird, geht an Weg verloren, aber es ist leichter, eine kleine Kraft aus-

4.4. Potential im Schwerefeld

zuüben, deren Angriffspunkt sich sehr stark verschiebt, als die umgekehrte Operation auszuführen.

Wenn eine Arbeit zu verrichten ist, gibt es keine Vorrichtung, die es ermöglicht, sie zu verringern.

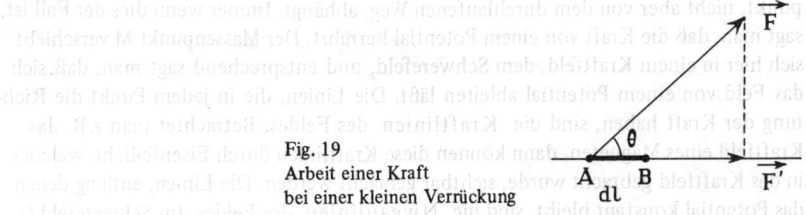

Fig. 19
Arbeit einer Kraft
bei einer kleinen Verrückung

4.3. Kinetische Energie. Sei $\vec{F}$ die Resultierende der Kräfte, die an einem Massenpunkt angreifen (Fig. 19). Die Arbeit, die von der Kraft $\vec{F}$ bei einer kleinen Verrückung AB = dl verrichtet wird, ist

$$dW = F \, dl \cos\Theta = F' dl \qquad (4.3)$$

Ist v die Geschwindigkeit des Massepunktes, dann gilt, da die Geschwindigkeit in Richtung von AB weist

$$v = \frac{dl}{dt} \qquad F' = m \frac{dv}{dt} \qquad (4.4)$$

Daraus folgt

$$dW = mv \, dv \qquad (4.5)$$

Eine Integration dieser Gleichung von einer Ausgangslage, die der Geschwindigkeit v_1 entsprechen soll, bis zu einer Endlage, die der Geschwindigkeit v_2 entsprechen soll, ergibt

$$W = (\tfrac{1}{2} mv^2)\Big|_{v_1}^{v_2} = \tfrac{1}{2} mv_2^2 - \tfrac{1}{2} mv_1^2 = T_2 - T_1 \qquad (4.6)$$

Definitionsgemäß wird $T = \tfrac{1}{2} mv^2$ die kinetische Energie des Massenpunktes genannt. Die Beziehung (4.6) zeigt, *daß die Arbeit, welche von der Resultierenden der an dem bewegten Körper angreifenden Kräfte geleistet wird, gleich der Änderung der kinetischen Energie des Körpers ist.*

4.4. Potential im Schwerefeld. Wir wollen einen Massenpunkt M der Masse m betrachten, der nur der Schwerkraft ausgesetzt ist (Fig. 20). Wir wollen weiterhin annehmen, daß die Schwerkraft in dem Bereich, in dem die Beobachtungen gemacht werden, konstant ist. Wenn man M von der Höhe z_1 auf die Höhe z_2 anhebt, ist die Arbeit der Schwerkraft

4. Bewegungsgleichungen

$$W = \int_{z_1}^{z_2} -mg\, dz = -mg(z_2 - z_1) \tag{4.7}$$

Die Größe gz nennt man **Potential der Schwerkraft**. Die Beziehung (4.7) zeigt, daß die Arbeit der Schwerkraft nur von der Höhendifferenz zwischen Anfangs- und Endpunkt, nicht aber von dem durchlaufenen Weg, abhängt. Immer wenn dies der Fall ist, sagt man, daß die Kraft von einem Potential herrührt. Der Massenpunkt M verschiebt sich hier in einem Kraftfeld, dem Schwerefeld, und entsprechend sagt man, daß sich das Feld von einem Potential ableiten läßt. Die Linien, die in jedem Punkt die Richtung der Kraft haben, sind die **Kraftlinien** des Feldes. Betrachtet man z.B. das Kraftfeld eines Magneten, dann können diese Kraftlinien durch Eisenfeilicht, welches in das Kraftfeld gebracht wurde, sichtbar gemacht werden. Die Linien, entlang denen das Potential konstant bleibt, sind die **Niveaulinien** des Feldes. Im Schwerefeld (s. Fig. 21) verlaufen die Kraftlinien senkrecht und die Niveaulinien waagerecht.

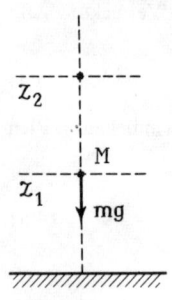

Fig. 20
Potential
im Schwerefeld

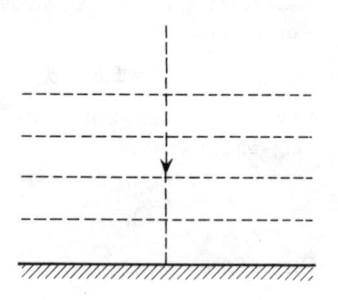

Fig. 21
Äquipotentialflächen
im Schwerefeld

4.5. Potentielle Energie im Schwerefeld. Die Beziehung (4.7) zeigt, daß beim Anheben des Körpers von z_1 nach z_2 (Fig. 20) eine Arbeit verrichtet wird, die wieder gewonnen werden kann, wenn man den Körper von z_2 nach z_1 zurückfallen läßt.

Bevor er von z_2 nach z_1 fällt, besitzt der Körper also eine ihm innewohnende Energie, über die man in jedem Augenblick verfügen kann. Dies ist die potentielle Energie im Schwerefeld. Definitionsgemäß heißt die skalare Funktion

$$V = mgz$$

potentielle Energie.

Die Beziehung (4.7) läßt sich damit schreiben als

$$W = V_1 - V_2 \tag{4.8}$$

Die potentielle Energie ist bis auf eine Konstante definiert. Man hätte genausogut schreiben können V = mgz + V_0, ohne daß sich etwas an der Beziehung (4.8) geändert hätte, denn allein die Variation der potentiellen Energie hat eine physikalische Bedeutung.

Wir haben das Schwerefeld betrachtet, aber es gibt noch viele andere Felder, wie z.B. das Magnetfeld, das elektrische Feld, das Newtonsche Gravitationsfeld, usw.

Wir bemerken: *Schon allein aufgrund der Tatsache, daß sich ein Körper in einem Kraftfeld befindet, besitzt er eine potentielle Energie.*

4.6. Mechanische Energie. Energieerhaltung. Wir nehmen das Beispiel aus Fig. 20. Wenn der Körper von z_2 nach z_1 fällt, vermehrt sich seine kinetische Energie, die vor dem Fall, in z_2, Null war, je mehr sich der Körper z_1 nähert. Seine potentielle Energie dagegen verringert sich. Bei den Bewegungen, die in einem Kraftfeld, das von einem Potential herrührt, stattfinden, besteht ein sehr einfacher Zusammenhang zwischen der kinetischen und der potentiellen Energie. Wenn es keine weitere äußere Kraft außer der Schwerkraft gibt, geht die gesamte Zunahme einer dieser Energien auf Kosten der Abnahme der anderen. Man definiert die mechanische Energie des Körpers als die Summe dieser beiden Energien. Die Beziehung (4.7) ergibt

$$W = mgz_1 - mgz_2 \tag{4.9}$$

und die Beziehung (4.6)

$$W = \frac{1}{2} mv_2^2 - \frac{1}{2} mv_1^2 \tag{4.10}$$

Man erhält also

$$\frac{1}{2} mv_1^2 + mgz_1 = \frac{1}{2} mv_2^2 + mgz_2 \tag{4.11}$$

oder auch

$$T_1 + V_1 = T_2 + V_2 = \text{const} \tag{4.12}$$

Die Summe aus der kinetischen und der potentiellen Energie, d.h. die mechanische Energie, bleibt konstant.

4.7. Impuls eines Massenpunktes. Je schwerer ein Körper ist, desto schwieriger ist es, ihm eine bestimmte Geschwindigkeit mitzuteilen. Wenn man von der Geschwindigkeit spricht, muß man auch von der Masse sprechen, denn das Problem ist, einer bestimmten Masse m eine bestimmte Geschwindigkeit v zu erteilen. So ist es angemessen, das Produkt mv zu betrachten. Das Produkt aus Masse und Geschwindigkeit heißt **Bewegungsgröße** oder **Impuls** des Massenpunktes. Sie ist eine vektorielle Größe.

4. Bewegungsgleichungen

4.8. Kraftstoß und Stoß. Wird ein Massenpunkt der Masse m während der sehr kleinen Zeit dt einer Kraft $\vec{F}$ ausgesetzt, dann ändert sich seine Geschwindigkeit $\vec{v}$ um die Größe $d\vec{v}$, die sich aus dem Grundgesetz der Dynamik ergibt. Es gilt

$$\vec{F} = m\vec{a} = m\frac{d\vec{v}}{dt} \quad (4.13)$$

woraus folgt

$$\vec{F} \cdot dt = md\vec{v} \quad (4.14)$$

Die Größe $\vec{F}dt$ wird differentieller Kraftstoß der Kraft $\vec{F}$ während der Zeit dt genannt.

Um den Kraftstoß einer Kraft $\vec{F}$ während eines endlichen Zeitintervalls $\Delta t = t - t'$ berechnen zu können, muß man wissen, wie sich die Kraft $\vec{F}$ in diesem Zeitraum ändert. Der Einfachheit halber wollen wir annehmen, daß die Kraft $\vec{F}$ konstant bleibt. Wenn v die Geschwindigkeit des Massenpunktes zum Zeitpunkt t und v' seine Geschwindigkeit zum Zeitpunkt t' ist, kann man nach (4.14) schreiben

$$\vec{F} \cdot \Delta t = m\vec{v'} - m\vec{v} \quad (4.15)$$

Der Kraftstoß $\vec{F} \cdot \Delta t$ läßt den Impuls des Massenpunktes von mv in mv' übergehen.

Wenn sich der Impuls plötzlich unter Einwirkung einer sehr großen Kraft, die während einer sehr kurzen Zeitdauer wirkt, ändert, spricht man von einem Stoß. Da man i. allg. nicht weiß, wie sich die Kraft während eines Stoßes ändert, wird man annehmen, daß die Kraft konstant gleich einem mittleren Wert bleibt. Wir wollen die Beziehung (4.15) im Falle eines Stoßes anwenden und dabei für $\vec{F}$ diesen mittleren Wert verwenden.

4.9. Elastischer und unelastischer Stoß. Wir betrachten den Stoß einer Kugel A (s. Fig. 22) an einer festen Wand M, deren Masse als unendlich groß im Vergleich zu der Masse m von A angenommen wird. Wenn die kinetische Energie von A vor dem Stoß die gleiche ist wie danach, nennt man den Stoß elastisch, d.h., es gilt

$$\frac{1}{2}mv^2 = \frac{1}{2}mv'^2 \quad (4.16)$$

Der Betrag der Geschwindigkeit $\vec{v}$ vor dem Stoß ist gleich dem Betrag der Geschwindigkeit $\vec{v'}$ nach dem Stoß. Die Normalkomponente (längs IN) der Geschwindigkeit ändert ihre Richtung bei dem Stoß. Der Einfallswinkel i ist gleich dem Reflexionswinkel i'. Bei einem elastischen Stoß von A an M darf sich dabei die Wand nicht deformieren, oder, was auf das gleiche hinausläuft, sie muß vollkommen elastisch sein, d.h., daß sie nach dem Stoß ihre vorherige Gestalt wiedergewinnt (wir lassen die Kugel A unberücksichtigt, sie wird mit einem Massenpunkt verglichen). Ist die Wand so beschaffen, daß sie im Augenblick des Stoßes eine bleibende Deformation erhält, dann

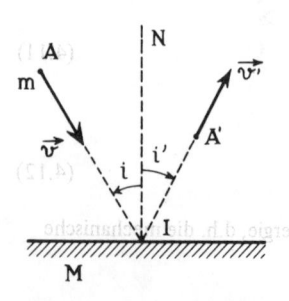

Fig. 22
Stoß einer Kugel A an einer festen Wand M

bleibt die kinetische Energie nicht mehr erhalten. Es gilt $v' < v$, der Stoß ist unelastisch. Er ist vollkommen unelastisch, wenn $v' = 0$.

4.10. Impulserhaltung. Betrachten wir einen Körper A der Masse m_1 und der Geschwindigkeit v_1 (Fig. 23). Er stoße einen Körper B der Masse m_2, der die Geschwindigkeit v_2

```
        A     v₁        v₂    B
    - - - •  →         ←    • - - -
         m₁                 m₂
```

Fig. 23
Impulserhaltung

habe. Wir nehmen an, daß A und B keinen anderen Kräften unterliegen als denen, die im Augenblick der Berührung wirken. Während des Stoßes ist die Kraft $\vec{F}$, die von A auf B ausgeübt wird, gleich der Kraft $-\vec{F}$, die von B auf A ausgeübt wird (Prinzip von Aktion und Reaktion). Wenn $\vec{v}_1'$ und $\vec{v}_2'$ die Geschwindigkeiten von A und B nach dem Stoß sind, ergibt Gl. (4.15) für A

$$-\vec{F} \cdot \Delta t = m_1 (\vec{v}_1' - \vec{v}_1) \tag{4.17}$$

und für B

$$\vec{F} \cdot \Delta t = m_2 (\vec{v}_2' - \vec{v}_2) \tag{4.18}$$

Daraus folgt

$$m\vec{v}_1 + m\vec{v}_2 = m\vec{v}_1' + m\vec{v}_2' = \text{const} \tag{4.19}$$

Die linke Seite von (4.19) ist der Gesamtimpuls des Systems, das A und B vor dem Zusammenprall bildeten. Die rechte Seite gibt den Gesamtimpuls nach dem Stoß wieder. Wenn man das von A und B gebildete System betrachtet, so sind die Kräfte $\vec{F}$ und $-\vec{F}$ innere Kräfte, und das System ist ein abgeschlossenes System, entsprechend den oben gemachten Voraussetzungen (keine anderen Kräfte als die Kräfte im Augenblick der Berührung). *Demzufolge ist der Gesamtimpuls eines abgeschlossenen Systems konstant.* Wir bemerken, daß dieses Ergebnis auch dann benutzt werden kann, wenn das System nicht abgeschlossen ist, d.h., wenn es äußeren Kräften unterworfen ist, vorausgesetzt, diese Kräfte sind praktisch während der kurzen Zeitdauer des Zusammenpralls vernachlässigbar.

Betrachten wir z.B. den Fall einer Granate und einer Kanone mit den Massen m_1 bzw. m_2. Vor der Explosion ist alles in Ruhe, und der Impuls des Systems ist Null. Unmittelbar nach der Explosion erhält die Granate eine Geschwindigkeit $\vec{v}_1$ und die Kanone die Geschwindigkeit $\vec{v}_2$. Man kann die Schwerkraft während der kurzen Zeit, die die Explosion dauert, vernachlässigen, was zu der Gleichung

$$m_1\vec{v}_1 + m_2\vec{v}_2 = 0 \tag{4.20}$$

4. Bewegungsgleichungen

führt. Die Vektoren $\vec{v}_1$ und $\vec{v}_2$ sind parallel und weisen in entgegengesetzte Richtungen. Der Betrag der Geschwindigkeit v_1 ergibt sich zu

$$v_1 = \frac{m_2}{m_1} v_2 \tag{4.21}$$

Natürlich ist hier $m_2 \gg m_1$ und $v_1 \gg v_2$. Das gleiche Geschehen ereignet sich in einem Urankern bei der Kernspaltung.

4.11. Bewegung von Raketen. Die Impulserhaltung erklärt auch die Bewegung von Raketen. Betrachten wir eine Rakete, die anfangs ruht. Weiterhin soll sie keiner äußeren Kraft (keiner Schwerkraft) ausgesetzt sein. Ihr Impuls ist Null.

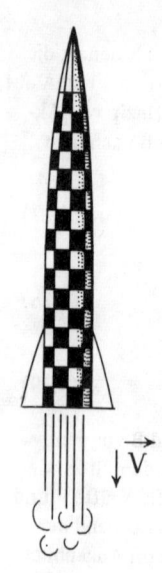

Sobald die Gase auszuströmen beginnen, wird der Rakete eine Geschwindigkeit in entgegengesetzter Richtung zu derjenigen der Gase erteilt, da der Impuls des Systems Null bleiben muß. Wir wollen die Geschwindigkeit der Rakete berechnen. Die Ausströmgeschwindigkeit V der Gase bezogen auf die Rakete soll während des Bewegungsablaufes konstant bleiben. Zum Zeitpunkt t sei m die Masse der Rakete (einschließlich des Treibstoffes) und $\vec{v}$ ihre Geschwindigkeit bezogen auf die Erde.

Man kann zeigen, daß

$$v = -V \ln m + \text{const} \tag{4.22}$$

Da die Rakete anfangs mit einer Masse m_0 in Ruhe war, beträgt die Integrationskonstante $V \ln m_0$, und man erhält

$$v = V \ln \frac{m_0}{m} \tag{4.23}$$

oder mit dem Zehnerlogarithmus

$$v = 2{,}3 \, V \log \frac{m_0}{m} \tag{4.24}$$

Fig. 24
Bewegung
einer Rakete

Diese Formel ergibt die Geschwindigkeit v der Rakete zum Zeitpunkt t, wenn ihre Masse nur noch m ist. Man sieht, daß, wenn alles Gas herausgeschleudert wurde, m also die Masse der Rakete allein ist, die mit (4.23) berechnete Geschwindigkeit v die größte Geschwindigkeit ist, die die Rakete erreichen kann. Die Geschwindigkeit v ist genauso groß wie die der Gase, wenn

$$\log \left(\frac{m_0}{m}\right)^{2,3} = 1 \tag{4.25}$$

d.h.

$$\frac{m_0}{m} = 2{,}7 \tag{4.26}$$

Die Geschwindigkeit v der Rakete kann also größer werden als die der Gase, wenn $\frac{m_0}{m} < 2{,}7$. So erhält man z.B. mit V = 4 km/s und $\frac{m_0}{m} = 16{,}4$ v = 11,8 km/s, d.h. die Fluchtgeschwindigkeit aus der Erdanziehung.

Bemerkung. Im Falle einer mehrstufigen Rakete hat jede Stufe die Geschwindigkeit, die die vorhergehende in dem Moment, in dem der Treibstoff ausging, erreicht hat. Ihre Geschwindigkeit wächst also gemäß der Formel

$$v = v_0 + 2{,}3 \log \frac{m_0}{m} \tag{4.27}$$

Hierbei bedeutet m_0 die Raketenmasse in dem Augenblick, in dem die vorherige Stufe keinen Treibstoff mehr hat, und v_0 die zu diesem Zeitpunkt erreichte Geschwindigkeit.

4.12. Relativistischer Impuls. In der Relativitätstheorie ändert sich die Masse mit der Geschwindigkeit nach dem Gesetz

$$m = \frac{m_0}{\sqrt{1 - v^2/c^2}} \tag{4.28}$$

wobei m_0 die Masse des Körpers in Ruhe ist und m seine Masse, wenn er die Geschwindigkeit v hat (c ist die Lichtgeschwindigkeit im Vakuum). Gl. (4.28) zeigt, daß der Unterschied zwischen m_0 und m vernachlässigbar ist außer für sehr große Geschwindigkeiten.

Kommen wir auf das Grundgesetz der Dynamik zurück. In der nicht relativistischen Mechanik bleibt die Masse konstant, und man darf schreiben

$$\vec{F} = m\vec{a} = m \frac{d\vec{v}}{dt} = \frac{d(m\vec{v})}{dt} \tag{4.29}$$

In der relativistischen Mechanik sind jedoch die beiden Ausdrücke

$$\frac{d(m\vec{v})}{dt} \quad \text{und} \quad m \frac{d\vec{v}}{dt}$$

nicht mehr gleich, denn m hängt von der Geschwindigkeit ab, und man erhält

$$\frac{d(m\vec{v})}{dt} = m \frac{d\vec{v}}{dt} + \vec{v} \frac{dm}{dt} \neq m \frac{d\vec{v}}{dt} \tag{4.30}$$

Wenn man den Bereich der nicht relativistischen Mechanik verläßt, muß die Beziehung

$$\vec{F} = \frac{d(m\vec{v})}{dt} \tag{4.31}$$

benutzt werden. Die Grundgleichung der nicht relativistischen Mechanik $\vec{F} = m \frac{d\vec{v}}{dt}$ bedeutet also eine Näherung, die nur im Falle kleiner Geschwindigkeiten gültig ist.

5. Massensysteme

Bisher haben wir die Ausdehnung des Körpers vernachlässigt, indem wir uns darauf beschränkt haben, die Bewegung eines Massenpunktes zu studieren, ohne dabei mögliche Rotationsbewegungen zu berücksichtigen. Diese neuen Möglichkeiten werden wir im folgenden ins Auge fassen. Wir werden starre Körper oder Systeme von starren Körpern untersuchen und dabei voraussetzen, daß die Körper nicht deformiert werden, welche Kräfte auch immer auf sie einwirken mögen.

5.1. Starre Körper im Gleichgewicht. Ein starrer Körper, auf den Kräfte $\vec{F}_1, \vec{F}_2, \ldots$ einwirken, die an den Punkten $A_1, A_2, \ldots$ angreifen, kann sich gegenüber einem bestimmten Bezugssystem, dem System Erde z.B., im Gleichgewicht befinden. Wenn ein Körper im Gleichgewicht sein soll, muß er zwei Bedingungen erfüllen.

Erste Gleichgewichtsbedingung. Die Vektorsumme (Resultierende) der Kräfte, die auf ihn einwirken, muß Null sein. Man schreibt

$$\Sigma \vec{F} = 0 \qquad (5.1)$$

Diese Bedingung, die für einen Punkt hinreichend wäre, ist es nicht mehr, wenn man einen starren Körper betrachtet. Tatsächlich ist der starre Körper in Fig. 25 zwei gleich großen Kräften $\vec{F}$ und $-\vec{F}$ ausgesetzt. Man erhält $\vec{F} - \vec{F} = 0$, aber der Körper erfährt ein Moment $M = F \, \overline{AA'}$, und er wird sich in Pfeilrichtung drehen. Er ist also nicht im Gleichgewicht. Die Bedingung (5.1) bedeutet, daß es keine Verschiebung des Körpers gibt, aber es bedarf einer weiteren Bedingung, um eine Drehung zu verhindern. Nehmen wir das Beispiel in Fig. 26. Der Hebel $A_1 A_4$ mit vernachlässigbarer Masse kann um den Punkt 0 schwingen. Man verfügt über verschiedene Gewichte $G_1, G_2, G_3, \ldots$ an verschiedenen Punkten $A_1, A_2, A_3, \ldots$

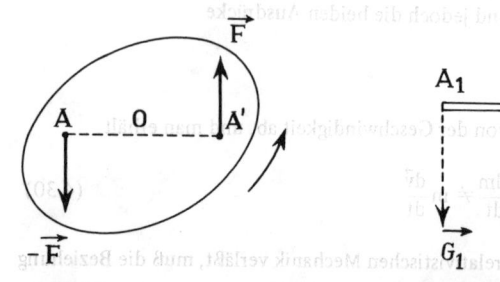

Fig. 25
Starrer Körper, der einem Drehmoment ausgesetzt ist

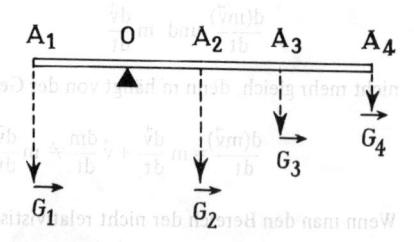

Fig. 26
Gleichgewicht eines Hebels um den Punkt 0

Wird A_1 mit dem Gewicht G_1 belastet und versieht man einen der Punkte $A_2, A_3, \ldots$ mit dem zugehörigen Gewicht $G_2, G_3, \ldots$, dann bleibt der Hebel in Ruhe, falls

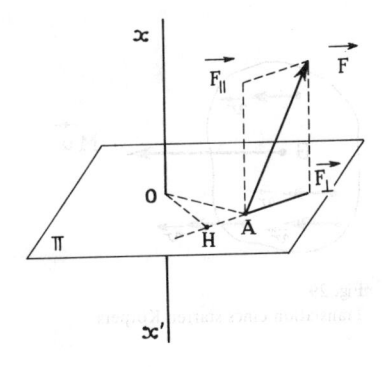

5.2. Drehmoment einer Kraft um eine Achse

$$G_1 \overline{OA_1} = G_2 \overline{OA_2}, \; G_1 \overline{OA_1} = G_3 \overline{OA_3}, \ldots \quad (5.2)$$

Dieses Produkt aus einer Kraft und einem Abstand charakterisiert die Tendenz des Hebels, sich zu drehen. Mit **Drehmoment** der Kraft $\vec{F}$ um einen Punkt 0 (s. Fig. 27) bezeichnet man demnach einen Vektor $\vec{M}_F$, dessen Betrag gleich $F \cdot \overline{OH}$ ist. (Er hat den Punkt 0 als Ursprung und steht senkrecht auf der Ebene π, die von 0 und $\vec{F}$ gebildet wird.)

Die Richtung von $\vec{M}_F$ ist so, daß das Dreibein $\overline{OA}, \vec{F}, \vec{M}_F$ ein Rechtssystem bildet (ein Beobachter, der mit den Füßen in 0 in Richtung von $\vec{M}_F$ aufgerichtet steht, sieht $\vec{F}$ sich entgegengesetzt dem Uhrzeigersinn drehen).

Zweite Gleichgewichtsbedingung. Es ist notwendig und hinreichend, daß die Resultierende der Drehmomente (das resultierende Drehmoment) der angreifenden Kräfte um einen beliebigen Punkt Null ist.

Wenn diese zweite Bedingung erfüllt ist, kann sich der starre Körper nicht drehen. Die Beziehungen (5.2) drücken diese Bedingung für den Fall von Fig. 26 aus.

5.2. Drehmoment einer Kraft um eine Achse. Wir wollen nun einen starren Körper betrachten, der sich um die Achse xx' (s. Fig. 28) drehen kann. Sei A ein Punkt des Körpers, in dem eine Kraft $\vec{F}$ angreife. Wir zerlegen $\vec{F}$ in 2 Komponenten, einer Kraft $\vec{F}_\parallel$ parallel zur Achse xx' und einer Kraft $\vec{F}_\perp$ in der Ebene π, die durch A geht und senkrecht auf xx' steht. Nur die Komponente $\vec{F}_\perp$ allein bewirkt eine Drehung des Körpers um xx', und als Drehmoment der Kraft $\vec{F}$ um die Achse xx' bezeichnet man einen Vektor längs xx', dessen Betrag gleich $F\perp \cdot \overline{OH}$ ist. Die Richtung dieses Vektors ergibt sich entsprechend obenstehender Regel (s. Abschn. 5.1)

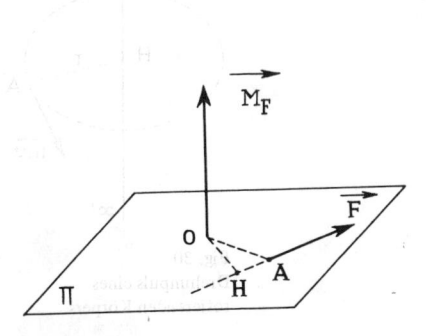

Fig. 27
Drehmoment einer Kraft um einen Punkt

Fig. 28
Drehmoment einer Kraft um eine Achse

5. Massensysteme

5.3. Schwerpunkt. Jeder der verschiedenen Massenpunkte, aus denen ein Körper besteht, hat eine Masse m_i und ein Gewicht $\vec{G}_i$. Alle diese Kräfte $\vec{G}_i$ sind parallel und gleichgerichtet. Man kann sie auf eine einzige Kraft (ihre Resultierende) zurückführen, nämlich das Gewicht $\vec{G}$ des Körpers. Diese Resultierende greift in einem Punkt an, dem sog. Schwerpunkt. Die Lage des Schwerpunktes hängt nur von der Gestalt des Körpers und der Massenverteilung im Inneren des Körpers ab.

5.4. Schwerpunktsatz. Ein starrer Körper der Masse M unterliege Kräften, deren Resultierende $\Sigma \vec{F}$ sei. Es gilt dann:

Satz. *Die Bewegung des Schwerpunktes ist dieselbe wie die eines Massenpunktes der Masse M, der der Resultierenden der angreifenden Kräfte unterliegt.*

Betrachten wir hierzu einen Körper bei einer Translation (s. Fig. 29). Alle seine Punkte haben die gleiche Geschwindigkeit $\vec{v}$, und sein Impuls ist derselbe, wie der seines Schwerpunktes G, wenn in diesem die gesamte Masse konzentriert wäre, d.h.

$$\Sigma m_i \vec{v} = \vec{v} \Sigma m_i = M\vec{v} \tag{5.3}$$

Ist der Körper keiner äußeren Kraft ausgesetzt, dann bleibt sein Impuls konstant.

5.5. Drehimpuls. Sei A ein beliebiger Punkt eines starren Körpers, der sich um eine Achse xx' drehe (s. Fig. 30). Der Punkt A bewegt sich auf einem Kreis mit Mittelpunkt

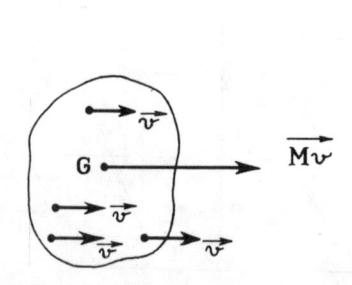

Fig. 29
Translation eines starren Körpers

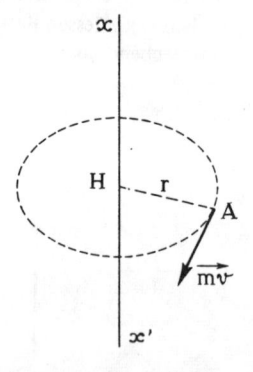

Fig. 30
Drehimpuls eines rotierenden Körpers

H und Radius r. Betrachten wir das Moment um H des Impulses $m\vec{v}$ von Punkt A. Dieses Moment ist ein Vektor längs der Achse xx' (s. Abschn. 5.1) und vom Betrag mvr. Gemäß (2.14) gilt $mvr = mr^2\omega$, wenn ω die Winkelgeschwindigkeit ist. Indem man die

5.7. Drehung eines festen Körpers um eine freie Achse

gleiche Relation für alle Punkte des Körpers aufstellt und die Summe bildet, erhält man

$$\Sigma mr^2 \omega = \omega \Sigma mr^2 = I\omega \quad (5.4)$$

denn bei der Drehbewegung des starren Körpers haben alle seine Punkte die gleiche Winkelgeschwindigkeit ω. Nach Definition ist $I = \Sigma mr^2$ das **Trägheitsmoment** des starren Körpers um die Achse xx'. Der Vektor $\vec{I\omega}$ mit dem Betrag $I\omega$ und in Richtung xx' zeigend, wird **Drehimpuls** des starren Körpers bezogen auf die Achse xx' genannt.

5.6. Drehimpulssatz. Drehimpulserhaltung

Satz. *Die zeitliche Änderung des auf eine feste Achse xx' bezogenen Drehimpulses eines starren Körpers ist gleich der Resultierenden der Drehmomente der angreifenden Kräfte.*

Man erhält

$$\frac{d(\vec{I\omega})}{dt} = \vec{M} \quad (5.5)$$

wobei $\vec{M}$ das Drehmoment der an den Körper angreifenden Kräfte bezogen auf die Achse xx' ist. Wenn keine äußeren Kräfte angreifen oder ihr resultierendes Drehmoment Null ist, gilt $\frac{d(\vec{I\omega})}{dt} = 0$. Hieraus folgt

$$I\omega = \text{const} \quad (5.6)$$

d.h., der Drehimpuls ist konstant. Die Beziehung (5.6) erklärt z.B. die Änderung der Winkelgeschwindigkeit einer Schlittschuhläuferin (s. Fig. 31). Es greifen keine äußeren Kräfte an, denn das Gewicht wird durch die Gegenkraft des Bodens ausgeglichen. Einmal in Rotation, bleibt der Drehimpuls der Schlittschuhläuferin konstant; aber indem sie die Arme ausstreckt oder sich niederhockt, kann sie ihr Trägheitsmoment ändern und folglich auch ihre Winkelgeschwindigkeit.

Fig. 31
Drehimpulserhaltung

5.7. Drehung eines festen Körpers um eine freie Achse.

Im Vorausgegangenen haben wir die Drehung eines festen Körpers um eine feste Achse studiert. Wir wollen nun einen rotationssymmetrischen Körper betrachten, der sich um seine Rotationsachse, seine Figurenachse, dreht. Wenn keine Kraft auf ihn ausgeübt wird, dreht er sich mit einem konstanten Drehimpuls. Lösen wir die Verbindungen, durch die die Achse festgehalten wird, dann machen wir sie zu einer freien Achse: Der Körper fährt fort, sich um die anfängliche Achse zu drehen. Der Kreisel ist ein solcher rotationssymmetrischer Körper, der sich mit hoher Geschwindigkeit um seine Figurenachse dreht. Um ihn der Wirkung der Schwerkraft zu entziehen (die ein Drehmoment auf ihn ausüben würde), muß der Schwerpunkt des Kreisels im Mittelpunkt einer besonderen Aufhängung, der sog. Kardanischen Aufhängung, liegen. Der Apparat wird dann zu einem Körper, der sich um seine freie Achse dreht. Wenn der Kreisel in sehr schnelle Rotation versetzt wird, behält seine Figurenachse eine feste Richtung im Raume bei (bezogen auf das System Erde–Sterne in der Näherung, die wir betrachten). Unter den zahlreichen Anwendungen des Kreisels, Anwendungen, die darauf beruhen, daß der Kreisel seine Achsenrichtung nicht ändert, nennen wir den Kreiselkompaß, der den magnetischen Kompaß auf Schiffen und in Flugzeugen ersetzt.

6. Gravitation

6.1. Gravitationsgesetz. Das Gewicht, jene Kraft, die alle Körper auf der Erdoberfläche zum Boden zieht, ist ein Spezialfall der universellen Schwerkraft, der Gravitation, die zwischen allen Massen wirkt, welcher Art sie auch sein mögen.

Die Erscheinungen der Gravitation werden durch das Newtonsche Gesetz beschrieben. Zwei punktförmige Körper A und A' ziehen sich an, indem sie aufeinander die gleiche aber entgegengesetzte Kraft entlang der gleichen Wirkungslinie AA' ausüben. Der Betrag F dieser Kräfte ist proportional zu den Massen m und m' der beiden Körper und umgekehrt proportional zum Quadrat ihres Abstandes r. Man erhält

$$F = G \frac{m\,m'}{r^2} \tag{6.1}$$

Die Konstante G heißt Gravitationskonstante (oder Massenanziehungskonstante). Für G ergibt sich $G = 6{,}67 \cdot 10^{-11}$ N m²/kg².

Dieser Ausdruck kann auf reelle, nicht punktförmige Körper angewendet werden, wenn diese Körper hinsichtlich ihrer Geometrie und ihrer Massenverteilung eine Kugelsymmetrie besitzen, d.h., wenn die beiden Körper Kugeln sind. In diesem Fall verhält es sich so, wie wenn die Masse jeder Kugel in ihrem Mittelpunkt konzentriert wäre, d.h., man wird auf den Fall der punktförmigen Körper zurückgeführt.

Nehmen wir an, die Erde stehe im Raum still, M sei ihre Masse, R ihr Radius, und m die Masse eines Körpers A, der relativ zur Erde sehr klein ist. Alles verhält sich so, als ob die Masse der Erde in ihrem Mittelpunkt konzentriert wäre. Die von der Erde ausgehende Gravitationskraft ist also nach (6.1)

$$F = G \frac{M m}{R^2} \tag{6.2}$$

wenn man den Abstand von A zum Boden gegenüber dem Erdradius vernachlässigt. Das Gewicht von A ist mg, und es stimmt mit der Gravitationskraft überein (unbewegte Erde), man erhält also

$$mg = G \frac{M m}{R^2} \tag{6.3}$$

woraus folgt

$$g = \frac{GM}{R^2} \tag{6.4}$$

Wenn man den Abstand h von A zum Boden nicht vernachlässigt, erhält man

$$g = \frac{GM}{(R+h)^2} \tag{6.5}$$

Diese Formel erklärt nicht die Änderung von g mit dem Breitengrad, denn diese Änderungen rühren von der Erdrotation her, die wir in der vorausgegangenen Rechnung vernachlässigt haben. Tatsächlich ergeben die Gleichungen (6.4) und (6.5) die Beschleunigung a_E aus Gl. (3.4).

6.2. Keplersche Gesetze. Die Bewegungen der Himmelskörper sind eine Bestätigung der Gravitation. Aus den Beobachtungen von Tycho Brahe leitete Kepler um 1620 die folgenden drei Gesetze ab:

1) Die Bahnen der Planeten sind Ellipsen, in deren einem Brennpunkt die Sonne steht (s. Fig. 32).

2) Der Radiusvektor SM überstreicht in gleicher Zeit gleiche Flächen.

3) Die Quadrate der Umlaufzeiten zweier Planeten verhalten sich wie die Kuben ihrer großen Halbachsen.

Die Untersuchung der Keplerschen Gesetze erlaubte Newton 1697, das Gesetz der universellen Massenanziehung aufzustellen.

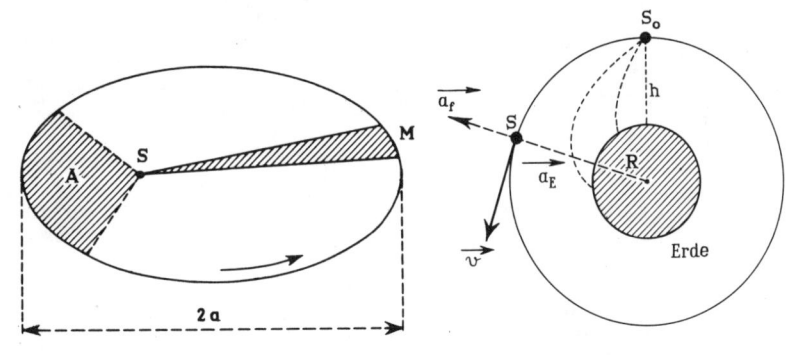

Fig. 32
Keplersche Gesetze

Fig. 33
Einschuß eines künstlichen Satelliten in eine Umlaufbahn

6.3. Künstliche Satelliten. Wir betrachten folgende besondere Bedingungen: Wir nehmen an, daß der Start einer Rakete in sehr großer Höhe, d.h. außerhalb der Erdatmo-

6. Gravitation

sphäre erfolgt und daß die Anfangsgeschwindigkeit der Rakete horizontal gerichtet ist. Wir kümmern uns weder darum, wie die Rakete in diese Position gekommen ist, noch wie ihr die Anfangsgeschwindigkeit mitgeteilt wird. Das Bezugssystem ist das System Erde–Sterne. Wenn die Anfangsgeschwindigkeit Null oder sehr klein ist, fällt die Rakete S (s. Fig. 33) in die Nähe desjenigen Punktes herab, oberhalb dessen sich die Startposition S_0 befindet. Je größer die Anfangsgeschwindigkeit ist, desto weiter entfernt fällt die Rakete nieder. Bei einer gewissen Geschwindigkeit beobachtet man eine kreisförmige Bahnkurve, auf der die Bewegung gleichförmig ist: Die Rakete ist zum Satelliten geworden. Die diesem Fall entsprechende Anfangsgeschwindigkeit nennt man die erste Raumgeschwindigkeit.

Wir wollen diese Geschwindigkeit berechnen. Der Satellit S mit der Masse m ist zwei Kräften ausgesetzt (s. Abschn. 3.7), nämlich

a) der Erdanziehung $m\vec{a}_E$; gemäß (6.5) erhält man

$$ma_E = \frac{GMm}{(R+h)^2} \tag{6.6}$$

wobei M die Masse der Erde, R ihr Radius und h die Höhe des Satelliten sind

b) der Zentrifugalkraft $-m\vec{a}_f$ mit dem Betrag (s. Abschn. 3.6 u. 2.4)

$$ma_f = m\omega^2(R+h) = \frac{mv^2}{R+h} \tag{6.7}$$

wobei v die Geschwindigkeit des Satelliten S ist.

Nach (6.6) und (6.7) bleibt der Satellit im kreisförmigen Umlauf mit dem Radius R + h, wenn

$$\frac{mv^2}{R+h} = \frac{GMm}{(R+h)^2} \tag{6.8}$$

woraus folgt

$$v = \sqrt{\frac{GM}{R+h}} \tag{6.9}$$

Für verschiedene Entfernungen h erhält man folgende Geschwindigkeiten (M = 6 · 10^{24} kg, R = 6380 km)

h =   300 km   v = 7,75 km/s
h =   6400 km   v = 5,6 km/s
h = 380000 km   v = 1   km/s

Da die Entfernung zwischen Erde und Mond etwa 380 000 km beträgt, bewegt sich der Mond mit einer Geschwindigkeit von ungefähr 1 km/s um die Erde.

Ist

$$v < \sqrt{\frac{GM}{R+h}} \tag{6.10}$$

6.4. Fluchtgeschwindigkeit aus der Erdanziehung

dann fällt der Satellit wieder auf die Erde herab oder tritt zumindest in die Atmosphäre ein und verglüht.

6.4. Fluchtgeschwindigkeit aus der Erdanziehung. Hier wird wiederum angenommen, daß die Rakete in einer sehr großen Höhe h startet, d.h. außerhalb der Erdatmosphäre, und daß die Geschwindigkeit v_0, die der Rakete mitgeteilt wird, horizontal gerichtet ist. Wir benutzen den Satz von der Erhaltung der mechanischen Energie. Wenn wir die Anziehung durch die Sonne und die Planeten vernachlässigen, ist der Körper S keinen anderen äußeren Kräften (außer der Schwerkraft) ausgesetzt, und die mechanische Energie bleibt konstant. Welche potentielle Energie besitzt nun die Rakete S in der Höhe h?

Indem man für g den Wert aus Gl. (6.5) einsetzt, erhält man für die potentielle Energie V

$$V = -mg(R+h) = -\frac{GMm}{R+h} \qquad (6.11)$$

Um der Erdanziehung zu entkommen, muß sich die Rakete, wie man leicht einsieht, bis ins Unendliche entfernen, wo ihre Geschwindigkeit Null sein wird.
Beim Start ist $V_1 = -\frac{GMm}{R+h}$ und im Unendlichen $V_2 = 0$.
Was die kinetische Energie betrifft, so ist sie beim Start gleich $T_1 = \frac{1}{2}mv_0^2$ und im Unendlichen Null ($T_2 = 0$). Wegen der Energieerhaltung ist es erlaubt zu schreiben

$$V_1 + T_1 = V_2 + T_2 \qquad (6.12)$$

d.h.

$$\frac{1}{2}mv_0^2 - \frac{GMm}{R+h} = 0 \qquad (6.13)$$

und somit ergibt sich

$$v_0 = \sqrt{\frac{2GM}{R+h}} \qquad (6.14)$$

Startet die Rakete von der Höhe h mit der in (6.14) gegebenen Geschwindigkeit, dann ist ihre Bahnkurve eine Parabel (s. Fig. 34), deren Brennpunkt der Erdmittelpunkt ist. Für h = 200 km erhält man v_0 = 11 km/h. Mit einer solchen Geschwindigkeit könnte die Rakete der Erdanziehung entkommen, sie wird jedoch von der Sonne „eingefangen" und wird somit zu einem Satelliten (wir haben in Gl. (6.14) die Anziehung durch die Sonne vernachlässigt). Um das Sonnensystem zu verlassen, muß der Rakete eine Geschwindigkeit von etwa 16,6 km/s erteilt werden.
Wenn die Geschwindigkeit v_0 zwischen $\sqrt{\frac{GM}{R+h}}$ (Kreisbahn) und $\sqrt{\frac{2GM}{R+h}}$ (Parabelbahn) liegt, beschreibt die Rakete eine elliptische Bahnkurve, deren einer Brennpunkt identisch mit dem Erdmittelpunkt ist. Man kann noch anmerken, daß es nicht notwen-

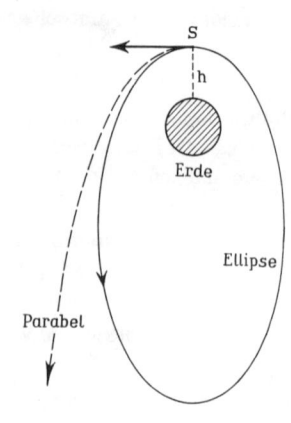

Fig. 34
Fluchtgeschwindigkeit aus
der Erdanziehung

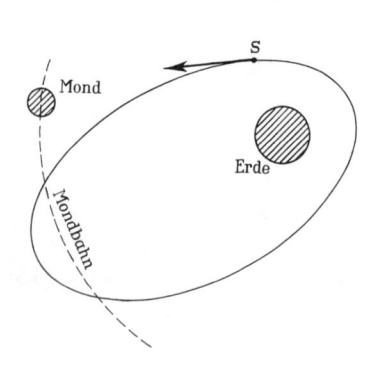

Fig. 35
Notwendige Geschwindigkeit, um den
Mond zu erreichen

dig ist, einer Rakete S die Fluchtgeschwindigkeit $\sqrt{\dfrac{2\,GM}{R+h}}$ zu erteilen, um z.B. den Mond zu erreichen. Die Geschwindigkeit muß nur so groß sein, daß die Bahnkurve eine Ellipse ist, die die Bahn des Mondes schneidet (s. Fig. 35).

7. Mechanik der Flüssigkeiten

7.1. Ideale Flüssigkeiten. Flüssigkeiten, ob flüssig oder gasförmig, unterscheiden sich zunächst dadurch von festen Körpern, daß sie leicht ihre Gestalt verändern und die Form des Gefäßes annehmen, das sie enthält.

Unter einer idealen Flüssigkeit versteht man ein Medium, das keinerlei Viskosität besitzt, d.h., wenn das Volumen sich nicht ändert, setzt diese Flüssigkeit einer Änderung der Gestalt keinen Widerstand entgegen. Bei realen Flüssigkeiten und selbst bei Gasen existiert die Viskosität in mehr oder weniger hohem Maße immer. Der Begriff der idealen Flüssigkeit ist eine Idealisierung mit der in erster Näherung die Dynamik der Flüssigkeiten behandelt wird. Die Viskosität, die eine Rolle spielt, wenn die Flüssigkeit ihre Gestalt ändert, tritt jedoch nicht auf, wenn die Flüssigkeit in Ruhe bleibt. Wenn man die Kräfte der Oberflächenspannung vernachlässigt, stimmt die Statik der idealen Flüssigkeiten mit der Statik der realen Flüssigkeiten überein.

7.2. Kräfte, welche die Flüssigkeit auf die Gefäßwände ausübt. Sei A eine Flüssigkeit (s. Fig. 36) in einem Gefäß B. Infolge ihres Gewichtes übt die Flüssigkeit A eine Kraft

7.4. Grundgleichung der Statik von Flüssigkeiten

auf das Gefäß B aus. Nach dem Gesetz von Aktion und Reaktion übt umgekehrt das Gefäß auf die Flüssigkeit eine Kraft aus, die das Gewicht der Flüssigkeit ausgleicht.

Wir wollen ein kleines Flächenelement S der Wand betrachten, das als eben angenommen wird. Die Kraft $\vec{F}$, die von S auf die Flüssigkeit ausgeübt wird, steht senkrecht auf diesem Element. In der Tat, wenn die Kraft durch $\vec{F}''$ gegeben wäre, könnte man sie in eine Normalkraft $\vec{F}$ und eine Tangentialkraft $\vec{F}_T$ zerlegen. Die Kraft $\vec{F}_T$ würde die Flüssigkeit verschieben, und es könnte kein Gleichgewicht herrschen. Die Kraft, die von S auf die Flüssigkeit ausgeübt wird, steht also senkrecht auf dem Flächenelement S. Sie wird in Fig. 36 durch $\vec{F}$ wiedergegeben.

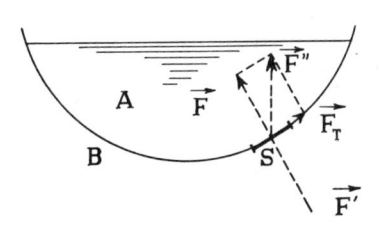

Fig. 36
Kraft, die von einer Flüssigkeit auf das sie enthaltende Gefäß ausgeübt wird

Nach dem Prinzip von Aktion und Reaktion übt umgekehrt die Flüssigkeit auf S die Normalkraft $\vec{F}'$ von gleicher Größe, aber in umgekehrter Richtung aus.

7.3. Kräfte, die von einer Flüssigkeit auf einen sich innerhalb dieser Flüssigkeit befindenden Körper ausgeübt werden. Wenn sich ein Körper in einer Flüssigkeit befindet, übt diese auf alle Teile des Körpers, die mit ihr in Berührung stehen, Kräfte aus. Ein fester Körper z.B., der sich in einer Flüssigkeit befindet (s. Fig. 37), ist Kräften von der Art wie $\vec{F}_1$, $\vec{F}_2$, $\vec{F}_3$, $\vec{F}_4$ usw. ausgesetzt. Aus denselben Gründen wie oben stehen diese Kräfte senkrecht auf den Flächen, auf die sie wirken. Wenn der Körper M ein kleines Parallelepiped ist (s. Fig. 38), stehen die Kräfte senkrecht auf den Flächen dieses Parallelepipeds.

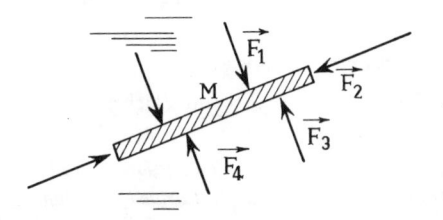

Fig. 37
Kräfte, die von einer Flüssigkeit auf einen eingetauchten Körper ausgeübt werden

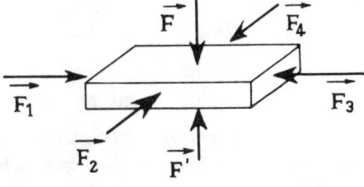

Fig. 38
Kräfte, die von einer Flüssigkeit auf ein in die Flüssigkeit getauchtes Parallelepiped ausgeübt werden

7.4. Grundgleichung der Statik von Flüssigkeiten. Flüssigkeit unter Einfluß der Schwerkraft. Anstelle eines festen Körpers M (s. Fig. 38) stellen wir uns im Innern der Flüssig-

7. Mechanik der Flüssigkeiten

keit ein kleines Parallelepiped aus dieser Flüssigkeit vor. Es ist im Gleichgewicht, und nichts unterscheidet es von der übrigen Flüssigkeit. Wir nehmen an, daß die Flächen A und B des Parallelepipeds horizontal liegen (s. Fig. 39). Sie stehen senkrecht auf der Abbildungsebene der Fig. 39. Da sich das Parallelepiped horizontal nicht verschiebt, heben sich alle seitlichen Kräfte wie $\vec{F}_1$ und $\vec{F}_2$ gegenseitig auf. Ebenso verschiebt sich das Parallelepiped nicht in vertikaler Richtung, so daß die Kräfte $\vec{F}$ und $\vec{F}'$ durch das Gewicht $\vec{G}$ des aus Flüssigkeit bestehenden Parallelepipeds ausgeglichen werden. Man erhält

$$\vec{F}' - \vec{F} = \vec{G} \qquad (7.1)$$

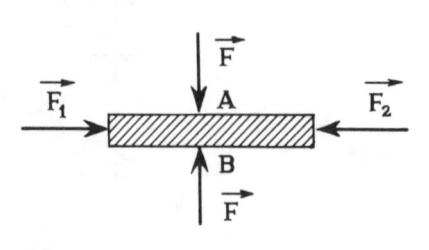

Fig. 39
Kräfte, die auf ein Parallelepiped einer Flüssigkeit von der übrigen Flüssigkeit ausgeübt werden

Diese Resultate können mit Hilfe des Druckes formuliert werden. Wir nehmen an, die Seitenflächen, auf die die Kräfte $\vec{F}_1$ und $\vec{F}_2$ wirken, seien gleich, sehr klein und lägen in der gleichen horizontalen Ebene (s. Fig. 40). Sei S die Oberfläche dieser

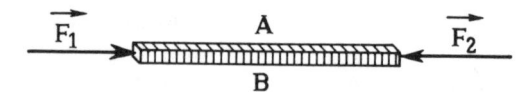

Fig. 40
Fall eines Parallelepipeds, dessen Seitenflächen sehr klein sind

zwei Seitenflächen. Die Drücke, die auf sie ausgeübt werden, sind $p_1 = F_1/S$ und $p_2 = F_2/S$. Da die Kräfte $\vec{F}_1$ und $\vec{F}_2$ sich aufheben, sind die Drücke gleich, d.h., es gilt:

Im Innern einer im Gleichgewicht befindlichen Flüssigkeit, die der Schwerkraft ausgesetzt ist, ist der Druck auf alle Punkte einer horizontalen Ebene gleich.

Indem man die beiden Seiten der Gl. (7.1) durch die Oberfläche S der Flächen A und B aus Fig. 39 dividiert, erhält man folgende Aussage:

In einer der Schwerkraft ausgesetzten Flüssigkeit ist der Unterschied der Drücke zwischen zwei Höhenlinien gleich dem Gewicht einer Flüssigkeitssäule, die als Querschnitt eine Flächeneinheit und als Höhe den Abstand der Höhenlinien besitzt.

7.5. Archimedisches Gesetz. Wir ersetzen das Flüssigkeitsparallelepiped aus Fig. 39 durch ein Parallelepiped eines festen Körpers vom Gewicht $\vec{G}'$. Die Druckkräfte, die von der Flüssigkeit auf die Flächen des Parallelepipeds ausgeübt werden, bleiben die gleichen, aber diesmal erhält man

$$\vec{F}' - \vec{F} \neq \vec{G}' \qquad (7.2)$$

7.8. Strömung einer idealen Flüssigkeit

Der in die Flüssigkeit eingetauchte Körper erfährt eine senkrecht nach oben gerichtete Kraft, die gleich dem Gewicht $\vec{G}$ der verdrängten Flüssigkeit ist.

7.6. Druck in einer Flüssigkeit. Die vorangegangenen Abschnitte sind sowohl für flüssige wie für gasförmige Medien gültig. Wir untersuchen nun die Eigenschaften von flüssigen Medien, die wir als inkompressibel annehmen. Nehmen wir die Grundgleichung (7.1) der Statik von Flüssigkeiten. Die Drücke auf die Flächen A und B (s. Fig. 39) mit den gleichen Oberflächen S sind $p = F/S$ und $p' = F'/S$. Sind ρ die (konstante) Dichte der Flüssigkeit und h der Abstand zwischen den beiden horizontalen Flächen A und B, dann erhält man $G = Sh\rho g$, woraus folgt

$$p' - p = \rho gh \qquad (7.3)$$

Im Fall eines flüssigen Mediums wächst der Druck linear als Funktion der Tiefe.

Die freie Oberfläche eines flüssigen Mediums, das der Schwerkraft ausgesetzt ist, ist in einem nicht allzu weiten Bereich horizontal. Wirken außer der Schwerkraft noch andere Kräfte auf die Flüssigkeit ein, so deformiert sich die Oberfläche derart, daß sie in jedem Punkt senkrecht auf der resultierenden Kraft steht.

7.7. Übertragung von Drücken in einem flüssigen Medium. Nehmen wir eine inkompressible Flüssigkeit, und betrachten wir wieder Fig. 39. Wenn man durch irgendein Mittel den Druck auf die Fläche B erhöht, muß sich gemäß (7.1) der Druck auf die Fläche A um denselben Betrag erhöhen, denn die Flüssigkeit ist inkompressibel. Eine beliebige Änderung des Druckes in einem beliebigen Punkt einer inkompressiblen Flüssigkeit überträgt sich im gleichen Maße auf alle anderen Punkte der Flüssigkeit (Prinzip von Pascal).

7.8. Strömung einer idealen Flüssigkeit. Wir machen zunächst folgende Annahmen:
a) die Flüssigkeit besitze keine Viskosität
b) sie sei inkompressibel
c) die Strömung sei stationär

Man nennt die Strömung einer Flüssigkeit stationär, wenn die Geschwindigkeit in jedem Punkt nicht von der Zeit sondern nur von der Position dieses Punktes abhängt. Von einem Punkt zum anderen kann die Geschwindigkeit differieren, aber die Flüssigkeit, die von einem gegebenen Punkt ausströmt, hat immer dieselbe Geschwindigkeit. Man kann also in flüssigen Medien Stromlinien verfolgen, die in jedem Punkt tangential zur Geschwindigkeit der Flüssigkeit liegen. Entlang diesen festen Bahnen, die sich nicht überschneiden, bewegen sich die Flüssigkeitsteilchen.

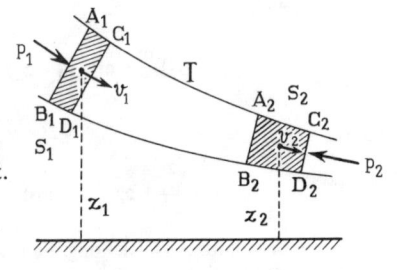

Fig. 41
Strömung einer Flüssigkeit in einer Röhre mit veränderlichem Querschnitt

7. Mechanik der Flüssigkeiten

Betrachten wir z.B. eine Röhre T mit veränderlichem Querschnitt (s. Fig. 41). Wir nehmen an, daß die Geschwindigkeit des flüssigen Mediums in allen Punkten eines beliebigen, senkrechten Schnittes die gleiche ist. Diese Geschwindigkeit kann sich natürlich von einer Schnittfläche zur anderen ändern. Das Volumen, das pro Sekunde die Schnittfläche S_1 durchfließt, wird als Ergiebigkeit der Flüssigkeit durch diese Fläche bezeichnet. Da die Flüssigkeit inkompressibel ist, ist die Ergiebigkeit durch S_2 dieselbe. Man erhält

$$S_1 v_1 = S_2 v_2 \tag{7.4}$$

Wir betrachten die Flüssigkeitsmenge, die zwischen $A_1 B_1$ und $A_2 B_2$ liegt und sich einen Augenblick später zwischen $C_1 D_1$ und $C_2 D_2$ befindet. Bezeichnet p_1 den Druck in S_1, dann ist die p_1 entsprechende Kraft gleich $p_1 S_1$, und da sich $A_1 B_1$ nach $C_1 D_1$ verschiebt, ist die entsprechende Arbeit

$$p_1 \cdot S_1 \cdot \overline{A_1 C_1} = p_1 V_1 = p_1 \frac{m}{\rho}$$

wobei V_1 das Volumen der Scheibe $A_1 B_1 C_1 D_1$, m ihre Masse und ρ die Dichte sind. Wenn $A_1 B_1$ nach $C_1 D_1$ fließt, verschiebt sich $A_2 B_2$ nach $C_2 D_2$, und die entsprechende Arbeit ist $-p_2 \frac{m}{\rho}$, wobei p_2 der Druck in S_2 ist. Die Gesamtarbeit der Druckkräfte ist also

$$W = (p_1 - p_2) \frac{m}{\rho} \tag{7.5}$$

Um die Arbeit der Schwerkraft zu berechnen, kann man annehmen, daß das Volumen $A_1 B_1 C_1 D_1$ nach $A_2 B_2 C_2 D_2$ verschoben wurde, während das Volumen $C_1 D_1 A_2 B_2$ nicht bewegt wurde. Die Arbeit der Schwerkraft (potentielle Energie) ist demnach

$$mg(z_1 - z_2) \tag{7.6}$$

Nach dem Satz über die kinetische Energie ist die Gesamtarbeit der angreifenden Kräfte gleich der Änderung der kinetischen Energie, hier also gleich

$$\frac{1}{2} m (v_2^2 - v_1^2) \tag{7.7}$$

und man erhält

$$(p_1 - p_2) \frac{m}{\rho} + mg(z_1 - z_2) = \frac{1}{2} m (v_2^2 - v_1^2) \tag{7.8}$$

woraus folgt

$$p_1 + \rho \frac{v_1^2}{2} + \rho g z_1 = \text{const} \tag{7.9}$$

Das ist die Bernoullische Gleichung. Falls $v_1 = v_2 = 0$ ist (ruhende Flüssigkeit), ergibt sich wieder Gl. (7.3). Wenn die Röhre horizontal liegt, erhält man

$$p_1 + \rho \frac{v_1^2}{2} = \text{const} \tag{7.10}$$

7.10. Ausströmung eines flüssigen Mediums 57

Die Bernoullische Gleichung ist im Prinzip auch noch auf Gase anwendbar trotz deren starker Kompressibilität, vorausgesetzt, ihre Strömung bringt nur schwache relative Druckänderungen ins Spiel (nicht zu große Strömungsgeschwindigkeit).

7.9. Venturische Röhre. Wir betrachten eine horizontale Röhre mit unterschiedlichem Querschnitt (s. Fig. 42). Unter Benutzung von Gl. (7.10) ergibt sich

$$p_1 + \rho \frac{v_1^2}{2} = p_2 + \rho \frac{v_2^2}{2} \tag{7.11}$$

Daraus folgt

$$\Delta p = p_1 - p_2 = \frac{\rho}{2}(v_2^2 - v_1^2) \tag{7.12}$$

und nach (7.4)

$$\Delta p = \frac{\rho}{2}[(\frac{S_1}{S_2})^2 - 1)] \tag{7.13}$$

Die Strömungsgeschwindigkeit ist bei S_2 viel größer als bei S_1, der Druck aber schwächer.

Wenn p_1 der Luftdruck ist, ist der Druck p_2 geringer. Die Wasserstrahlpumpe basiert auf diesem Prinzip. Sie erlaubt es, einen Unterdruck bis zu ungefähr 15 mm Quecksilbersäule (Wasserdampfspannung bei 15 °C) zu erzeugen. Man kann noch anmerken, daß das Venturische Phänomen sowohl bei Gasen als auch bei Flüssigkeiten auftritt.

7.10. Ausströmung eines flüssigen Mediums aus einer Öffnung unter Einfluß der Schwerkraft. Das flüssige Medium fließe durch eine Öffnung T (s. Fig. 43) ab, deren Durch-

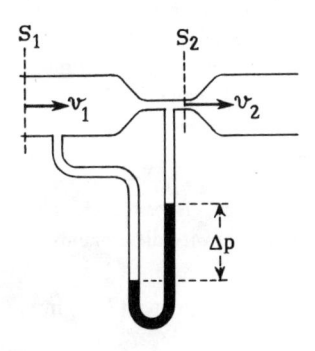

Fig. 42
Venturischer Effekt

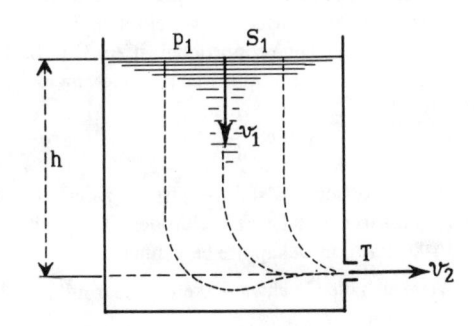

Fig. 43
Ausströmung eines flüssigen Mediums unter Einfluß der Schwerkraft

7. Mechanik der Flüssigkeiten

messer als sehr klein gegen den der Fläche S_1 angenommen wird. Demnach ist v_1 gegenüber v_2 vernachlässigbar.

Gl. (7.9) ergibt

$$p_1 + \rho \frac{v_1^2}{2} + \rho gh = p_1 + \rho \frac{v_2^2}{2} \qquad (7.14)$$

wobei angenommen wird, daß der Druck auf S_1 gleich dem auf T (Luftdruck) ist. Nach Voraussetzung ($v_1 \ll v_2$) erhält man

$$v_2 = \sqrt{2gh} \qquad (7.15)$$

Gl. (7.15) zeigt, daß v_2 nicht von der Dichte des flüssigen Mediums abhängt. Die Geschwindigkeit v_2 ist genauso groß wie die eines Körpers, der im freien Fall von der Höhe h herabfällt (Toricelli).

7.11. Viskosität der Flüssigkeiten. Die Viskosität wird wirksam, wenn sich benachbarte Schichten der Flüssigkeit in einer Relativbewegung zueinander befinden. Betrachten wir eine Flüssigkeit, deren Geschwindigkeit in jedem Punkt dieselbe Richtung hat. Wir nehmen weiterhin an, daß die Geschwindigkeit in allen Punkten einer Ebene A, die eine Molekularschicht der Flüssigkeit darstellen soll, gleich ist (s. Fig. 44). Infolge der

Fig. 44
Mitführung von Flüssigkeitsschichten durch Reibung

Reibung, die zwischen zwei benachbarten Schichten herrscht, zieht die Schicht A die Schicht B mit sich fort. Die in einem Abstand dx von der Schicht A gelegene Schicht B hat eine Geschwindigkeit v−dv, also eine etwas kleinere Geschwindigkeit als A. Die Schicht A übt eine Mitführungskraft $\vec{F}$ auf B aus und B eine Reibungskraft auf A, die gleich groß und umgekehrt gerichtet sind. Wir können annehmen, daß der Betrag der Kraft $\vec{F}$ zum einen proportional ist zur Oberfläche S der Schichten, auf die sie wirken, und zum anderen proportional zur Geschwindigkeitsänderung $\frac{dv}{dx}$. Man erhält

$$F = \eta S \frac{dv}{dx} \qquad (7.16)$$

Der Proportionalitätsfaktor η ist der Koeffizient der dynamischen Viskosität oder einfach die dynamische Viskosität der Flüssigkeit. Im MKSA System wird die dynamische Viskosität η in Dekapoise berechnet.

Wenn sich die Geschwindigkeit v linear mit x ändert (s. Fig. 45), kann man (7.16) in der Form

$$F = S\eta \frac{v_1}{x_1} = S\eta \frac{v_2}{x_2} \qquad (7.17)$$

schreiben.

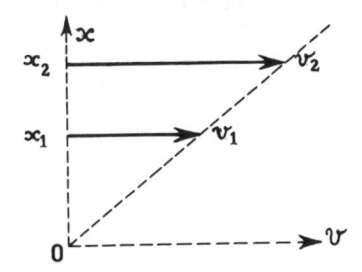

Fig. 45
Änderung der Mitführungsgeschwindigkeit von Schichten

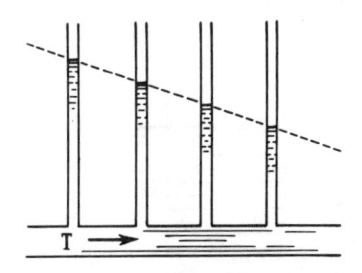

Fig. 46
Druckverlust in einer Kanalisation

Damit die Schicht A eine gleichförmige Geschwindigkeit beibehält, muß eine konstante Kraft auf sie einwirken. Wenn die Kraft aufhört zu wirken, wird die Schicht A durch die Schicht B verlangsamt und hört schließlich auf zu fließen, wobei die Viskosität die kinetische Energie in Wärme umwandelt.

Die dynamische Viskosität der reinen Flüssigkeiten verringert sich, wenn die Temperatur steigt. Auch die Viskosität der Gase hängt von der Temperatur ab. In der Nähe des Nullpunktes (0 °C) wächst die Viskosität der Luft linear mit der Temperatur. Die Viskosität der Gase ist praktisch unabhängig vom Druck.

Mit Hilfe der Viskosität läßt sich auch der Druckabfall in einer horizontalen Kanalisation erklären (s. Fig. 46). Das flüssige Medium ströme in einer horizontalen Röhre T. Diese Röhre sei mit vertikalen Röhren verbunden, die die Drücke in verschiedenen Punkten von T anzeigen. Unter normalen Bedingungen wird man feststellen, daß sich der Druck entlang der Röhre verringert. Die Verringerung des Druckes ist proportional zur Länge des Fließweges: Die Höhen der Flüssigkeit in den vertikalen Röhren liegen auf ein und derselben Geraden, d.h., die Druckabnahme ist linear.

7.12. Laminare Strömung. Poiseuillesches Gesetz. Wir betrachten eine langsame Strömung in einer zylindrischen Röhre; die Strömungslinien sind zur Zylinderachse parallele Geraden.

Wir stellen uns vor, daß die Flüssigkeit aus zylindrischen, zur Röhre koaxialen Schichten besteht. Kleine Abschnitte dieser Zylinder können mit Ebenen verglichen werden, die wie in Fig. 44 übereinander gleiten, ohne sich zu vermischen. Man nennt diese Strömung laminar oder schlicht. Die Schicht, die die Röhre berührt, bleibt an der Wand hängen und bremst die benachbarten Flüssigkeitsschichten: Es herrscht ein Geschwindigkeitsgefälle. In einem gewissen Abstand läßt sich diese Wirkung praktisch nicht mehr nachweisen, und wenn die Röhre einen großen Durchmesser hat (s. Fig. 47), bleibt die Geschwindigkeit über den größten Teil eines senkrechten Schnittes konstant. In diesem

Fall kann man die Viskosität vernachlässigen und die Bernoullische Gleichung anwenden.

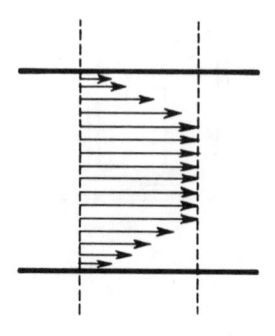

Fig. 47
Laminare Strömung

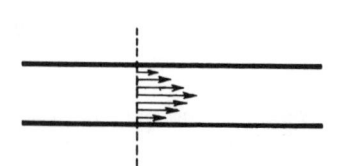

Fig. 48
Strömung in einer engen Röhre

Ist jedoch die Röhre sehr eng (s. Fig. 48), dann ändert sich die Geschwindigkeit vom Mittelpunkt zum Rand eines senkrechten Schnittes, und man kann die Viskosität nicht mehr vernachlässigen. Wir wollen diesen Fall betrachten. Seien R der Radius der Röhre (kapillare Röhre), l ihre Länge und p_1 und p_2 die Drücke an den beiden Enden der Röhre (s. Fig. 49).

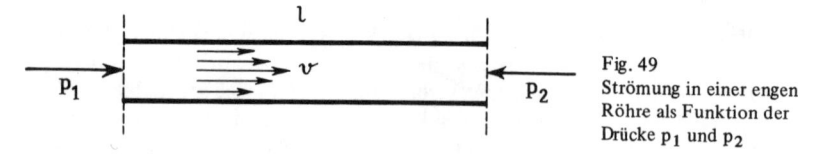

Fig. 49
Strömung in einer engen Röhre als Funktion der Drücke p_1 und p_2

Das Volumen, das in einer Zeiteinheit durch einen senkrechten Schnitt der Röhre fließt (Volumenergiebigkeit), ist gegeben durch

$$V = \frac{\pi R^4}{8\eta l}(p_1 - p_2) \tag{7.18}$$

wobei η der dynamische Viskositätskoeffizient der Flüssigkeit ist. Das ist die Poiseuillesche Gleichung.

7.13. Turbulente Strömung. Wenn die Strömungsgeschwindigkeit einen genügend großen Wert erreicht (kritische Geschwindigkeit), klappt der laminare Strömungszustand in eine turbulente Strömung um. Die Stromlinien verschwinden, und die Strömung ist nicht mehr stationär. Man beobachtet die Bildung von Turbulenzen, deren Entstehung von den viskosen Reibungskräften herrührt. Eine solche Strömung wird durch die **Reynoldsche Zahl** charakterisiert:

7.14. Widerstand in einer viskosen laminaren Strömung

$$R = \frac{\rho v D}{\eta} \qquad (7.19)$$

wobei ρ die Dichte der Flüssigkeit ist, η ihre Viskosität, v die Strömungsgeschwindigkeit und D eine lineare Größe, die von dem Querschnitt der Flüssigkeit abhängt (für kreisförmige Querschnitte ist D der Durchmesser). Die Reynoldsche Zahl ist eine dimensionslose Größe.

Der Übergang vom laminaren in den turbulenten Zustand wird durch die kritische Reynoldsche Zahl R_c charakterisiert

$$R_c = \frac{\rho v_c D}{\eta} \qquad (7.20)$$

wobei v_c die kritische Geschwindigkeit ist.

Im Falle einer zylindrischen Röhre mit glatten Wänden z.B., zeigt das Experiment, daß $R_c = 2300$. Für $R_c < 2300$ ist der Strömungszustand laminar und für $R_c > 2300$ turbulent. Für die normale Atmung z.B., findet man $R \approx 1000$, d.h., der Strömungszustand ist laminar. Dies natürlich unter der Annahme, daß man die Nasenflügel überhaupt mit zylindrischen Röhren mit glatten Wänden vergleichen kann.

7.14. Widerstand in einer viskosen laminaren Strömung.

Da wir kleine Strömungsgeschwindigkeiten betrachten werden, spielt die Kompressibilität beim Widerstand gegen die Bewegung keine große Rolle, und wir werden sie nicht berücksichtigen. Die folgenden Resultate gelten also für flüssige und gasförmige Medien.

Nehmen wir das Beispiel einer Kugel in einer laminaren Strömung unter Berücksichtigung der Viskosität. Fig. 50 zeigt den Verlauf der Stromlinien. Die Stromlinien haben

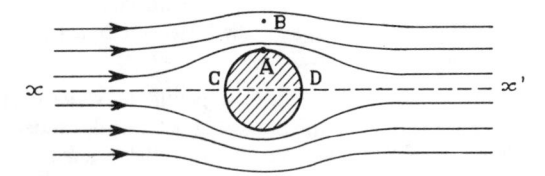

Fig. 50
Stromlinien um eine Kugel in einer laminaren Strömung

deutlich dieselbe Form wie bei Abwesenheit der Viskosität. Der Unterschied liegt in der Geschwindigkeitsverteilung. Ohne Viskosität ist die Geschwindigkeit in A am größten. Mit Viskosität ist sie in einer gewissen Entfernung von der Oberfläche in B am größten. Dieser Effekt beruht auf der Reibung der Flüssigkeitsschicht an der Kugeloberfläche.

Im Fall einer idealen Flüssigkeit ergibt die Resultierende längs xx' aller horizontalen Druckkräfte Null, und die Kugel wird nicht mitgeführt.

Mit Viskosität verhält es sich anders, die Druckkräfte sind in C größer als in D. Bei kleinen Geschwindigkeiten ist ihre Resultierende durch das Stokesche Gesetz gegeben

$$F = 6\pi\eta v r \qquad (7.21)$$

7. Mechanik der Flüssigkeiten

wobei v die Geschwindigkeit der Flüssigkeit relativ zur Kugel ist und r der Radius der Kugel. Diese Formel erlaubt es, die Grenzgeschwindigkeit zu bestimmen, die von einer in eine Flüssigkeit fallenden Kugel erreicht wird. Wenn ρ die Dichte der Kugel und ρ' die der Flüssigkeit ist, beträgt das Gewicht der Kugel $\frac{4}{3}\pi r^3 \rho g$ und der Archimedische Auftrieb $\frac{4}{3}\pi r^3 \rho' g$.

Die Kraft, die die Kugel bei ihrem Fall herabzieht, ist also

$$\frac{4}{3}\pi r^3 (\rho - \rho')g \tag{7.22}$$

Der Widerstand gegen die Fortbewegung der Kugel wird durch (7.21) gegeben. Von dem Augenblick an, wo diese beiden Kräfte gleich sind, behält die Kugel eine konstante Geschwindigkeit v_0 bei. Man erhält

$$\frac{4}{3}\pi r^3 (\rho - \rho')g = 6\pi\eta v_0 r \tag{7.23}$$

woraus folgt

$$v_0 = \frac{2}{9}\frac{r^2}{\eta}(\rho - \rho')g \tag{7.24}$$

Wir wollen hiermit die Grenzgeschwindigkeit v_0 eines durch die Luft fallenden Wassertröpfchens von 1 μm Durchmesser berechnen.

Man hat $\rho = 1000$ kg/m^3, $\rho' = 1{,}3$ kg/m^3, $\eta = 0{,}000017$ Dekapoise. Damit findet man eine Grenzgeschwindigkeit von $0{,}3 \cdot 10^{-3}$ m/s, wodurch die langsame Sinkgeschwindigkeit der Wolken in der Atmosphäre erklärt wird.

7.15. Widerstand in einer turbulenten Strömung. Auch hier sind die Geschwindigkeiten nicht zu groß, und man kann die folgenden Ergebnisse sowohl auf flüssige als auch auf gasförmige Medien anwenden.

Wenn die Strömung turbulent ist, beruht der Widerstand, der der strömenden Flüssigkeit von einem Hindernis entgegengesetzt wird, auf der Arbeit, die zur Wirbelbildung hinter dem Körper benötigt wird. Den Widerstand infolge der viskosen Reibungskräfte an der Oberfläche des Hindernisses kann man vernachlässigen. Fig. 51 zeigt ein Beispiel

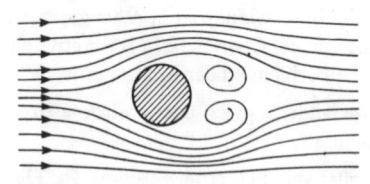

Fig. 51
Wirbel hinter einem rotationssymmetrischen Zylinder in einer turbulenten Strömung

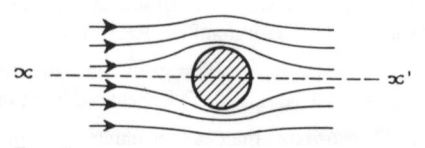

Fig. 52
Ruhender Zylinder in einer strömenden, viskosen Flüssigkeit

für Wirbel hinter einem rotationssymmetrischen Zylinder. Die Bildung von Wirbeln, die ja kinetische Energie besitzen, verbraucht Energie, die der des Körpers entzogen wird, wenn es der Körper ist, der sich bewegt. Der Körper wird gebremst, und der Widerstand, der viel größer ist als im laminaren Strömungszustand, ist proportional zum Quadrat der Geschwindigkeit.

7.16. Auftrieb. Betrachten wir einen unbewegten rotationssymmetrischen Zylinder, der sich in einer strömenden viskosen Flüssigkeit befindet. Die Stromlinien werden in Fig. 52 wiedergegeben. Sie sind zu xx' symmetrisch. Dreht sich ein Zylinder in einer ruhenden Flüssigkeit mit einer gleichförmigen Geschwindigkeit um seine Achse, dann erzeugt er eine Flüssigkeitsströmung, deren Stromlinien konzentrische Kreise sind (s. Fig. 53). Die Geschwindigkeit verringert sich mit der Entfernung nach einem Gesetz vom Typ 1/d. Wir wollen die beiden Strömungen überlagern, d.h., der Zylinder drehe sich um seine Achse, während gleichzeitig die Flüssigkeit vorbeiströmt. Die Stromlinien hierzu sind in Fig. 54 abgebildet. Da die Geschwindigkeit in A größer ist als in B (die

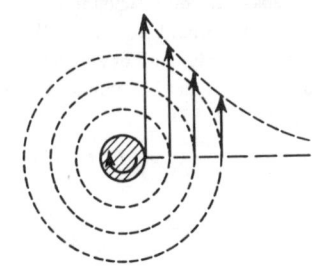

Fig. 53
Kreisförmige Stromlinien, wenn sich der Zylinder in einer ruhenden Flüssigkeit dreht

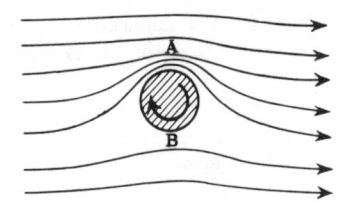

Fig. 54
Stromlinien, wenn sich der Zylinder in einer sich bewegenden, viskosen Flüssigkeit dreht

Stromlinien sind in A dichter und in B dünner), folgt aus der Anwendung der Bernoullischen Gleichung, daß der Druck in B größer ist als in A. Daraus folgt eine unterstützende, nach oben gerichtete Kraft, die Auftrieb genannt wird. Das ist der Magnus-Effekt. Dieses Resultat gilt auch für Gase, denn obwohl die Bernoullische Gleichung nur für inkompressible Flüssigkeit gültig ist, liefert sie dennoch, wie wir schon erwähnt haben, annehmbare Ergebnisse für Gase unter der Voraussetzung, daß die Geschwindigkeit nicht zu groß ist.

Für den Fall der Tragfläche eines Flugzeuges (s. Fig. 55) ist der Mechanismus des Auftriebs ähnlich dem Magnus-Effekt. Infolge der Viskosität und der Asymmetrie des Flügels bildet sich ein Wirbel hinter dem Flügel. Da jedoch keine äußere Kraft auf das System Flugzeug-Luft wirkt, muß der Drehimpuls konstant und Null bleiben wie am Start. Daraus folgt notwendigerweise, daß man einen Drehimpuls umgekehrter Rich-

7. Mechanik der Flüssigkeiten

tung in der Zirkulation der Luft um den bewegten Flügel wiederfindet. In der Umgebung des Flügels bildet sich eine Zirkulation der Luft in der in Fig. 56 angezeigten Richtung heraus. Die Geschwindigkeit der Luft ist demnach oberhalb des Flügels größer als unterhalb. Der Druck ist oberhalb des Flügels niedriger, und es entsteht ein Auftrieb.

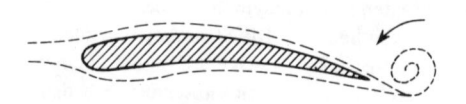

Fig. 55
Auftriebsmechanismus einer
Flugzeugtragfläche

Fig. 56
Rotation der Luft um
ein Tragflächenprofil

7.17. Phänomene, die mit der Geschwindigkeit und Antriebskraft von Fischen und Walen zusammenhängen. Die Geschwindigkeiten, die von bestimmten Fischen und Walen erreicht werden, stellen sowohl dem Biologen wie dem Hydrodynamiker einige Probleme. Der Barrakuda erreicht eine Geschwindigkeit von 45 km/h, der Delphin 35 km/h und der Blauwal trotz seines enormen Gewichtes 30 km/h (s. Fig. 57).

	Länge	maximale Geschwindigkeit
Barrakuda	1,2 m	45 km/h
Delphin	2 m	35 km/h
Blauwal	27 m	30 km/h

Fig. 57
Höchstgeschwindigkeit
eines Fisches und
zweier Wale

Um den Widerstand abzuschätzen, welcher der Fortbewegung dieser Tiere vom Wasser entgegengesetzt wird, kann man Messungen mit starren Körpern der gleichen Form durchführen. Man findet, daß bei den oben genannten Geschwindigkeiten der Strömungszustand um den Körper vom turbulenten Typ ist, d.h., es bilden sich hinter den starren Körpern Wirbel, die die Bewegung abbremsen. Um den Wasserwiderstand zu

8.2. Wechselwirkungen zwischen polaren und nicht polaren Molekülen 65

überwinden und um eine Geschwindigkeit von 35 km/h zu erreichen, müßte man im Falle des Delphins annehmen, daß dieser eine Leistung von 2,6 PS entwickeln kann. In Anbetracht seiner Muskulatur ist es jedoch schwer vorstellbar, daß die Leistung des Delphins 0,3 PS übersteigen kann; dies entspräche nur etwa 1/10 der erforderlichen Leistung. Demnach sollte der Wasserwiderstand nur etwa 1/10 des Wertes betragen, der durch die Messungen mit starren Körpern gefordert wird. Eine Leistung von 0,3 PS wäre ausreichend, wenn die Strömung laminar wäre, was aber bei Geschwindigkeiten der Größenordnung von 30 km/h nicht zu erwarten ist.

Es ist möglich, daß die Widerstandskräfte, die mit starren Körpern gemessen wurden, größer sind als die Kräfte, die den Tieren in Wirklichkeit entgegengesetzt werden. Offenbar bewirken die Deformationsbewegungen an der Haut dieser Tiere, daß die Turbulenzen stark reduziert oder vielleicht sogar unterdrückt werden.

8. Wechselwirkungen zwischen Molekülen

8.1. Wechselwirkungen zwischen polaren Molekülen. Der Zusammenhalt der festen Körper und der flüssigen Medien ist den Wechselwirkungen zuzuschreiben, die die Moleküle aufeinander ausüben. Diese Kräfte rühren von elektrischen Effekten her, die auf der Existenz von elektrischen Dipolen beruhen.

Betrachten wir ein neutrales Molekül, bei dem die Summe der positiven Ladungen gleich der Summe der negativen Ladungen ist. Man kann genauso ein Ladungszentrum definieren, wie man die Lage des Schwerpunktes eines Massensystems definiert. Wenn die Lage des positiven Ladungszentrums nicht mit der Lage des negativen Ladungszentrums übereinstimmt, bildet das Molekül einen elektrischen Dipol. Man sagt auch, das Molekül sei polar.

Dies ist der Fall beim Wassermolekül, bei dem das Zentrum der positiven Ladungen (Sauerstoff- und Wasserstoffkerne) mit dem Zentrum der negativen Ladungen (Elektronen) nicht deckungsgleich liegt.

Zwei benachbarte polare Moleküle üben eine Anziehungskraft aufeinander aus, die von komplexen Wechselwirkungen der Elektronen und Kerne des einen Moleküls mit den Elektronen und Kernen des anderen Moleküls herrührt. Wenn die Moleküle einander zu dicht angenähert werden, erzeugt die Wechselwirkung zwischen den Elektronenbahnen abstoßende Kräfte. Diese abstoßenden Kräfte erklären den Widerstand eines Körpers gegen Verkleinerungen des Volumens. Die molekularen Wechselwirkungen werden durch die Quantenmechanik erklärt.

8.2. Wechselwirkungen zwischen polaren und nicht polaren Molekülen. Es gibt sog. nicht polare Moleküle, bei denen das Zentrum der positiven Ladungen mit dem der negativen Ladungen übereinstimmt. Wenn sich ein nicht polares Molekül in Nachbarschaft eines polaren befindet, kann es vorübergehend polar werden. Tatsächlich trennt das elektrische Feld (s. Abschn. 12.1), das von dem polaren Molekül erzeugt wird, das positive Ladungszentrum von dem negativen Ladungszentrum des nicht polaren Moleküls. Das nicht polare Molekül wird unter der Wirkung des von dem polaren Molekül erzeugten elektrischen Feldes polarisiert und somit selbst polar. Der Mechanismus der Anziehung ist dann derselbe wie oben. Man nennt dies eine Wechselwirkung durch induzierte Dipole. Fig. 58 zeigt ein Argonatom in einem starken elektrischen Feld $\vec{E}$. Der Punkt A ist das Zentrum der negativen Ladungen -18 e und der Punkt B das Zentrum der positiven Ladungen $+18$ e.

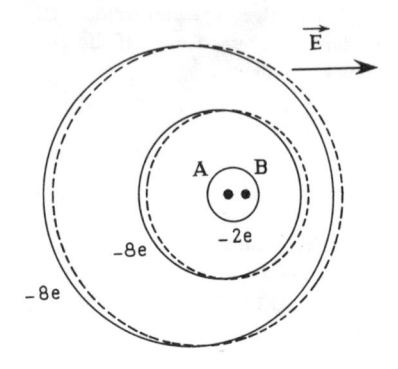

Fig. 58
Argonatom in einem elektrischen Feld

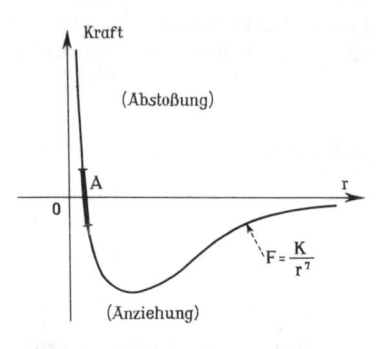

Fig. 59
Kraft, die zwischen zwei Molekülen wirkt, als Funktion ihres Abstandes r

8.3. Wechselwirkungen zwischen nicht polaren Molekülen. Man könnte erwarten, daß zwischen zwei neutralen Molekülen keine Wechselwirkung besteht. Dies ist aber nicht der Fall. In der Tat ist die Verteilung der Elektronen in einem Molekül ein dynamisches Gleichgewicht, und wenn auch im Mittel kein Dipol existiert, so erzeugen die Schwankungen in den Positionen der Ladungen momentane, nicht verschwindende Dipole. Diese sind der Ursprung der anziehenden Kräfte zwischen zwei nicht polaren Molekülen.

8.4. Änderung der Wechselwirkung zwischen zwei Molekülen als Funktion ihres Abstandes. Insgesamt können die zwischen Molekülen wirkendenden Kräfte von folgendem Typus sein:

a) Wechselwirkung zwischen polaren Molekülen aufgrund der Dipolkräfte;

b) Wechselwirkung zwischen polaren und nicht polaren Molekülen. Das nicht polare Molekül wird unter der Wirkung des von dem polaren Molekül erzeugten elektrischen Feldes polarisiert;

8.4. Änderung der Wechselwirkung zwischen zwei Molekülen

c) Wechselwirkung zwischen nicht polaren Molekülen. Die Ortsschwankungen der Ladungen in den Molekülen erzeugen momentane, nicht verschwindende Dipole. Die Anziehungskräfte, van-der-Waals-Kräfte genannt, ändern sich wie $\frac{1}{r^7}$, wobei r der Abstand der Moleküle ist. Dies sind Kräfte mit kurzen Reichweiten. Sie erklären den Zusammenhalt der festen Körper und der flüssigen Medien. Anhand von Fig. 59 lassen sich schematisch die Effekte beschreiben, die bei Änderung des Abstandes zwischen den beiden Molekülen auftreten. Auf der Ordinate ist die Kraft aufgetragen, die zwischen den beiden Molekülen wirkt, und auf der Abszisse der Abstand r zwischen diesen beiden Molekülen. Die positiven Ordinatenwerte entsprechen einer abstoßenden Kraft und die negativen Ordinatenwerte einer anziehenden Kraft. Für große Werte von r ist die anziehende Kraft praktisch vernachlässigbar. Dies ist der Fall eines Gases bei niedrigem Druck, das als ideales Gas betrachtet wird.

Verringert sich der Abstand der beiden Moleküle, dann wird eine anziehende Kraft wirksam, deren Größe proportional zu $\frac{1}{r^7}$ ist. Wird r weiter verringert, dann geht die Kraft durch ein Maximum, wird kleiner, verschwindet und wird dann abstoßend.

In den beiden dichten Zuständen der Materie, dem flüssigen und dem festen Zustand, liegen die Moleküle sehr nahe beieinander, und der Typ der auftretenden Kräfte ist sehr wichtig. Betrachten wir hierzu einen festen Körper. Der Abstand zwischen zwei Molekülen ist in Fig. 59 durch OA wiedergegeben. Wenn die Moleküle die Tendenz haben, sich zu nähern (Abstand kleiner als OA), tritt eine abstoßende Kraft auf. Wenn sie die Tendenz haben, sich voneinander zu entfernen (Abstand größer als OA), werden sie von einer anziehenden Kraft daran gehindert. In der Nachbarschaft des Punktes A kann man die Kurve mit einem kleinen Abschnitt einer geneigten Geraden vergleichen. Unter diesen Bedingungen ist die Kraft, wenn sie nicht zu groß ist, proportional zur Auslenkung. Diesen Effekt beobachtet man, wenn man eine Kraft auf einen festen Körper ausübt. Der Körper verformt sich, und wenn die äußere Kraft aufhört, nimmt er seine ursprüngliche Gestalt wieder an (elastische Verformung). Die Kraft, die dem Körper seine ursprüngliche Gestalt wiedergibt, ist proportional zur Verformung (Hookesches Gesetz).

Bemerkung: Im allgemeinen nennt man die anziehenden Kräfte zwischen Molekülen des gleichen Körpers Kohäsionskräfte und die Anziehungskräfte zwischen Molekülen verschiedener Körper Adhäsionskräfte.

Legen wir z.B. eine ebene Glasscheibe auf eine Wasseroberfläche und heben sie dann wieder ab, so bleiben einige Wassertröpfchen auf der Glasplatte zurück: Die Adhäsionskräfte sind größer als die Kohäsionskräfte. Wenn wir das Wasser durch Quecksilber ersetzen, bleibt kein Quecksilbertropfen an der Glasplatte haften: Die Kohäsionskräfte sind größer als die Adhäsionskräfte.

9. Kinetische Gastheorie

9.1. Struktur der Gase.

Die Gase werden von einer großen Zahl von Molekülen gebildet, die sich ständig verschieben. Schweben in dem Gas Partikel von der Größe eines Mikrometers, so stellt man fest, daß sie zu einer ungeordneten Bewegung angeregt werden. Dies ist die Brownsche Bewegung. Die Bahn eines Partikels (s. Fig. 60) ist absolut zufällig, die Geschwindigkeit zu einem gegebenen Zeitpunkt kann irgendeine Richtung und Größe haben. Das Teilchen wird von einer großen Zahl von Molekülen gestoßen, die aus allen Richtungen kommen. Im Mittel ist die Zahl der Stöße in eine Richtung nicht größer als in die andere. Während eines sehr kurzen Zeitintervalls kann jedoch die Zahl der Stöße von einer Seite größer sein als von der entgegengesetzten Seite. Das Teilchen wird verschoben und beschreibt eine Zick-Zack-Bahn, wie sie Fig. 60 zeigt (Brownsche Bewegung). Diese Verschiebung wird nicht durch den Stoß eines einzelnen Moleküls, sondern durch Stöße einer Vielzahl von Molekülen hervorgerufen. Durch die Brownsche Bewegung wird folglich die Bewegung der Moleküle sichtbar gemacht.

9.2. Verteilungsgesetz der Molekülgeschwindigkeit.

Die „zufälligen" Ergebnisse ordnen sich nicht, wie man glauben könnte, beliebig an, sondern folgen bestimmten Gesetzen, die in der Wahrscheinlichkeitsrechnung betrachtet werden. In einem Gas stoßen sich die Teilchen gegenseitig und verfolgen unvorhersehbare Bahnen, die zufällig zustande kommen. Die Moleküle haben nicht alle dieselbe Geschwindigkeit, einige sind langsamer, andere schneller, und das Gesetz der Geschwindigkeitsverteilung kann mit Hilfe der Wahrscheinlichkeitsrechnung untersucht werden. Wir stellen uns also folgende Aufgabe: Wie groß ist die Wahrscheinlichkeit P dafür, daß irgendein Molekül eine Geschwindigkeit $|\vec{u}|$ = u im Intervall u und u + du hat. Wenn dN die mutmaßliche Zahl der Moleküle ist, deren Geschwindigkeit zwischen u und u + du liegt, und N die Gesamtzahl der Moleküle, so gibt das Verhältnis dN|N die Wahrscheinlichkeit P wieder. Die Wahrscheinlichkeit variiert zwischen 0 und 1. Eine Wahrscheinlichkeit von 1 entspricht einer Gewißheit.

Man kann zeigen, daß

$$P = \frac{dN}{N} = f(u)\,du \qquad (9.1)$$

mit

$$f(u) = A e^{-\frac{1}{2}mu^2\left(\frac{1}{kT}\right)} u^2 \qquad (9.2)$$

A und k sind hierbei zwei Konstanten, T die absolute Temperatur des Gases und m die Masse eines Moleküls. Fig. 61 zeigt den Verlauf von f(u) als Funktion von u. Die schraffierte Fläche gibt die Wahrscheinlichkeit dafür wieder, daß irgendein Molekül eine Geschwindigkeit in dem Bereich zwischen u und u + du hat. Es ist müßig, diejenige Wahr-

9.2. Verteilungsgesetz der Molekülgeschwindigkeit

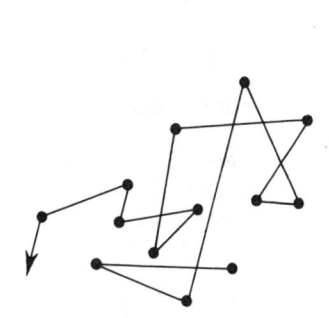

Fig. 60
Brownsche Bewegung

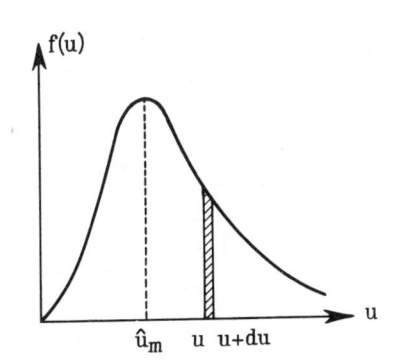

Fig. 61
Wahrscheinlichkeit dafür, daß ein Molekül eine Geschwindigkeit zwischen u und du hat

scheinlichkeit herauszufinden, mit der ein Molekül eine bestimmte Geschwindigkeit u besitzt, denn die Wahrscheinlichkeit, die ja proportional zur schraffierten Fläche ist, wird immer Null sein. Wichtig ist es herauszufinden, wie groß die Wahrscheinlichkeit ist, daß die Geschwindigkeit in dem Intervall u und u + du liegt.

Sucht man die Wahrscheinlichkeit dafür, daß die Geschwindigkeit in einem sehr großen Intervall zwischen den Geschwindigkeiten u_1 und u_2 liegt, muß man dieses Intervall in kleine Teilintervalle du zerlegen und die Summe darüber bilden. Als Grenzwert ergibt sich ein Integral, und man schreibt

$$P = \int_{u_1}^{u_2} f(u)\, du \tag{9.3}$$

Mit Gewißheit liegt die Geschwindigkeit in dem Bereich zwischen 0 und den größten Geschwindigkeiten, die man betrachten kann. Folglich repräsentiert die Fläche zwischen der Kurve f(u) und der Abszisse die Wahrscheinlichkeit 1.

Die Geschwindigkeit mit der größten Wahrscheinlichkeit ist û: Unter allen Molekülen sind die mit der Geschwindigkeit û am zahlreichsten. Man kann zeigen, daß

$$\hat{u} = \sqrt{\frac{2kT}{m}} \tag{9.4}$$

Außerdem betrachtet man den Betrag der mittleren Geschwindigkeit

$$\bar{u} = \sqrt{\frac{8kT}{m}} \tag{9.5}$$

und das mittlere Geschwindigkeitsquadrat

$$\overline{u^2} = \frac{3}{2}\hat{u}^2 \tag{9.6}$$

9. Kinetische Gastheorie

Für Stickstoff ergibt sich unter Normalbedingungen $\sqrt{\overline{u^2}} = 493$ m/s und für Wasserstoff $\sqrt{\overline{u^2}} = 1\,840$ m/s.

Steigt die Temperatur, dann haben die Kurven den in Fig. 62 gezeigten Verlauf. Die Flächen zwischen den Kurven und der Abszisse sind gleich, denn sie entsprechen der Wahrscheinlichkeit 1. Alle Erscheinungen, die gerade untersucht wurden, folgen der sog. Maxwell-Boltzmann-Statistik. Es gibt noch weitere Typen von Statistiken, die andere Erscheinungen erklären, für die sich die Maxwell-Boltzmann-Statistik nicht anwenden läßt. Die Geschwindigkeitsverteilung der Elektronen in einem Festkörper z.B. folgt der sog. Fermi-Dirac-Statistik. Die Photonen folgen wieder einer anderen Statistik, der Bose-Einstein-Statistik.

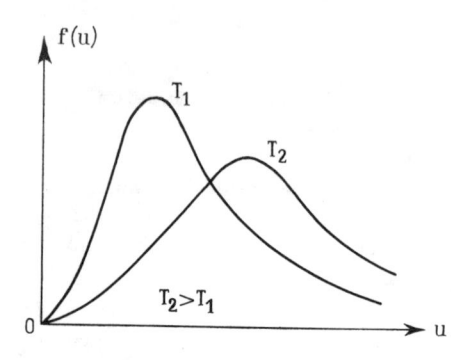

Fig. 62
Funktion f(u) bei verschiedenen Temperaturen

9.3. Ideale Gase.

Betrachten wir ein Gas, das ein Volumen V einnimmt, unter dem Druck p steht und die Temperatur t (Celsius-Temperatur) hat. Ein Gas gehorcht bei niedrigen Drücken näherungsweise folgenden Gesetzen:

a) dem Boyle-Mariotteschen Gesetz (bei konstanter Temperatur)

$$pV = \text{const} \tag{9.7}$$

b) dem Gay-Lussacschen Gesetz

$$p = p_0(1 + \beta t) \tag{9.8}$$

Dieses Gesetz gibt die Änderung des Druckes als Funktion der Temperatur bei konstantem Volumen wieder. Der Koeffizient β ist gleich

$$\beta = \frac{1}{273} \tag{9.9}$$

Ein Gas, das unter allen Umständen die vorstehenden Gesetze befolgt, nennt man ein ideales Gas, und die Gleichung $f(p, V, t) = 0$, die den Druck, das Volumen und die Temperatur miteinander verbindet, ist die Zustandsgleichung der idealen Gase.

9.3. Ideale Gase

Wie wir später sehen werden, beruht der Druck eines Gases auf der Bewegung seiner Moleküle. Man kann sich demnach nicht vorstellen, daß er negativ wird. Infolgedessen kann die Temperatur nicht unter denjenigen Wert sinken, der durch $1 + \beta t = 0$ gegeben wird, also

$$t = -\frac{1}{\beta} = -273\,°C \tag{9.10}$$

Dies ist der absolute Nullpunkt. Die absolute Temperatur $T = t + 273°$ wird vom absoluten Nullpunkt an gezählt und in Grad Kelvin (K) gemessen. Um die Zustandsgleichung der idealen Gase zu erhalten, genügt es, Gl. (9.7) und (9.8) zu kombinieren. Betrachten wir zwei Isothermen bei $0°$ und bei $t°$. Sie bringen das Boyle-Mariottesche Gesetz zum Ausdruck und stellen zwei gleichseitige Hyperbeln dar. Sei A der Punkt, der den Zustand des Gases wiedergibt. Wir wollen vom Zustand A zum Zustand B übergehen. Das Volumen bleibt konstant, und der Druck in B wird durch (9.8) gegeben. Man erhält

$$p_1 = p_0 (1 + \beta t) \tag{9.11}$$

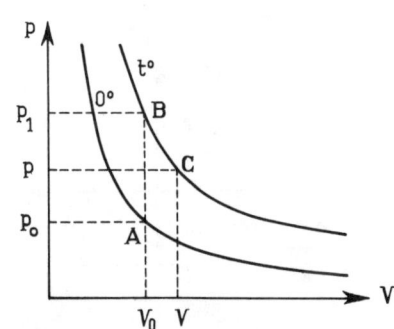

Fig. 63
Isothermen eines idealen Gases

Wenn nun der den Zustand repräsentierende Punkt auf der Isothermen $t°$ von B nach C verschoben wird, ist das Gesetz (9.7) anzuwenden

$$p_1 V_0 = pV \tag{9.12}$$

und mit p_1 aus Gl. (9.11) erhält man

$$pV = p_0 V_0 (1 + \beta t) \tag{9.13}$$

Das ist die Zustandsgleichung des idealen Gases. Man kann sie in eine andere Form überführen, indem man die absolute Temperatur einführt

$$pV = p_0 V_0 \beta (\frac{1}{\beta} + t) = p_0 V_0 \beta T \tag{9.14}$$

Hier ist $p_0 V_0 \beta = R$ eine Konstante. Wenn V_0 dem Volumen eines Moles bei Normalbedingungen entspricht, gilt $R = 8{,}317$ Joule/K, und man erhält

$$pV_m = RT \tag{9.15}$$

wobei V_m das Volumen eines Moles bei TK ist. Bei einem Gasvolumen V, das n Mole enthält, also $V_m = V/n$, schreibt sich Gl. (9.15)

$$pV = nRT \qquad (9.16)$$

9.4. Gleichverteilung der Energie. Im Innern eines Gases besitzen die Moleküle sehr verschiedene Geschwindigkeiten. Sei $\overline{u^2}$ das mittlere Geschwindigkeitsquadrat der Moleküle. Man kann $\overline{u^2}$ in bezug auf die drei Koordinatenachsen 0x, 0y, 0z zerlegen und schreiben

$$\overline{u^2} = \overline{u_x^2} + \overline{u_y^2} + \overline{u_z^2} \qquad (9.17)$$

Wenn, wie wir annehmen, die Bewegung der Moleküle „zufällig" ist, kann es keine bevorzugte Richtung geben, und man erhält somit

$$\overline{u_x^2} = \overline{u_y^2} = \overline{u_z^2} = \frac{1}{3}\overline{u^2} \qquad (9.18)$$

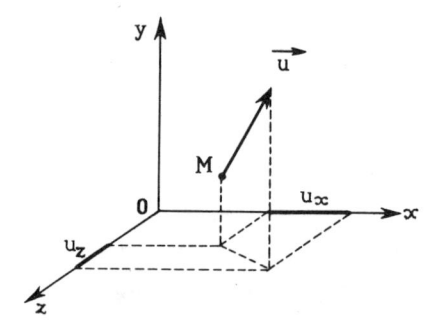

Fig. 64
Komponenten der Geschwindigkeit u eines Moleküls auf drei rechtwinkligen Koordinatenachsen

Nehmen wir an, die kinetische Energie der Moleküle sei einfach kinetische Translationsenergie.

Wir multiplizieren alle Glieder von (9.18) mit $\frac{1}{2}$Nm, wobei m die Molekülmasse ist, und N die Anzahl der Moleküle in dem betrachteten Gasvolumen. Wir erhalten dann

$$\frac{1}{2}Nm\overline{u_x^2} = \frac{1}{2}Nm\overline{u_y^2} = \frac{1}{2}Nm\overline{u_z^2} = \frac{1}{6}Nm\overline{u^2} \qquad (9.19)$$

Die gesamte kinetische Energie ist gleichmäßig auf die drei Achsenrichtungen verteilt. Man sagt, die Gasmoleküle haben drei Freiheitsgrade entsprechend den drei Dimensionen.

Dies ist der Fall bei einatomigen Gasen, die aus Teilchen derselben Masse bestehen, wie z.B. Helium, Quecksilberdampf oder Argon, bei denen die Moleküle einfache Atome sind. Die Gleichungen (9.19) drücken den Gleichverteilungssatz der Energie (Äquipartitionsgesetz) aus.

Bei Molekülen, die aus zwei oder mehreren Atomen bestehen, muß man eine größere Zahl von Freiheitsgraden betrachten, denn man muß die inneren Bewegungen berücksichtigen, und die Gleichungen (9.19) werden modifiziert.

9.5. Druck.

Wenn die Moleküle des Gases auf die Wände des Behälters treffen, üben sie Kraftstöße aus. Wegen der außerordentlich großen Zahl der Moleküle ist die Anzahl der Stöße sehr groß. Alles verhält sich so, wie wenn die Wände einer konstanten Kraft unterliegen würden. Die Kraft, die auf eine Flächeneinheit ausgeübt wird, ist der Druck des Gases. *Der Druck des Gases wird also durch die Stöße der Moleküle an den Wänden erzeugt.*

Bevor wir den Druck berechnen, wollen wir einige vereinfachende Annahmen machen. Die geringe Dichte der Gase bei gewöhnlichen Drücken zeigt, daß die Moleküle im Mittel sehr weit voneinander entfernt sind. Das Volumen, das von den Molekülen eingenommen wird, ist also sehr klein. Die Kräfte, welche die Moleküle aufeinander ausüben, können vernachlässigt werden, wie wir in Abschn. 8.4 gesehen haben (das Gas hat kein Eigenvolumen). Die Wechselwirkungen bei Berührungen, d.h. die Stöße zwischen Molekülen, werden nicht berücksichtigt. Wir machen also folgende Annahmen:

a) Die Kräfte zwischen Molekülen können vernachlässigt werden. Zwischen zwei Stößen führt ein Molekül eine geradlinige und gleichförmige Bewegung aus.

b) Das gesamte Eigenvolumen der Moleküle ist vernachlässigbar.

c) Es wird vorausgesetzt, daß die Moleküle Geschwindigkeiten besitzen, deren Größe und Richtungen zufällig verteilt sind.

d) Es wird vorausgesetzt, daß die Stöße zwischen Molekülen elastisch sind und die Gesetze der Mechanik angewandt werden können.

Sei M ein Molekül der Masse m, das gegen die Wand B stößt (s. Fig. 65). Die zur Wand B senkrechte Geschwindigkeitskomponente ist u_x. Da die Stöße elastisch sind, gibt es keinen Verlust an kinetischer Energie. Die Geschwindigkeit wechselt lediglich ihr Vorzeichen, und die Änderung des Impulses ist

$$mu_x - (-mu_x) = 2mu_x \qquad (9.20)$$

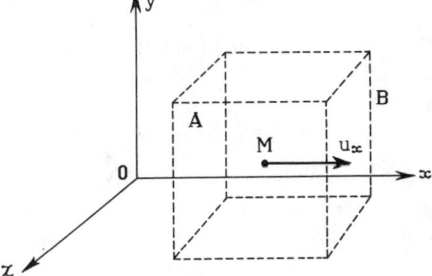

Fig. 65
Stoß eines Moleküls M gegen eine Wand B

9. Kinetische Gastheorie

In Abschnitt 4.8 haben wir gesehen, daß eine Änderung des Impulses mv einer Kraft F entspricht, die sich nach Gl. (4.15) ergibt. Wir wollen diese Kraft berechnen.

Der von einem Molekül in einer Zeiteinheit durchlaufene Raum wird durch $u_x \cdot 1$ Sekunde wiedergegeben. Das bedeutet, daß die Moleküle, die sich in einer Entfernung von höchstens u_x von der Wand befinden, fähig sind, in einer Zeiteinheit auf B zu treffen. Wir wollen die Zahl der Stöße bestimmen, indem wir die Zahl der Moleküle betrachten, die sich in einem Zylinder der Länge u_x und einer beliebigen Grundfläche S befinden. Wenn sich in einer Volumeneinheit n Moleküle befinden, gibt es in dem Zylinder $nu_x S$ Moleküle. Alle diese Moleküle können B in einer Zeiteinheit stoßen.

Tatsächlich aber fliegt nur die Hälfte von ihnen in Richtung von B, und die andere Hälfte entfernt sich davon. Die Zahl der Stöße pro Zeiteinheit ist

$$\frac{1}{2} n u_x S \tag{9.21}$$

Damit ergibt sich die gesamte Änderung des Impulses dieser Moleküle durch Multiplikation von (9.20) und (9.21)

$$n m u_x^2 S \tag{9.22}$$

Man muß den Mittelwert $\overline{u_x^2}$ von u_x betrachten und also schreiben

$$n m \overline{u_x^2} S \tag{9.23}$$

Gemäß (4.15) ist die Änderung des Impulses pro Zeiteinheit gleich der Kraft, die von den Stößen ausgeübt wird. Der Ausdruck (9.23) gibt diese Kraft wieder, aus der sich der Druck p nach Divison durch die Fläche S ergibt, d.h.

$$p = n m \overline{u_x^2} \tag{9.24}$$

und nach (9.18)

$$p = \frac{1}{3} n m \overline{u^2} \tag{9.25}$$

Wenn sich N Moleküle in dem von Gas eingenommenen Volumen V befinden, gilt $n = N/V$ und

$$pV = \frac{1}{3} N m \overline{u^2} \tag{9.26}$$

Daraus ergibt sich unter Hervorhebung der mittleren kinetischen Translationsenergie der Moleküle

$$pV = \frac{2}{3} N (\frac{1}{2} m \overline{u^2}) \tag{9.27}$$

Wenn V das Molvolumen ist, d.h., $V = V_m$, ist N die Avogadrosche Zahl. Die beiden Seiten von (9.27) haben die Dimension einer Energie, und Gl. (9.27) erfüllt den Satz von der Erhaltung der Energie.

9.6. Temperatur.
Vergleichen wir die beiden Ausdrücke (9.15) und (9.27). Wenn N die Avogadrosche Zahl ist, stimmt RT mit $\frac{2}{3} N (\frac{1}{2} \overline{mu^2})$ überein, und man erhält

$$T = \frac{2}{3} \frac{N}{R} (\frac{1}{2} \overline{mu^2}) = \frac{2}{3} \frac{M}{R} (\frac{\overline{u^2}}{2}) \qquad (9.28)$$

wobei M die Molmasse des Gases ist.

Die absolute Temperatur des idealen Gases ist proportional zur mittleren kinetischen Translationsenergie der Moleküle. Wählt man eine entsprechende Temperaturskala, bei der $\frac{2}{3} \frac{N}{R} = 1$ ist, dann zeigt sich, daß die kinetische Energie der Moleküle mit der Temperatur des Gases übereinstimmt.

Tatsächlich wurde die Temperaturskala anders gewählt, und zwischen der kinetischen Energie der Moleküle und der in K ausgedrückten absoluten Temperatur steht ein Proportionalitätsfaktor. Man setzt

$$\frac{1}{2} \overline{mu^2} = \frac{3}{2} \frac{R}{N} T = \frac{3}{2} kT \qquad (9.29)$$

wobei k eine universelle Konstante, die Boltzmann-Konstante, ist

$$k = \frac{R}{N} = 1{,}38 \cdot 10^{-23} \text{ Joule/K} \qquad (9.30)$$

9.7. Mittlere freie Weglänge der Moleküle.
Der von einem Molekül zwischen zwei aufeinanderfolgenden Stößen zurückgelegte Weg, der sehr unterschiedlich ist, wird als freie Weglänge bezeichnet. Das Mittel über eine sehr große Zahl von solchen Wegen nennt man die **mittlere freie Weglänge**. Um diese Größe zu berechnen, wollen wir ebenfalls die Wechselwirkungen zwischen den Molekülen vernachlässigen und annehmen, daß sich die Moleküle im Augenblick des Stoßes verhalten wie starre, elastische Kugeln mit einem Durchmesser von 2r. Wir nehmen weiterhin an, daß sich alle Moleküle in Ruhe befinden bis auf eines mit der Geschwindigkeit u.

In Fig. 66 bewegt sich der Mittelpunkt dieses Moleküls in einer Sekunde von A nach A'. Der Punkt B ist der Mittelpunkt eines ruhenden Moleküls, das mit dem sich bewe-

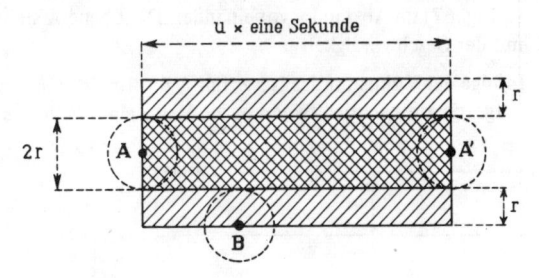

Fig. 66
Mittlere freie Weglänge
der Moleküle

9. Kinetische Gastheorie

genden Molekül kollidieren wird. Alle die ruhenden Moleküle, deren Mittelpunkte sich so wie B in dem Zylinder der Grundfläche $4\pi r^2$ und der Höhe AA' befinden, werden mit dem bewegten Molekül zusammenstoßen. Der Querschnitt $4\pi r^2$ dieses Zylinders wird **Wirkungsquerschnitt** genannt. Wenn n die Zahl der Moleküle pro Volumeneinheit ist, beträgt die Zahl der Stöße pro Sekunde $\nu = 4\pi r^2 \text{un}$.

Da u die von dem bewegten Molekül zurückgelegte Wegstrecke ist, beträgt seine mittlere freie Weglänge

$$\ell = \frac{u}{\nu} = \frac{1}{4\pi r^2 n} \qquad (9.31)$$

Tatsächlich muß noch der Bewegung der anderen Moleküle Rechnung getragen werden, und man muß u durch die mittlere Relativgeschwindigkeit $\bar{u}_r$ zweier Moleküle ersetzen. Unter Berücksichtigung der Maxwellschen Geschwindigkeitsverteilung (s. Absch. 9.2) findet man für die mittlere freie Weglänge die korrekte Formel

$$\ell = \frac{1}{4\sqrt{2}\pi r^2 n} = \frac{0{,}177}{\pi r^2 n} \qquad (9.32)$$

Die Moleküldurchmesser sind von der Größenordnung einiger Å, z.B. ist für Sauerstoffmoleküle r = 3,6 Å = 3,6 · 10^{-7} mm. Daraus ergibt sich für ein Gas bei einem Druck von einer Atmosphäre

$$\ell \approx 5 \cdot 10^{-5} \text{ mm} = 500 \text{ Å} \qquad (9.33)$$

Wenn sich der Druck verringert (geringere Dichte des Gases), nimmt die mittlere freie Weglänge rasch zu. Bei einem Druck von 10^{-3} mm Quecksilbersäule ist $\ell = 5$ cm. Bei noch geringeren Drücken wird die mittlere freie Weglänge sehr groß. Bei 10^{-7} m Quecksilbersäule z.B. (die Zahl der Moleküle beträgt noch ungefähr drei Milliarden pro cm^3), erreicht die mittlere freie Weglänge mehrere hundert Meter. Wenn das Gefäß, welches das Gas enthält, groß genug ist, werden die Stöße zwischen Molekülen vernachlässigbar gegenüber den Stößen gegen die Wände des Gefäßes (Gas im molekularen Zustand).

Die mittlere freie Weglänge spielt eine wichtige Rolle bei den Eigenschaften wie Viskosität, Wärmeleitfähigkeit und Diffusion der Gase.

9.8. Viskosität der Gase. Betrachten wir in einem Gas zwei parallele Ebenen A und B (s. Fig. 67) im Abstand x voneinander. Die Ebene A stehe still, und B verschiebe sich mit der Geschwindigkeit u.

Infolge der Viskosität des Gases hat A die Tendenz, mit der in (7.16) gegebenen Kraft mitgezogen zu werden. Wenn m die Masse eines Moleküls ist, ℓ die mittlere freie Weg-

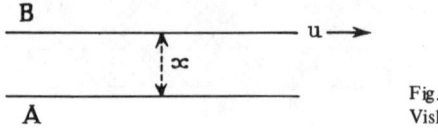

Fig. 67
Viskosität eines Gases

länge, n die Zahl der Moleküle pro Volumeneinheit, $\bar{u}$ die mittlere Geschwindigkeit der Moleküle, so ergibt sich der Viskositätskoeffizient zu

$$\eta = \frac{1}{3} mn\ell\bar{u} \qquad (9.34)$$

Durch Einsetzen der Werte für l (9.32) und $\bar{u}$ (9.5) erhält man

$$\eta = \frac{\sqrt{0{,}09 \text{ mkT}}}{r^2} \qquad (9.35)$$

Der Viskositätskoeffizient eines Gases ist unabhängig von dessen Druck und wächst wie $\sqrt{T}$, wenn die Temperatur steigt.

10. Der feste Zustand

10.1. Der kristalline Zustand. Eigenschaften. Bis auf wenige Ausnahmen, wie z.B. Glas, Gummi und Kunststoffe, haben alle Festkörper eine bestimmte kristalline Struktur. Wir werden uns in diesem Abschnitt nur mit den kristallinen Festkörpern beschäftigen.

In einem Gas haben die Atome oder Moleküle einen beträchtlichen Abstand voneinander im Vergleich zu ihren eigenen Dimensionen. Im Gegensatz dazu stehen in einem Kristall die Atome sehr eng beieinander, und ihre Wechselwirkungen sind groß genug, um feste Positionen im Raum einzunehmen. Tatsächlich ist diese Fixierung nicht absolut: Jedes Atom oszilliert um eine Gleichgewichtslage, ohne sich weit davon zu entfernen; die mittlere Lage jedoch bleibt zeitlich konstant. Wenn man die Temperatur eines Kristalles erhöht, wachsen die Amplituden der Atomschwingungen, bis sie bei einer wohlbestimmten Temperatur so groß sind, daß jede Starrheit des Verbandes verschwindet. Das ist das Schmelzen, der Kristall geht in eine Flüssigkeit über.

Für die Mehrzahl unserer Beobachtungsmittel ist der kristalline Aufbau homogen. Wenn man aus einem Kristall einen kleinen Bezirk ausschneidet, hat dieser dieselben Eigenschaften wie jeder andere Bezirk, der dieselben Dimensionen und dieselbe Orientierung besitzt. Der kristalline Aufbau ist anisotrop, d.h., daß seine Eigenschaften in verschiedenen, von einem Punkt ausgehenden Richtungen i. allg. nicht gleich sind. Nehmen wir z.B. die Fortpflanzung des Lichtes in einem Kristall. Die Fortpflanzungsgeschwindigkeit ändert sich mit der Richtung. Ein anderes Beispiel ist die Wärmeleitfähigkeit. Wenn man einen Kristall in einem kleinen Bezirk heizt, stellt man fest, daß sich die Wärme nicht in derselben Weise in alle Richtungen ausbreitet. Bestimmte Kristalle, wie der Glimmer, spalten sich, d.h., sie lassen sich leicht in planparallele Platten genau festgelegter Orientierung spalten. Die Kohäsion dieser Kristalle ist also anisotrop.

Es ist übrigens anzumerken, daß ein Kristall für bestimmte seiner Eigenschaften isotrop sein kann, aber es gibt immer Eigenschaften, für die er anisotrop ist. Das Steinsalz ist z.B. in optischer Hinsicht isotrop, aber hinsichtlich seiner elastischen Eigenschaften anisotrop.

10. Der feste Zustand

10.2. Ebene Gitter. Bevor wir auf die Untersuchung der Kristalle näher eingehen, wollen wir die regelmäßigen Anordnungen von geometrischen Punkten untersuchen. Diese einleitenden Betrachtungen werden es uns erlauben, die Anordnungen der Atome im Innern der kristallinen Stoffe besser zu verstehen. Fig. 68 zeigt zwei Scharen von parallen und äquidistanten Geraden. Man erhält so eine regelmäßige Ansammlung von Punkten (oder Knoten), die man ebenes oder zweidimensionales Gitter nennt. Seien $\vec{0a}$ und $\vec{0b}$ die Vektoren, die den Ursprung 0, der in einem beliebigen Knoten angenommen wird, mit den beiden benachbarten Knoten a und b verbindet. Von einem beliebigen Knoten einer zu 0x parallelen Geraden ausgehend, gelangt man durch Abtragen von $\vec{0a}$ zu dem folgenden Knoten. Gleichermaßen gelangt man von einem beliebigen Knoten einer zu 0y parallelen Geraden zum nachfolgenden Knoten, indem man $\vec{0b}$ abträgt. Im folgenden bezeichnen wir diese Methode als Gittertranslationen $\vec{0a}$ und $\vec{0b}$. Jedes der Parallelogramme aus Fig. 68 ist eine Elementarzelle des Gitters (schraffierte Fläche in Fig. 68). Ihre Gestalt wird durch die beiden Gittertranslationen $\vec{0a}$ und $\vec{0b}$ festgelegt.

10.3. Raumgitter. Gehen wir von einem ebenen Gitter aus, wie das in Fig. 68, das von den Vektoren $\vec{0a}$ und $\vec{0b}$ ausgehend aufgebaut wurde, und wählen wir uns einen Vektor $\vec{0c}$ außerhalb der Ebene von Fig. 68. Analog dem Aufbau des zweidimensionalen Gitters läßt sich nun mittels der Gittertranslationen $\vec{0a}$, $\vec{0b}$, $\vec{0c}$ ein dreidimensionales Gitter aufbauen.(s. Fig. 69). Man erhält einen Stapel von gleichen Parallelflächnern, die keinen Zwischenraum lassen, und von denen jeweils vier einen gemeinsamen Eckpunkt haben. Die Gesamtheit der Eckpunkte (Knoten) bildet ein dreidimensionales Raumgitter. Betrachten wir eine Ebene, die durch drei nicht auf einer Geraden liegende Gitterpunkte dieses Raumgitters geht, dann ist dies eine Netzebene, und die Gesamtheit der Gitterpunkte liegt auf parallelen und äquidistanten Netzebenen. Da die drei Knoten beliebig sein können, gibt es unendlich viele Netzebenen verschiedener Orientierungen. Ein beliebiges Parallelepiped mit den Kanten 0a, 0b und 0c bildet die Elementarzelle des Gitters. *Die Elementarzelle enthält keine Knoten außer an ihren Eckpunkten.*

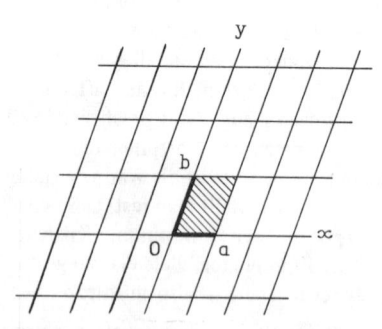

Fig. 68
Elementarzelle eines Gitters (schraffierte Fläche)

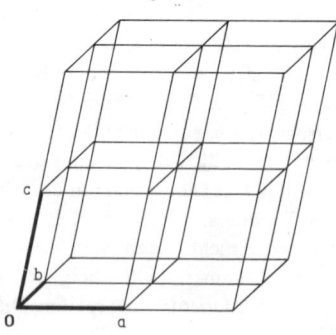

Fig. 69
Aufbau eines dreidimensionalen Gitters mit Hilfe der 3 Gittertranslationen $\vec{0a}, \vec{0b}, \vec{0c}$

10.3. Raumgitter

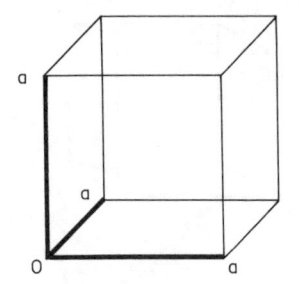

Fig. 70
Zelle des kubischen Gitters

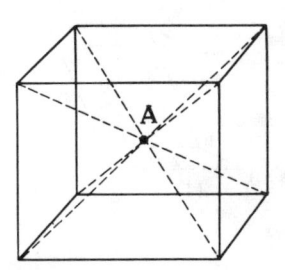

Fig. 71
Multiple Zelle: kubisch raumzentriert.

Das Gitter, das von der Zelle in Fig. 70 ausgehend aufgebaut wird, ist das einfachste, das kubische Gitter. Die Elementarzelle ist ein Würfel der Kantenlänge 0a. Eine Zelle, die außer an den Eckpunkten noch Gitterpunkte enthält, wird multiple Zelle genannt. Die Figuren 71 und 72 zeigen zwei Beispiele für multiple Zellen. Die Zelle in Fig. 71 ist **kubisch raumzentriert**. Sie besitzt einen Gitterpunkt A in ihrem Mittelpunkt. Die Zelle in Fig. 72 ist **kubisch flächenzentriert**. Sie besitzt die Gitterpunkte A, B, C, D, E und F in den Mittelpunkten der Seitenflächen. Die Aneinanderreihung von unendlich vielen Zellen, die mit der Zelle in Fig. 71 übereinstimmen, ergibt ein Gitter. Ein anderes Gitter erhält man durch Aneinanderreihung von Zellen wie die in Fig. 72.

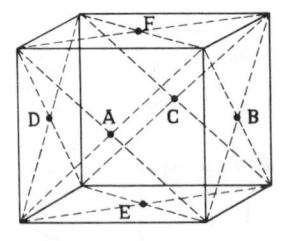

Fig. 72
Multiple Zelle: kubisch flächenzentriert.

Bravais hat gezeigt, daß alle möglichen Raumgitter in nur vierzehn Klassen eingeteilt werden können, denn es gibt nur vierzehn Möglichkeiten, die Punkte so im Raum zu verteilen, daß jeder einen identischen Nachbarn hat. Die vierzehn Bravaisschen Gitter sind in Fig. 73 durch ihre Zellen dargestellt. Die Bravaisschen Gitter umfassen Elementarzellen und multiple Zellen.

Durch die Aneinanderreihung einer der Zellen von Fig. 73 erhält man ein Gitter, und indem man dieselbe Operation mit allen Zellen durchführt, kann man 14 verschiedene Gitter aufbauen.

Jede Elementarzelle in Fig. 73 kann durch die Längen der Achsen 0a, 0b, 0c und durch die Winkel, mit denen diese zueinander stehen, charakterisiert werden. Wie die nachfolgende Tafel zeigt, gibt es 7 Elementarzellen, die Zahl dieser Achsensysteme ist also 7, und sie reichen aus, um die 14 Bravaisschen Gitter aufzubauen.

80   10. Der feste Zustand

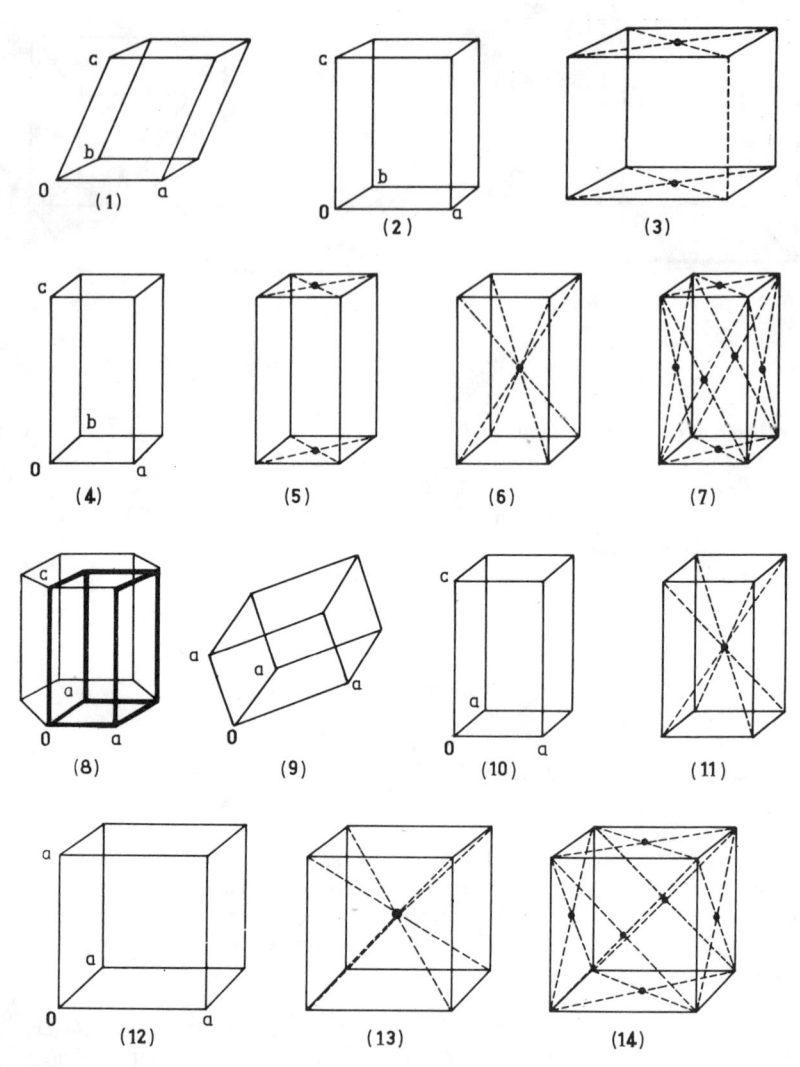

Fig. 73
Die vierzehn Bravaisschen Gitter durch ihre Zellen dargestellt

Bravaissche Gitter

Zellen der Bravaisschen Gitter	Gestalt der Elementarzellen
1. Triklin	Beliebiges Parallelepiped
2. Monoklin einfach	Gerades Prisma mit Parallelogramm als Grundfläche
3. Monoklin basiszentriert	
4. Orthorhombisch einfach	Gerades Prisma mit rechteckiger Grundfläche
5. Orthorhombisch basiszentriert	
6. Orthorhombisch raumzentriert	
7. Orthorhombisch flächenzentriert	
8. Hexagonal	Gerades Prisma mit rautenförmiger Grundfläche
9. Rhomboedrisch	Rhomboeder
10. Quadratisch einfach	Gerades Prisma mit quadratischer Grundfläche
11. Quadratisch raumzentriert	
12. Kubisch einfach	Würfel
13. Kubisch raumzentriert	
14. Kubisch flächenzentriert	

10.4. Bemerkung. Wir haben gesehen, daß sich alle Punkte (Knoten) eines Gitters von einem beliebigen, als Ursprung angenommenen Punkt durch drei Gittertranslationen $\vec{0a}$, $\vec{0b}$ und $\vec{0c}$ herleiten lassen. Das Parallelepiped mit den Kanten 0a, 0b und 0c ist die Elementarzelle des Gitters. Für den Fall der nicht elementaren Zellen lassen sich nicht mehr alle Gitterpunkte mittels der Gittertranslationen $\vec{0a}$, $\vec{0b}$ und $\vec{0c}$ vom Ursprung aus herleiten, denn eine solche Zelle enthält Gitterpunkte in ihrem Inneren. Im Fall des kubisch raumzentrierten Gitters, z.B. (s. Fig. 74) ergeben die drei Translationen der gleichen Länge 0a, die von dem Punkt 0 aus vollzogen werden, die drei Punkte A, B

Fig. 74
Die drei von dem Punkt 0 ausgehenden Translationen $\vec{0a}$ ermöglichen nicht den Aufbau eines kubisch raumzentrierten Gitters

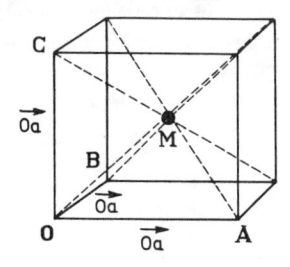

82   10. Der feste Zustand

und C, aber nicht den im Mittelpunkt des Würfels gelegenen Punkt M. Nur im Fall der
7 Elementarzellen aus Fig. 73 können die Bravaisschen Gitter mittels $\vec{0a}$, $\vec{0b}$ und $\vec{0c}$
von einem als Ursprung angenommenen Punkt aus aufgebaut werden. Für die 7 multiplen Zellen ergeben sich die Gitter durch Aneinanderreihen der Zellen.

10.5. Zweidimensionale periodische Struktur. Anstatt solche Gitter zu untersuchen,
die durch Wiederholung von einfachen Punkten gebildet werden, wollen wir nun die
Gitter betrachten, die durch Wiederholung von Figuren gebildet werden. Die Zeichnung
in Fig. 75 ergibt sich durch Wiederholung eines bildlichen Motives in einer Ebene. Das

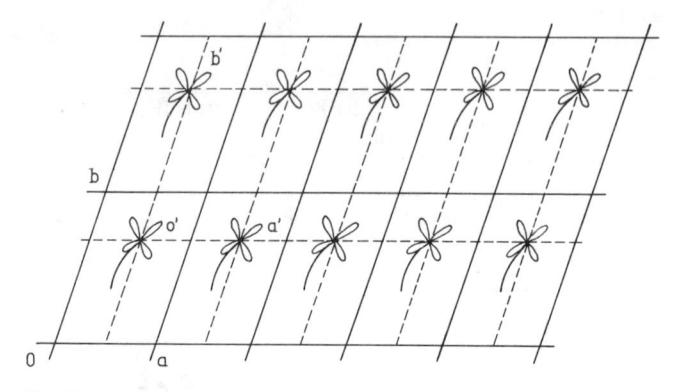

Fig. 75
Durch Wiederholung eines Grundelementes gebildetes Gitter

geometrische Gitter, das die Periodizität der Zeichnung verdeutlicht, wird von zwei
Scharen paralleler Geraden gebildet, deren Aufbau durch die Gittertranslationen $\vec{0a}$, $\vec{0b}$
bestimmt ist. Eine der beiden Geradenscharen ist parallel zu $\vec{0a}$, die andere zu $\vec{0b}$. Alle
Punkte dieses Gitters sind homologe Punkte. Der Ursprung 0 kann in einem beliebigen
Punkt angenommen werden. Wenn der Ursprung in 0′ z.B. im Mittelpunkt einer Blume
liegt, liegen alle anderen Knoten ebenfalls in den Mittelpunkten der Blumen. Die beiden
Gittertranslationen sind also $\overrightarrow{0'a'}$ und $\overrightarrow{0'b'}$. Die beiden den Translationen $\vec{0a}$, $\vec{0b}$ und
$\overrightarrow{0'a'}$, $\overrightarrow{0'b'}$ entsprechenden Gitter sind gleich aber gegeneinander verschoben. Die Elementarzelle ist das Parallelogramm, das von $\vec{0a}$ und $\vec{0b}$ oder von $\overrightarrow{0'a'}$ und $\overrightarrow{0'b'}$ aufgespannt wird. Per Konstruktion erhält es nur an seinen Ecken Gitterpunkte. Die Komposition des Teiles der Zeichnung, den die Elementarzelle umfaßt, bildet das **Grundelement**. Es ist der kleinste Teil der Zeichnung, der, wenn er mit Hilfe der Gittertranslationen $\vec{0a}$ und $\vec{0b}$ (oder $\overrightarrow{0'a'}$ und $\overrightarrow{0'b'}$) wiederholt wird, die vollständige Zeichnung ergibt. Das Grundelement ist hier eine Blume, wenn man die von $\vec{0a}$ und $\vec{0b}$ aufgespannte
Elementarzelle nimmt.

Man kann das Gitter, das die Periodizität der Zeichnung verdeutlicht, auch durch eine multiple Zelle charakterisieren. Ein Beispiel wäre die Zelle 0a, 0b in Fig. 76. Dies ist eine Zelle, die einen Knoten in ihrem Mittelpunkt hat. Wie bereits gesagt, liefern die Gittertranslationen $\vec{0a}$ und $\vec{0b}$ keine Gitterpunkte wie M (im Mittelpunkt der Zelle gelegene Punkte). Das Gitter wäre das in Fig. 77 gezeigte. Die Wiederholung des Grundelementes Blume, mit Hilfe der beiden Gittertranslationen $\vec{0a}$ und $\vec{0b}$ ergibt nicht alle Blumen. Durch die Gittertranslationen $\vec{0a}$ und $\vec{0b}$, die einer nicht elementaren Zelle entsprechen, kann man von einem Punkt ausgehend das Gitter nicht aufbauen. Die Zeichnung als Ganze kann jedoch durch Wiederholung der multiplen Zelle selbst mit der in ihr enthaltenen Zeichnung aufgebaut werden. Diese Zeichnung ist nicht das Grundelement (eine Blume), denn die nicht elementare Zelle enthält mehr Elemente als notwendig sind, um durch Wiederholung die Gesamtheit zu bilden.

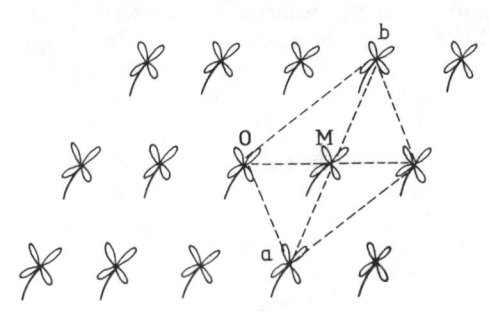

Fig. 76
Multiple Zelle

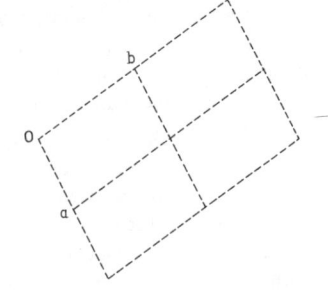

Fig. 77
Unvollständiges Gitter, das sich mit den zwei auf der multiplen Zelle von Fig. 76 beruhenden Gittertranslationen ergibt

10.6. Atomare Struktur der Kristalle. Die vorstehenden Betrachtungen, verallgemeinert auf dreidimensionale Gitter, erlauben es, sich eine Vorstellung von dem kristallinen Aufbau zu machen. *Dem Grundelement entspricht hier ein Atom oder eine Atomgruppe, und durch Wiederholung dieses Grundelementes im dreidimensionalen Raum wird der Kristall gebildet.* Wir werden später sehen, daß diese dreidimensionale periodische Struktur mit Hilfe von Röntgenstrahlen sichtbar gemacht wird. Wie im vorherigen Abschnitt kann man ein Gitter konstruieren, das die Periodizität des Grundelementes verdeutlicht. Das ist ein dreidimensionales Gitter, dessen Ursprung in einem beliebigen Punkt des Kristalls gewählt wird. Man kann sich den kristallinen Aufbau auf zwei Arten vorstellen.

Erste Konzeption der Kristallstruktur. Wenn man den Ursprung in ein Atom A des Grundelementes legt, wird man in allen Gitterpunkten ein Atom A wiederfinden. Das Gitter ist eines der Bravaisschen Gitter. Man erhält also in dem Kristall ein Gitter aus Atomen A, ein Gitter aus Atomen A' usw., wobei all diese Gitter gleich, aber gegenein-

84 10. Der feste Zustand

ander verschoben sind. Von diesem Standpunkt aus kann man sagen, daß der Kristallaufbau durch die Verschachtelung von so vielen gleichen und einander parallelen Gittern gebildet wird, wie es Atome im Grundelement gibt.

Zweite Konzeption der Kristallstruktur. Anstatt alle von den Atomen A, A', A" usw. des Grundelementes ausgehende, identische Gitter zu konstruieren, betrachten wir nur das Gitter, dessen Knoten von den Atomen A besetzt werden. Nehmen wir an, daß die Zelle dieses Gitters eine Elementarzelle ist. Sie enthält noch andere Atome A', A" usw. Der Inhalt dieser Elementarzelle ist das Grundelement, das, wenn es mit Hilfe der drei Gittertranslationen wiederholt wird, den Kristall aufbaut.

10.7. Beispiele für Kristallstrukturen. Um eine Kristallstruktur darzustellen, müßte man sich berührende Kugeln zeichnen, die die Atome repräsentieren. Aber ein solcher Komplex wäre schwer zu interpretieren. Es ist günstiger, die Atome durch große, gut voneinander getrennte Punkte wiederzugeben. Dasselbe Verfahren wird bei der Wiedergabe mit Modellen angewandt, bei der die Atome durch Kugeln dargestellt werden, die getrennt voneinander an Stiften befestigt sind.

Das Caesiumchlorid CsCl (s. Fig. 78) kann durch zwei kubische Gitter charakterisiert werden. Die Cl^--Ionen bilden ein einfach kubisches Bravaissches Gitter, dessen Elementarzelle ein Würfel ist. Genauso bilden die Cs^+-Ionen ein kubisches Gitter, das mit dem vorherigen identisch, aber um eine halbe Raumdiagonale des Würfels verschoben ist. Acht Cl^--Ionen bilden einen Würfel mit einem Cs^+-Ion im Mittelpunkt. Genauso umschließen acht einen Würfel bildende Cs^+-Ionen ein Cl^--Ion in ihrem Mittelpunkt.

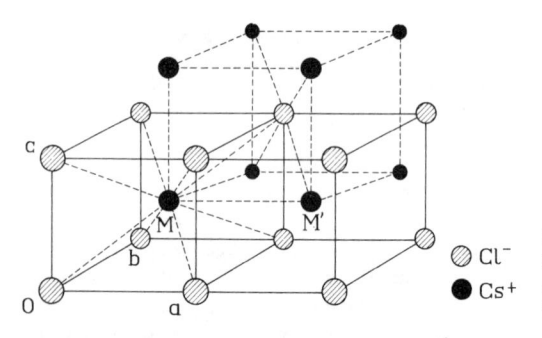

Fig. 78
Struktur des Caesiumchlorids:
Cl^-
Cs^+ zwei gegeneinander verschobene kubisch raumzentrierte Gitter

In Fig. 79 ist nur die Ebene 0ab der Fig. 78 dargestellt. Die schwarzen Punkte sind die Projektionen der Cs^+-Ionen, wie etwa der Ionen M und M' aus Fig. 78, auf diese Ebene. Wenn man den Ursprung 0 in ein Cl^--Ion legt, ergibt sich das in Fig. 80 gezeigte Grundelement. Wird es gemäß den beiden Gittertranslationen $\vec{0a}$ und $\vec{0b}$ wiederholt, so erhält man die Anordnung von Fig. 79.

Es ist leicht, sich den Aufbau des ganzen Kristalls durch die drei Gittertranslationen $\vec{0a}, \vec{0b}, \vec{0c}$ im dreidimensionalen Raum vorzustellen. Nehmen wir den neben einem

10.7. Beispiele für Kristallstrukturen 85

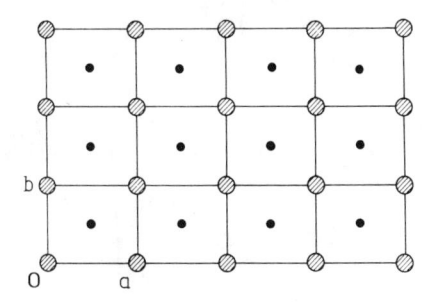

Fig. 79
Wiedergabe der Struktur von Caesiumchlorid durch Projektion auf die Ebene 0ab von Fig. 78

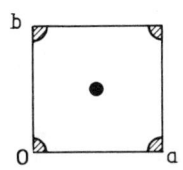

Fig. 80
Grundelement, wenn man den Ursprung in 0 in Fig. 79 legt

Cl⁻-Ion gelegenen Ursprung $0'$, so ergibt sich das in Fig. 81 gezeigte Grundelement. Durch Wiederholung erhält man Fig. 82. Das Gitter $\overrightarrow{0'a'}, \overrightarrow{0'b'}$, das die Periodizität des Grundelementes versinnbildlicht, ist lediglich verschoben gegen das Gitter $\overrightarrow{0a}, \overrightarrow{0b}$ (gestrichelte Linien) aus Fig. 79. Man kann diese Figuren mit Fig. 75 vergleichen. Das Grundelement wird von einem Cl⁻- und einem Cs⁺-Ion gebildet, die sich in jedem Knoten des kubischen Gitters wiederholen, das von einem als Ursprung angenommenen Punkt ausgehend gebildet wurde.

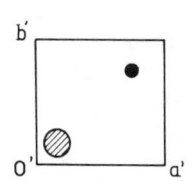

Fig. 81
Grundelement, wenn man den Ursprung neben ein Cl⁻-Ion legt

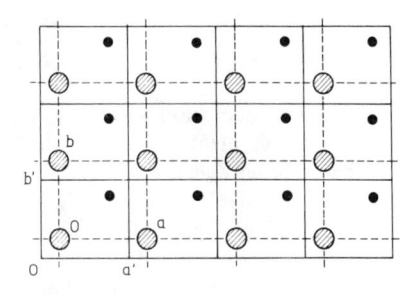

Fig. 82
Gitter, das man durch Wiederholung des Grundelementes aus Fig. 81 erhält

Nehmen wir als zweites Beispiel einen Kristall aus Natriumchlorid NaCl. Man kann ihn durch zwei kubisch flächenzentrierte Gitter charakterisieren. Das eine der Gitter wird durch die Na⁺-Ionen gebildet und das andere durch die Cl⁻-Ionen. Diese beiden Gitter sind identisch, und ihre Zelle ist nicht elementar (kubisch flächenzentrierte Zelle). In Fig. 83 ist die flächenzentrierte Zelle, die von den Na⁺-Ionen gebildet wird, hervorge-

10. Der feste Zustand

hoben. Die Ausdehnung der Zelle reicht von Na^+ bis Na^+ oder von Cl^- bis Cl^- im Fall des von Cl^--Ionen gebildeten Gitters. Die Zelle des letzteren Gitters ist in Fig. 84 herausgestellt. Indem man Zellen aneinanderreiht, die identisch zu denen in Fig. 83 (oder 84) sind, erhält man den Natriumchlorid-Kristall. Die in Fig. 83 dargestellte Zelle ist keine Elementarzelle, und es ist nicht möglich, alle Punkte des Na^+- oder Cl^--Gitters von einem beliebigen Punkt ausgehend durch die drei Gittertranslationen $\vec{0a}$, $\vec{0b}$ und $\vec{0c}$ zu konstruieren.

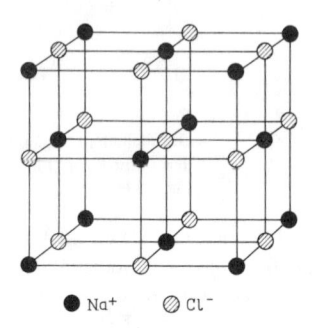

Fig. 83
Struktur des Natriumchlorids unter Hervorhebung der von den Na^+-Ionen gebildeten kubisch flächenzentrierten Zelle

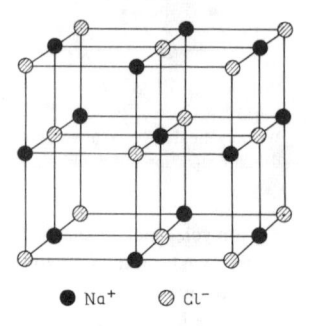

Fig. 84
Struktur des Natriumchlorids unter Hervorhebung der von den Cl^--Ionen gebildeten kubisch flächenzentrierten Zelle

Im Fall des Natriumchlorids kann man für die Na^+-Ionen einerseits und die Cl^--Ionen andererseits zwei identische und verschobene Gitter finden, die aus Elementarzellen bestehen, d.h. aus Zellen, die nur an ihren Ecken Gitterpunkte besitzen. Durch passende Gruppierung der Na^+-Ionen in Fig. 83 findet man als einfache Zelle einen Rhomboeder. Von einem Eckpunkt dieses Rhomboeders ausgehend, kann man alle Punkte (Na^+-Ionen) des Na^+-Gitters durch drei Gittertranslationen herleiten. Die Elementarzelle des Cl^--Gitters ist ein identischer Rhomboeder, dessen acht Endpunkte von Cl^--Ionen besetzt sind.

Wenn es möglich ist, in einem Gitter eine raumzentrierte oder flächenzentrierte Zelle zu unterscheiden, wie wir es gerade bei Natriumchlorid gesehen haben, bevorzugt man eher die Charakterisierung durch eine solche Zelle als die durch die Elementarzelle, denn die Symmetrie wird dadurch offensichtlicher.

Der Inhalt der (nicht elementaren) Zelle, die von den Ionen in Fig. 83 gebildet wird, ist nicht das Grundelement. Die Zelle enthält tatsächlich mehr Atome als notwendig wären, um den Kristall durch Wiederholung zu bilden. Das Grundelement ist der Inhalt der Elementarzelle, d.h. im Fall des Natriumchlorids des Rhomboeders. Aber es ist einfacher, die Struktur dieses Kristalls mit Hilfe der multiplen Zelle zu erfassen als mit der rhomboedrischen Elementarzelle, der man das Grundelement (ein Na^+-Ion und ein Cl^--Ion) zuordnet.

10.8. Erscheinungsform der Kristalle im makroskopischen Maßstab.

Wenn man einen Kristall mit kubisch oder rhomboedrisch bezeichnet, hat das keine Bedeutung für die äußere Erscheinungsform des Kristalls. Die Bezeichnung kubisch oder rhomboedrisch bezieht sich auf das Gitter, das man benutzt, um die Anordnung der Atome zu beschreiben. Die Kristalle werden begrenzt von ebenen Flächen wie Dreiecken, Parallelogrammen, Trapezen usw.

Die natürlichen Flächen der Kristalle, die Richtungen der Spaltebenen, sind parallel zu bestimmten Netzebenen. Fig. 85 gibt die Knoten eines Kristallgitters wieder. Man sieht,

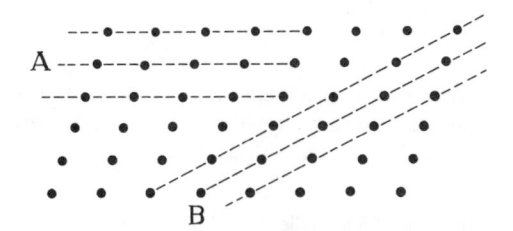

Fig. 85
Gitterpunkte eines Kristalls
und Netzebenen

daß in solchen Ebenen wie A die Atome dichter liegen als in Ebenen wie B, wo der Abstand zwischen den Atomen größer ist. *Die natürlichen Kristallflächen, die Richtungen der Spaltebenen, sind parallel zu den dichten Netzebenen wie die Ebenen A.* Das beruht auf den interatomaren Kräften, die für den Zusammenhalt des Kristalls sorgen. Diese Kräfte nehmen sehr rasch ab, wenn der Abstand zwischen den Atomen zunimmt (vgl. Kapitel 8).

Da der Abstand zwischen zwei Ebenen A größer ist als der Abstand zwischen zwei Ebenen B, kann man die Ebenen A leichter voneinander abheben als die Ebenen B.

Was die Größe und die Gestalt der Flächen betrifft, die den Kristall begrenzen, so hängen sie von der Art, wie der Kristall gebildet wurde, und von Variablen, wie der Temperatur, dem Druck usw. ab. Sie sind keine wesentlichen Merkmale um einen Kristall zu beschreiben. Die wesentliche Charakteristik eines Kristalls ist der Winkel, den benachbarte Flächen miteinander bilden. Bei einem gegebenen Kristall ist der Winkel zwischen den gleichen Kristallflächen ohne Rücksicht auf seine Ausdehnung oder Gestalt stets derselbe. Der Quarz z.B. hat i. allg. die Gestalt eines hexagonalen Prismas mit sechs Seitenflächen (s. Fig. 86), das an jedem Ende von einer Pyramide mit ebenfalls sechs Flächen abgeschlossen wird. Die Gestalt von verschiedenen Probestücken des Quarzes kann sich von einem Muster zum anderen ändern, aber zwei benachbarte Flächen des Prismas bilden stets einen Winkel von 120° miteinander. Fig. 87 zeigt die Querschnitte von verschiedenen Quarzprismen. Wenn ein Kristall in einer regelmäßigen geometrischen Gestalt von nennenswertem Ausmaß vorliegt, spricht man von einem **Einkristall**. Dies ist der Fall beim Quarz. Das regelmäßige Gitter ist i.allg. auf ein sehr kleines

88 10. Der feste Zustand

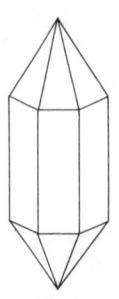

Fig. 86
Quarz-
kristall

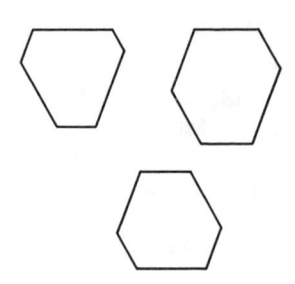

Fig. 87
Bei einem gegebenen Kristall ist
der Winkel zwischen den gleichen
Kristallflächen stets der gleiche

Volumen beschränkt, und der makroskopische Festkörper besteht aus einem Verband von winzigen Kristallen, die sich in einer völlig ungeordnete Art und Weise zusammenfügen. Man erhält also einen **Polykristall**. Das ist der Fall bei nahezu allen Metallen.

10.9. Molekülkristalle. Vom Standpunkt der Bindungskräfte zwischen Atomen (oder Ionen) her kann man vier Kristalltypen unterscheiden: die Molekülkristalle, die Kristalle mit Valenzbindung, die Ionenkristalle und die Kristalle mit metallischer Bindung. Wir untersuchen zuerst die Molekülkristalle.

Die Molekülkristalle bestehen aus Molekülen, die durch van-der-Waals-Kräfte zusammengehalten werden. Diese Kräfte beruhen auf der Anziehung, die zwischen Molekülen mit elektrischen Dipolmomenten wirkt. Sie sind verhältnismäßig schwach, und der Zusammenhalt dieser Kristalle ist es ebenfalls. Der Schmelzpunkt dieser Kristalle ist verhältnismäßig niedrig. Bei sehr kleinen Abständen wird die anziehende Kraft zu einer abstoßenden Kraft, was den Widerstand des Festkörpers gegen eine Verkleinerung seines Volumens erklärt. Diese abstoßenden Kräfte werden durch die Wechselwirkung von Elektronenwolken hervorgerufen. Die festen Edelgase, wie Argon oder Neon, sind Molekül-

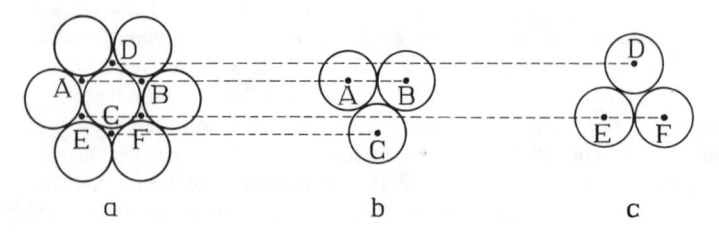

a   b   c

Fig. 88
Struktur der Molekülkristalle

10.9. Molekülkristalle

kristalle. Die Moleküle sind einatomig und können mit Kugeln verglichen werden. Die Anziehungskräfte haben um ein Molekül herum keine bevorzugte Richtung, und jedes Molekül versucht, sich mit möglichst vielen gleichartigen Molekülen zu umgeben, wobei sich die Kugeln so anordnen wie Fig. 88 a zeigt.
Die Projektionen der Kugelmittelpunkte einer zweiten (darüberliegenden) Lage seien z.B. A, B und C (s. Fig. 88 b). Je nachdem, ob die Kugelmittelpunkte einer dritten Lage (unterhalb der ursprünglichen Schicht) in A, B und C oder D, E und F (s. Fig. 88 c) projeziert werden, erhält man zwei verschiedene Strukturen. Die erste besitzt ein hexagonales Gitter, die zweite ein kubisch flächenzentriertes Gitter. Fig. 89 zeigt den kompakten Verband der Kugeln (Moleküle) und Fig. 90 das entsprechende kubisch flächenzentrierte Gitter. In der letzteren Figur wurden die Moleküle auf dicke Punkte reduziert, um die Struktur deutlicher erkennbar zu machen. Aus demselben Grund sind nicht in allen Flächenmittelpunkten Moleküle eingezeichnet.

Fig. 89
Kompakter Verband im Fall
eines kubisch flächenzentrierten
Gitters

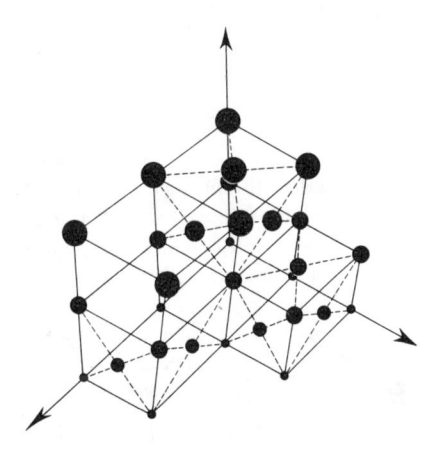

Fig. 90
Kubisch flächenzentriertes Gitter

Bestimmte Gase, wie N_2 und CO_2, haben eine kompliziertere Struktur als die Edelgase, denn die Moleküle sind nicht mehr kugelförmig, und die van-der-Waals-Kräfte können von der gegenseitigen Orientierung der Moleküle abhängen. Im Fall des H_2 gibt der Rotationsfreiheitsgrad des Moleküls ihm ein sphärisches Verhalten, und das verfestigte Gas zeigt ein hexagonales Gitter. Aber die N_2- und CO_2-Moleküle haben keine ausreichende Rotationssymmetrie, um als kugelförmig klassifiziert werden zu können, und sie kristallisieren sich in einer Struktur, dessen Gitter annähernd einem kubisch flächenzentrierten Gitter gleicht.

10. Der feste Zustand

10.10. Kristalle mit Valenzbindung. Die Strukturen, die durch Valenzbindung gebildet werden, sind nicht sehr zahlreich. Von den vier wesentlichen Gruppen der Bindungen hat sie die geringste Bedeutung.

Das Diamantgitter ist ein typisches Beispiel für Strukturen mit Valenzbindung. Die Kohlenstoffatome haben stets den gleichen Abstand. Jedes von ihnen ist von vier anderen umgeben, die an den Eckpunkten eines regelmäßigen Tetraeders sitzen (s. Fig. 91). Man kann das Diamantgitter so betrachten, als bestünde es aus zwei kubisch flä-

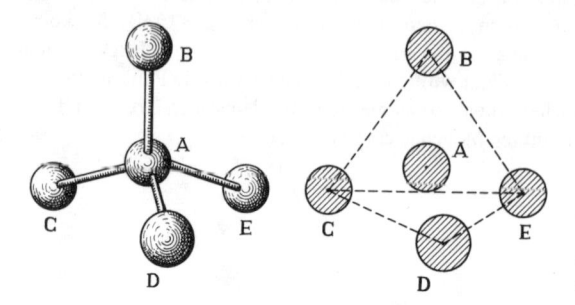

Fig. 91
Diamant: jedes Kohlenstoffatom ist von vier anderen umgeben, die an den Ecken eines regelmäßigen Tetraeders sitzen

chenzentrierten Gittern, die um ein Viertel der Würfeldiagonalen gegeneinander verschoben sind. Eines dieser beiden Gitter ist in Fig. 92 dargestellt. Um die Interpretation der Figur zu erleichtern, wurden auf der Projektionsebene die Bilder der Kohlenstoffatome mit ihren Höhenziffern versehen eingezeichnet. Im oberen Teil der Fig. 92

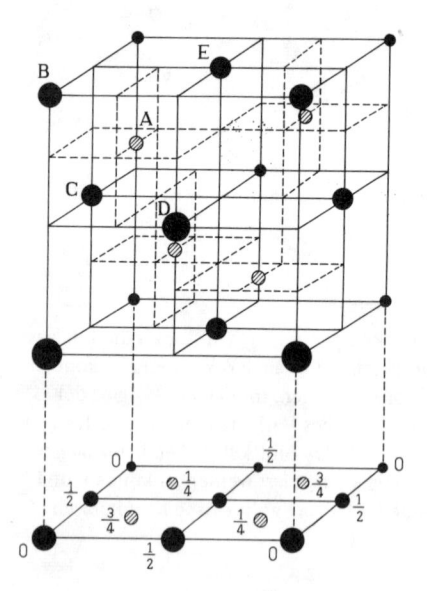

Fig. 92
Diamantgitter: zwei kubisch flächenzentrierte Gitter, die gegeneinander verschoben sind

10.11. Ionenkristalle 91

sind die Kohlenstoffatome, die eine kubisch flächenzentrierte Zelle darstellen, durch schwarze Kugeln gekennzeichnet.

Die Anordnung der Atome von Fig. 91 findet man in Fig. 92 unter denselben Buchstaben wieder.

Bei den Kristallen mit Valenzbindung können die Moleküle nicht unterschieden werden. Das Ganze muß als ein Riesenmolekül betrachtet werden. Die Atome sind durch Valenzbindungen verbunden, die mit denen vergleichbar sind, die die Atome in Molekülen wie H_2 und N_2 verbinden. Die Anziehungskräfte beruhen auf der Bindung durch Paare von Elektronen mit entgegengesetztem Spin. Das sind viel stärkere Kräfte als die van-der-Waals-Kräfte. Der Zusammenhalt dieser Kristalle ist demnach größer. Die Kristalle mit Valenzbindung sind hart und fest. Ihr Schmelzpunkt liegt sehr hoch.

Germanium, Silizium, Siliziumcarbid SiC haben ebenfalls eine Valenzstruktur.

10.11. Ionenkristalle. Die Ionenkristalle bilden vielleicht die Gruppe, die vom Standpunkt der Bindungskräfte am leichtesten zu verstehen ist. Die Strukturen werden von Atomen und Atomgruppen gebildet, die entweder zuwenig oder zuviel Elektronen aufweisen im Vergleich zu der Zahl, die notwendig ist, um elektrisch neutral zu sein. Die Ionenkristalle ergeben tatsächlich durch Schmelzen oder Dissoziation Flüssigkeiten (Elektrolyte), die elektrischen Strom leiten. Um diese grundlegende Eigenschaft zu erklären, nimmt man an, daß die Bestandteile der Ionenkristalle nicht neutrale Atome sondern Ionen sind. Die Bindungskräfte entstehen durch die elektrostatische Anziehung zwischen entgegengesetzt geladenen Ionen.

Das ist eine verhältnismäßig starke Bindung (größere Kräfte als die van-der-Waals-Kräfte). Die Ionenkristalle sind widerstandsfähig und haben einen hohen Schmelzpunkt.

Ein Beispiel für Ionenbindung sind die Natriumchloridkristalle, wo die Na-Atome das Elektron der äußeren Schale abgeben und zu Na^+-Ionen werden (s. Fig. 93). Die frei-

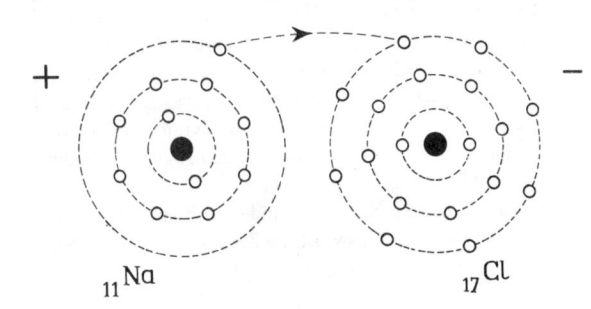

Fig. 93
Ionenbildung in einem
Natriumchloridkristall $_{11}Na$ $_{17}Cl$

gesetzten Elektronen gehen zu den Cl-Atomen, die zu Cl^--Ionen werden. Zwischen den positiven und negativen Ionen bestehen Coulombsche Anziehungskräfte. In jedem Ion herrscht nahezu Kugelsymmetrie der Ladungen.

10. Der feste Zustand

Daraus folgt, daß jedes Ion versucht, sich mit einer möglichst großen Zahl von Ionen entgegengesetzten Vorzeichens zu umgeben. Aber die wirklichen Strukturen sind vielfältiger und weniger einfach als die der Molekülkristalle mit identischen, kugelförmigen Molekülen, denn die beiden Ionen können verschiedene Ausdehnungen haben.

Ein anderes Beispiel für einen Ionenkristall ist Caesiumchlorid. Die Strukturen von CsCl und NaCl haben wir bereits in Absch. 10.7 untersucht. Die Figuren 94 und 95 zeigen nochmals die Zusammensetzung dieser Kristalltypen, und man kann sie mit den Figuren 78 und 83 vergleichen.

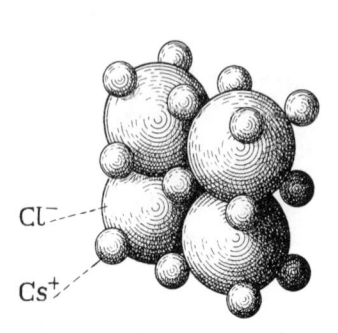

Fig. 94
Caesiumchlorid

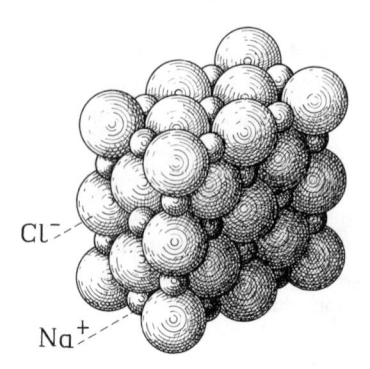

Fig. 95
Natriumchlorid

10.12. Kristalle mit metallischer Bindung. Um die gute thermische und elektrische Leitfähigkeit der Metalle zu erklären, nimmt man an, daß in der Metallmasse Elektronen leicht beweglich sind. Die Metalle sind also Kristalle, deren Gitter von positiven Ionen gebildet werden, die von freien Elektronen umgeben sind. Dieses „Elektronengas" bildet den Kitt, der die positiven Ionen in ihren Positionen festhält. Die Metallbindung ist stark, wie die Härte und der allgemein hohe Schmelzpunkt der Metalle beweisen. Da das Elektronengas keine gerichtete Wirkung hat und die positiven Ionen identisch sind, kann man eine hohe Symmetrie des Metallgitters erwarten. Jedes Atom versucht, sich selbst mit einer möglichst großen Zahl von anderen Atomen zu umgeben. Wie wir bereits gesehen haben, führt das zu kubischen oder hexagonalen Gittern. Die Alkalimetalle Li, Na, K, Rb und Cs haben ein Gitter mit kubisch raumzentrierter Zelle, und bei Cu, Ag, Pt usw. ist die Zelle kubisch flächenzentriert.

11. Der flüssige Zustand

11.1. Struktur der Flüssigkeiten.
Die Theorie der Gase und Kristalle ist wohl begründet. Im Gegensatz dazu verfügt man noch nicht über eine befriedigende Theorie des flüssigen Zustandes. Zwei Interpretationen wurden vorgeschlagen, nach denen die Flüssigkeit als gestörter Kristall aufgefaßt wird, oder aber als stark komprimiertes Gas. Die experimentellen Daten zeigen, daß die Molekularstruktur der Flüssigkeiten als Zwischenglied zwischen der der Gase und der der Kristalle mehr der ersteren ähnelt. Die mit Hilfe von Röntgenstrahlen gewonnenen Diagramme zeigen für kompromierte Gase und Flüssigkeiten gleichartige Struktur. Wenn man einen monochromatischen Röntgenstrahl durch eine Flüssigkeit schickt, findet man einige diffuse Linien (Band 2, Abschn. 34.3), die denen eines stark komprimierten Gases ähneln.

Die Molekularstruktur einer Flüssigkeit kann mit Hilfe einer Statistik der intermolekularen Abstände beschrieben werden. Deshalb definiert man eine bestimmte statistische Funktion, die radiale Verteilungsfunktion genannt wird.

Wir wollen ein beliebiges Molekül im Innern der Flüssigkeit betrachten und uns eine Reihe von Kugeln vorstellen, in deren Mittelpunkt das Molekül liegt. Es sei dV das Volumen zwischen zwei Kugeln der Radien r und r + dr. Wenn die Verteilung der Moleküle statistisch gleichförmig ist, ist die Wahrscheinlichkeit, den Mittelpunkt eines Moleküls in dem Volumen dV zu finden, proportional zu dV. Wenn die Verteilung nicht statistisch gleichförmig ist, ist die Wahrscheinlichkeit $g(r)dV$, wobei $g(r)$ die radiale Verteilungsfunktion ist. Im Fall eines idealen Gases ist $g(r) = 1$.

Für ein flüssiges Medium ergibt die Untersuchung mit Hilfe von Röntgenstrahlen die Kurve a) in Fig. 96. Wenn die Abstände sehr klein sind, ist $g(r) = 0$, denn die Moleküle haben ein endliches Volumen, und man kann sie nicht auf einen kleineren Abstand als ihren Durchmesser zusammendrängen.

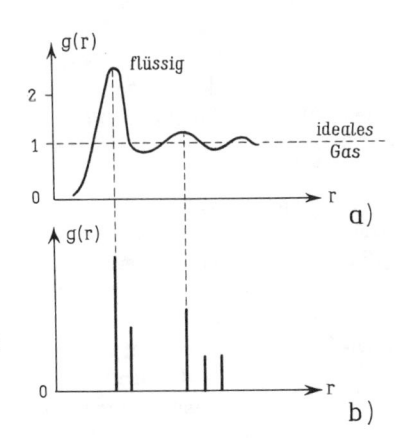

Fig. 96
Radiale Verteilungsfunktion für den Fall eines geschmolzenen Kristalls (Kurve a) und für den Fall des Kristalls selbst (Kurve b)

11. Der flüssige Zustand

Während in Fig. 96 a die radiale Verteilungsfunktion g(r) für die Schmelze eine Stoffes dargestellt ist, zeigt Fig. 96 b die Funktion g(r) für einen Kristall desselben Stoffes. Im Fall des Kristalls erhält man eine diskrete Verteilungsfunktion, welche die regelmäßige Anordnung der Atome in einem kristallinen Festkörper ausdrückt. Die Verteilungsfunktion der Flüssigkeit ist nicht konstant wie beim Gas, aber sie ist auch nicht diskret wie im Fall eines Kristalls. Sie zeigt die Existenz einer gewissen Ordnung, die sich nur über eine kleine Entfernung erstreckt (von der Größenordnung einiger Moleküldurchmesser). Dazu ist zu bemerken, daß diese Ordnung eine statistische Ordnung ist, denn die Moleküle, die sich in der Umgebung des betrachteten Moleküls befinden, wechseln ständig infolge der Wärmebewegung. Fig. 97 zeigt in schematisierter Darstellung die Struktur der drei Zustände fest a, flüssig b und gasförmig c (im letzteren Fall sind die Moleküle im Mittel sehr weit voneinander entfernt).

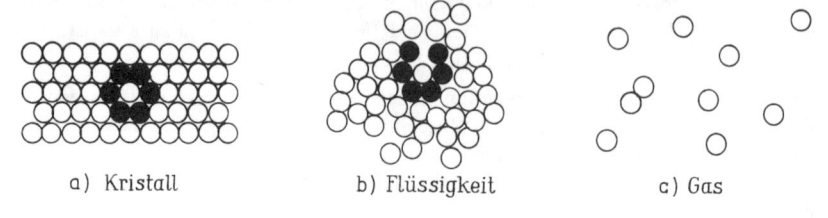

a) Kristall   b) Flüssigkeit   c) Gas

Fig. 97
Schematische Wiedergabe des festen, flüssigen und gasförmigen Zustands

11.2. Effekte aufgrund der Kohäsionskräfte, speziell bei Flüssigkeiten. Oberflächenkräfte. Die intermolekularen Anziehungskräfte oder van-der-Waals-Kräfte (s. Abschn. 8.4), die bei den Gasen vernachlässigt werden können, erlangen bei Flüssigkeiten infolge der Dichte der Moleküle sehr große Bedeutung. Durch diese Kräfte wird der Zusammenhalt (Kohäsion) der Flüssigkeiten erzeugt. Ein Molekül, das sich wie A im Innern der Flüssigkeit befindet (s. Fig. 98), wird von allen Seiten durch die umliegenden Moleküle angezogen. Aber bei einem Molekül B an der Oberfläche ist das nicht der Fall. Die Anziehung durch die benachbarten Moleküle ergibt eine Resultierende, die in das Innere der Flüssigkeit gerichtet ist. Die Kohäsionskräfte ziehen die Oberflächenmoleküle ins Innere der Flüssigkeit. Wenn die Kohäsionskräfte allein wirken würden, gäben sie der Flüssigkeit die kleinstmögliche freie Oberfläche. Die Flüssigkeit wäre durch eine kugelförmige Oberfläche begrenzt, denn die Kugel ist die Gestalt, bei der ein vorgegebenes Volumen eine minimale Oberfläche hat. Diesen Effekt zeigt auch das Experiment: Gibt man einige Tropfen Orthotoluidin in Salzwasser, dann vermischt sich das Orthotoluidin nicht mit dem Wasser, und bei passendem Salzgehalt des Wassers kann man Gleichheit der Dichten erreichen. Der Archimedische Auftrieb hebt das Gewicht der Orthotoluidintropfen (also die Wirkung der Schwerkraft) auf. Diese nehmen eine kugelförmige Gestalt an und bleiben im Salzwasser schweben. Die von der

Kohäsion herrührenden Kräfte, die derart auf die Gestalt der Oberfläche einwirken, werden auch **Oberflächenkräfte** genannt.

11.3. Effekte der Oberflächenkräfte bei Anwesenheit der Schwerkraft

Meistens werden die Oberflächenkräfte durch die Wirkung der Schwerkraft verdeckt. Deshalb haben wir bei dem oben beschriebenen Experiment Bedingungen hergestellt, bei denen die Schwerkraft nicht wirkt. Aber in bestimmten Fällen ist es so, daß die Schwerkraft Effekte hervorruft, die gegenüber denen der Oberflächenkräfte vernachlässigbar sind, so daß diese trotz der Schwerkraft beobachtet werden können.

Die Oberflächenkräfte zeigen sich um so stärker, je größer bei einem vorgegebenen Flüssigkeitsvolumen die dieses Volumen begrenzende Oberfläche ist.

Die Schwerkraft ist ja proprotional zum Volumen, und um die Wirkung der Oberflächenkräfte zu verstärken, ist es vorteilhaft, bei gegebenem Volumen die begrenzende Oberfläche möglichst groß zu machen. Das ist der Fall bei sehr kleinen Tropfen, denn wenn ihr Radius r kleiner wird, nimmt ihre Oberfläche $4\pi r^2$ weniger rasch ab als ihr Volumen $4\pi r^3/3$. Ein kleiner Quecksilbertropfen ist beinahe genau kugelförmig (s. Fig. 99), während bei einem größeren Tropfen die Wirkung der Schwerkraft vorherrschend ist.

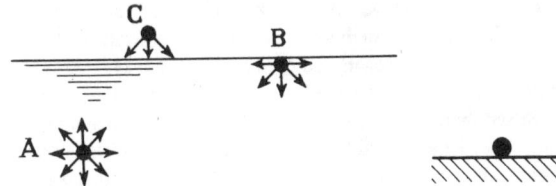

Fig. 98
Anziehung der Moleküle innerhalb einer Flüssigkeit und nahe ihrer Oberfläche

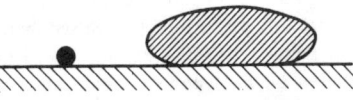

Fig. 99
Vergleich der Schwerkraft und der Oberflächenspannung

Die dünnen Flüssigkeitsschichten entsprechen ebenfalls der vorstehenden Voraussetzung. Bestimmte Flüssigkeiten, etwa Seifenwasser, ergeben leicht Schichten, deren Dicke im Vergleich zu ihrer Oberfläche sehr klein ist. Betrachten wir den Metallrahmen in Fig. 100. Er besteht aus einem Bügel 0AB, an dem ein Stab 0C um 0 beweglich befestigt ist. Wenn man den Rahmen in Seifenwasser taucht, bleibt eine Flüssigkeitslamelle zwischen 0A, AC und 0C. Man stellt fest, daß 0C nach 0A gezogen wird. *Die Oberflächenkräfte versuchen, die Oberfläche der Flüssigkeitslamelle möglichst stark zu verkleinern. Sie wirken in der Ebene der Flüssigkeitslamelle.*

Man kann noch andere Experimente derselben Art durchführen, und alle legen einen Vergleich nahe zwischen der Flüssigkeitsoberfläche und einer gespannten Membran, die

11. Der flüssige Zustand

auch Kräften ausgesetzt ist, welche versuchen, sie zusammenzuziehen. Das Schwimmen von leichten Gegenständen, die dichter als Wasser sind, erklärt sich durch die Annahme, daß sich die Wasseroberfläche wie eine gespannte Membran verhält. Eine leicht gefettete Stahlnadel z.B. schwimmt auf der Wasseroberfläche (s. Fig. 101). Die Oberflächenkräfte haben eine nach oben gerichtete Resultierende, die das Gewicht der Nadel aufhebt.

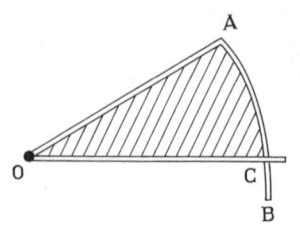

Fig. 100
Wirkung, die von der Oberflächenspannung im Fall eines Flüssigkeitsfilmes ausgeht

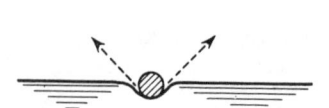

Fig. 101
Eine nicht benetzte Stahlnadel schwimmt

11.4. Oberflächenspannung. Ersetzen wir den Rahmen aus Fig. 100 durch den der Fig. 102. Das ist ein U-förmiger Metallrahmen, auf dem sich ein beweglicher Stab AB befindet. Die Flüssigkeitslamelle wird von dem U-Bogen und dem Stab AB umschlossen. Wie in dem Fall der Fig. 100 versucht die Flüssigkeitslamelle sich zusammenzuziehen, und der Stab AB wird nach oben verschoben. Indem man an den Stab AB ein passendes Gewicht hängt, erhält man ein Gleichgewicht. Man stellt jedoch fest, daß das Gleichgewicht erhalten bleibt, wenn der Stab AB nach unten gezogen wird. Das Gleichgewicht existiert, wie groß auch immer die Ausdehnung der Oberfläche der Flüssigkeitslamelle sein mag. Dieses Experiment zeigt demnach, daß der Vergleich der Flüssigkeitsoberfläche mit einer Membran nicht ganz exakt ist.

Man findet, daß die Kraft F, die das Gleichgewicht aufrechterhält, proportional zur Länge l ist, auf die sie ausgeübt wird, d.h.

$$F = \sigma l \qquad (11.1)$$

Der Koeffizient σ ist, nach Definition, die **Oberflächenspannung** der Flüssigkeit. Gemäß dem Experiment aus Fig. 102 hängt die Oberflächenspannung nicht von der Ausdehnung der Oberfläche ab. Im Fall der Flüssigkeitsschicht aus Fig. 102 ist die Kraft F gleich der Summe der Zugkräfte, die von den beiden Seiten der Flüssigkeitsschicht ausgeübt werden (s. Fig. 103), und in der Formel (11.1) ergibt sich l = 2ab, wobei ab die Länge des die Flüssigkeit berührenden Abschnittes des Stabes ist (s. Fig. 102).

11.5. Druck im Innern eines Flüssigkeitstropfens oder in einer Gasblase

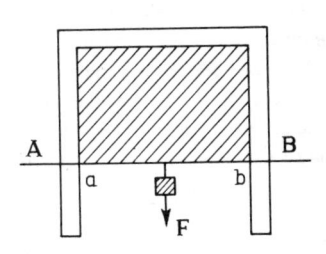

Fig. 102
Vergleich eines Flüssigkeitsfilmes mit einer Membrane

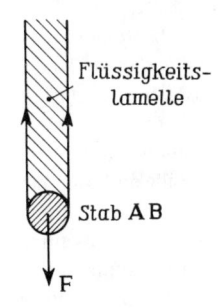

Fig. 103
Wirkung der beiden Seiten eines Flüssigkeitsfilmes

11.5. Druck im Innern eines Flüssigkeitstropfens oder in einer Gasblase innerhalb der Flüssigkeit.

Eine kreisförmige Schleife (s. Fig. 104) auf der ebenen Oberfläche einer Flüssigkeit im Gleichgewicht ist Kräften der Oberflächenspannung ausgesetzt, deren Resultierende Null ist. Wenn die Oberfläche nicht eben ist, wie es z.b. bei einem Flüssigkeitstropfen oder einer Gasblase innerhalb der Flüssigkeit der Fall ist, begrenzt die Schleife eine Kugelkalotte (s. Fig. 105), und die Kräfte der Oberflächenspannung haben eine Resultierende R, die nach innen gerichtet ist. Demnach muß im Innern eines Tropfens oder einer Blase ein größerer Druck herrschen als außen. In einem aufgeblasenen Ballon ist der Druck größer als der Luftdruck, um die nach innen gerichtete Resultierende der Zugkräfte der Hülle auszugleichen

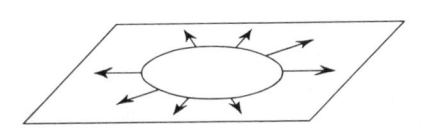

Fig. 104
Wirkung der Kräfte der Oberflächenspannung auf eine Schleife im Fall einer ebenen Flüssigkeitslamelle

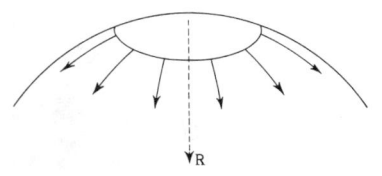

Fig. 105
Wirkung der Kräfte der Oberflächenspannung auf eine Schleife im Fall einer Blase

Wir wollen den Überdruck Δp in einem Flüssigkeitstropfen gegenüber der äußeren Umgebung berechnen (s. Fig. 106). Betrachten wir die obere Hälfte des Tropfens, mit der wir uns nun auseinandersetzen wollen. Die Kräfte der Oberflächenspannung greifen längs des Äquators an, dessen Länge $2\pi r$ beträgt, wenn r der Radius des Tropfens ist.

11. Der flüssige Zustand

Ihre Resultierende F_1 ist gemäß (11.1) gleich $2\pi r\sigma$. Diese Resultierende F_1 geht durch den Mittelpunkt 0 und steht senkrecht auf der Äquatorebene. Sie muß gleich der Resultierenden der Kräfte sein, die der Überdruck Δp auf den Oberflächenelementen (etwa ds) der oberen Kugelhälfte erzeugt. Aus Symmetriegründen steht diese Resultierende senkrecht auf der Äquatorebene und geht durch 0. Um sie zu berechnen, genügt es, die Summe der Komponenten zu bilden, die senkrecht auf der Äquatorebene stehen (die parallelen Komponenten heben sich auf). Die Kraft, die auf das Element ds wirkt, ist Δpds, deren Normalkomponente Δpds · cosα ist. Nun ist ds · cosα gleich ds', der Projektion von ds auf die Äquatorebene. Folglich kann die auf das Element ds wirkende Normalkomponente als Δpds' geschrieben werden. Um die Resultierende F_2 aller Normalkomponenten zu erhalten, die auf die Elemente der Halbkugel wirken, muß man die Summe über die Größen Δpds' für alle Elemente der Halbkugel bilden. Da Δp konstant ist, erhält man

$$F_2 = \Sigma\Delta\text{pds}' = \Delta p\Sigma\text{ds}' = \pi r^2 \Delta p \tag{11.2}$$

Daraus ergibt sich

$$\pi r^2 \Delta p = 2\pi r\sigma \tag{11.3}$$

woraus folgt

$$\Delta p = \frac{2\sigma}{r} \tag{11.4}$$

Im Fall einer kugelförmigen Seifenblase gibt es zwei Kugeloberflächen, die die Flüssigkeitsschicht begrenzen, also $F_1 = 4\pi r\sigma$ und man erhält

$$\Delta p = \frac{4\sigma}{r} \tag{11.5}$$

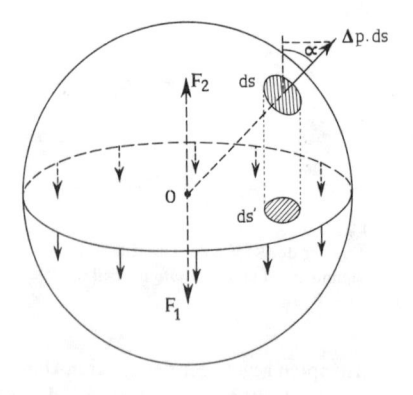

Fig. 106
Druck im Innern eines Flüssigkeitstropfens

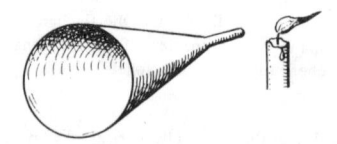

Fig. 107
Experiment zur Demonstration des Druckes im Innern einer Seifenblase

11.6. Grenzflächenspannung 99

Die Existenz eines Überdruckes in einer Blase kann durch das Experiment aus Fig. 107 gezeigt werden. Die Blase befinde sich an der großen Öffnung eines Trichters. Der Druck, der in der Blase eingeschlossenen Luft kann eine Kerze ausblasen. Die Formeln (11.4) und (11.5) zeigen, daß der Druck um so größer ist, je kleiner der Radius der Kugeln ist. Wenn man zwei Blasen verschiedener Radien miteinander verbindet, schrumpft die kleinere Blase zusammen und bläst dabei die größere auf.

11.6. Grenzflächenspannung. Im Vorstehenden haben wir die Oberflächenspannung an der Grenzfläche Flüssigkeit-Luft untersucht. Ebenso gibt es eine Oberflächenspannung an der Grenzfläche S zwischen zwei nicht mischbaren, sich berührenden Flüssigkeiten (1) und (2) (s. Fig. 108): Man nennt sie **Grenzflächenspannung**.

Betrachten wir einen Flüssigkeitstropfen (2) (s. Fig. 109) auf einer anderen Flüssigkeit (3). Wir vernachlässigen die Schwerkraft. Es sei σ_2 die Oberflächenspannung der Flüs-

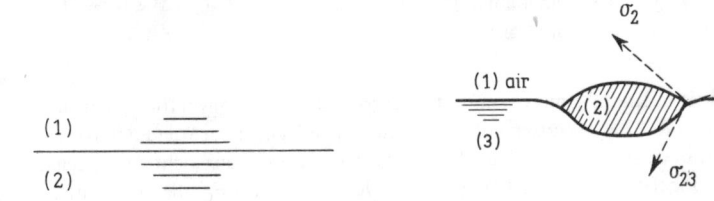

Fig. 108
Grenzflächenspannung

Fig. 109
Flüssigkeitstropfen in Berührung mit einer anderen Flüssigkeit

sigkeit (2), σ_3 die Oberflächenspannung der Flüssigkeit (3) und σ_{23} die Oberflächenspannung von (2) bei Anwesenheit von (3). Eine Längeneinheit des Tropfenumfangs ist den drei Kräften σ_2, σ_3 und σ_{23} ausgesetzt, die tangential an den drei Oberflächen liegen. Damit Gleichgewicht herrscht, muß die Resultierende dieser drei Kräfte Null sein. Es herrscht Gleichgewicht, wenn eine dieser Kräfte die Diagonale eines Parallelogrammes ist, dessen Seiten die beiden anderen Kräfte bilden. Man muß also mit diesen drei Kräften ein Dreieck bilden können. Von einem Ursprung M ausgehend, werden die drei Kräfte σ_2, σ_3 und σ_{23} von Fig. 109 wie in Fig. 110 gezeigt angeordnet. Es kann kein Dreieck konstruiert werden, und folglich würde im Fall der Fig. 109 kein Gleichgewicht herrschen. Gleichgewicht würde herrschen, wenn die Anordnung der Fig. 111 realisiert wäre. Jede der oben betrachteten Oberflächenspannungen ist also kleiner als die Summe der beiden anderen. Wenn z.B.

$$\sigma_3 > \sigma_2 + \sigma_{23} \tag{11.6}$$

gilt, ist ein Gleichgewicht unmöglich, und der Flüssigkeitstropfen (2) breitet sich über die Flüssigkeit (3) aus. Das ist der Fall bei Öl auf Wasser. Wenn

$$\sigma_3 < \sigma_2 + \sigma_{23} \tag{11.7}$$

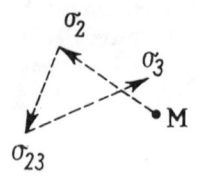

Fig. 110
Anordnung der relativen Kräfte der Oberflächenspannung von Fig. 109

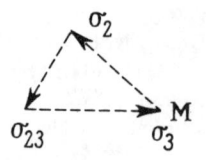

Fig. 111
Anordnung der Kräfte der Oberflächenspannung, wenn der Tropfen in Fig. 109 im Gleichgewicht ist

wird sich der Flüssigkeitstropfen (2) deformieren, aber er wird die Gestalt eines Tropfens auf der Flüssigkeit (3) beibehalten. Das ist der Fall bei Öl auf einer Mischung gleicher Volumina Wasser und Alkohol.

11.7. Flüssigkeit in Kontakt mit einem festen Körper. Die Adhäsionskräfte treten zusammen mit den Kohäsionskräften auf. Zwischen den Molekülen der Wand und denen der Flüssigkeit besteht eine Anziehung. Ein Molekül M, das sich sehr dicht an der senkrechten Wand P befindet (s. Fig. 112), erfährt die Kohäsionskraft F_C, die in Richtung zur Flüssigkeit weist (sie ist keine Tangente in M an die Flüssigkeitsoberfläche), und die Adhäsionskraft F_A, die senkrecht auf der Wand steht (aus Symmetriegründen, wenn die Wand sehr ausgedehnt ist). In einer schematischen Weise kann man zwei Fälle unterscheiden:

a) Die Adhäsionskraft ist größer als die Kohäsionskraft ($F_A > F_C$). Die Resultierende R (s. Fig. 112) ist nach außen gerichtet; die Oberfläche der Flüssigkeit steht in M senkrecht auf R und wendet ihre Krümmung nach oben. Die Flüssigkeit benetzt den festen Körper.

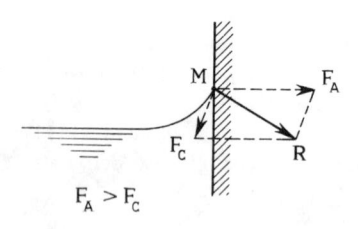

Fig. 112
Fall einer Flüssigkeit, die die senkrechte Wand benetzt

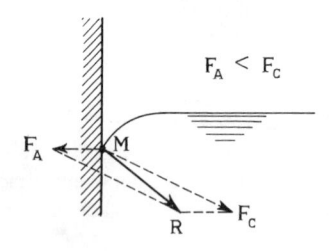

Fig. 113
Fall einer Flüssigkeit, die die senkrechte Wand nicht benetzt

11.7. Flüssigkeit in Kontakt mit einem festen Körper

b) Die Adhäsionskraft ist kleiner als die Kohäsionskraft ($F_A < F_C$). Die Resultierende R (s. Fig. 113) ist nach innen gerichtet; die Flüssigkeitsoberfläche wendet ihre Krümmung nach unten. Die Flüssigkeit benetzt den festen Körper nicht.

Mit **Randwinkel** bezeichnet man den Winkel α, den die Wandfläche mit der Tangentialebene in M an die Flüssigkeitsoberfläche bildet (s. Fig. 114):

$\alpha = 0$, die Flüssigkeit benetzt vollständig

$0 < \alpha < 90°$, die Flüssigkeit benetzt unvollständig

$\alpha > 90°$, die Flüssigkeit benetzt nicht

Die Kraft F der Oberflächenspannung (s. Fig. 115), die tangential an der Oberfläche der Flüssigkeit liegt, ist mit einem Winkel α (Randwinkel) gegen die Wand geneigt. Die Ver-

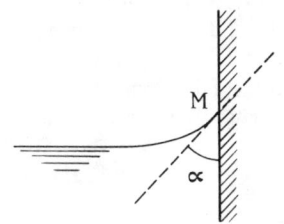

Fig. 114
Randwinkel

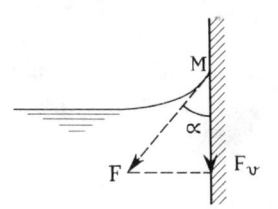

Fig. 115
Kraft, die von einer benetzenden Flüssigkeit ausgeübt wird

tikalkomponente F_v ist nach unten gerichtet, wenn die Flüssigkeit benetzt, oder nach oben (s. Fig. 116), wenn die Flüssigkeit nicht benetzt.

Die Kraft $F_v = F \cos\alpha$ erklärt das Schwimmen von leichten, nicht benetzten Körpern. Sie erlaubt es bestimmten kleinen Insekten, z.B. dem Wasserläufer, sich auf der Wasseroberfläche zu halten (s. Fig. 117).

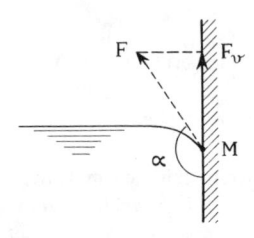

Fig. 116
Kraft, die von einer nicht benetzenden Flüssigkeit ausgeübt wird

Fig. 117
Ein Wasserläufer schwimmt

11. Der flüssige Zustand

11.8. Trennung von Mineralien durch Aufschwemmen.

Nehmen wir an, wir haben eine Mischung von zwei festen pulverisierten Bestandteilen, von denen einer durch eine gegebene Flüssigkeit benetzbar ist und der andere nicht. Die Partikel des nicht benetzbaren Bestandteiles können auf der Oberfläche der Flüssigkeit bleiben, während die benetzten Partikel es nicht können. Wenn die Bestandteile in der Flüssigkeit vermischt sind, genügt es, Luftblasen hindurchzuschicken. Sie ziehen die feinen, nicht benetzten Teilchen mit zur Oberfläche. Dies ist das Trennungsverfahren von Mineralien durch Aufschwemmen (Flotation).

11.9. Aufsteigen in kapillaren Röhren. Jurinsches Gesetz.

Wie wir in Abschn. 11.7 gesehen haben, kriecht eine Flüssigkeit, die eine feste Wand vollständig benetzt, entlang dieser Wand hoch und bedeckt sie mit einem hauchdünnen Flüssigkeitsfilm, da ja die Flüssigkeitsoberfläche eine Tangente an der Wand ist (s. Fig. 118). Betrachten wir zwei voneinander entfernte ebene Platten P_1 und P_2, die in eine Flüssigkeit getaucht sind, die sie vollständig benetzt (s. Fig. 119). Die Effekte bleiben auf die unmittelbare Umgebung der Platten P_1 und P_2 beschränkt, und die Flüssigkeitshöhe ist in A, B und C dieselbe.

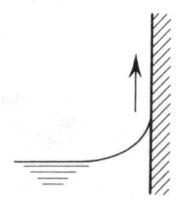

Fig. 118
Eine benetzende Flüssigkeit steigt an der senkrechten Wand empor

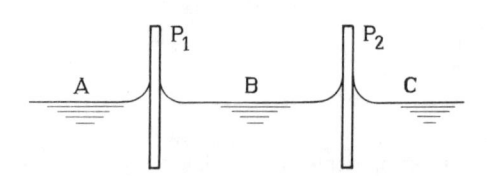

Fig. 119
Eintauchen zweier voneinander entfernter Platten P_1 und P_2

Wenn man die beiden Platten P_1 und P_2 einander hinreichend nähert (s. Fig. 120), verstärken sich die Effekte der beiden gegenüberliegenden Wände, und man erkennt, daß eine kleine Menge der Flüssigkeit zwischen den beiden Platten nach oben gezogen wird. Das Niveau in B ist verschieden von den Niveaus in A und C. Anstatt zwei ebene Wände zu betrachten, wollen wir untersuchen, was in einer Röhre mit kleinem Durchmesser (Kapillare) geschieht. Die Effekte sind die gleichen: Etwas Flüssigkeit steigt in der Röhre hoch, wenn diese von der Flüssigkeit benetzt wird. Wir wollen die Steighöhe berechnen.

Sei r der Radius der Röhre (s. Fig. 121), und nehmen wir an, daß die Flüssigkeit die Wände der Röhre vollständig benetzt. Man kann annehmen, daß in der Röhre der Meniskus (die gekrümmte Oberfläche der Flüssigkeit in einer Röhre) die Gestalt einer

11.9. Aufsteigen in kapillaren Röhren. Jurinsches Gesetz

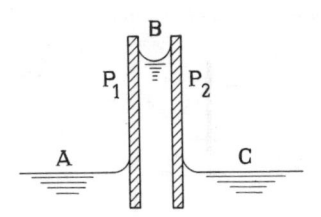

Fig. 120
Fall, in dem die beiden Platten P_1 und P_2 aus Fig. 119 sehr eng beieinanderstehen

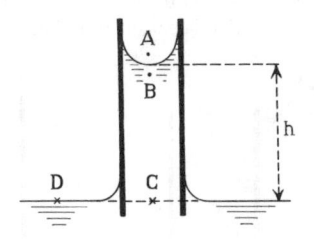

Fig. 121
Aufsteigen einer Flüssigkeit in einer Kapillaren

Halbkugel hat, da sich die Flüssigkeit ja tangential an die Röhre anschließen soll. Die Drücke in A, C und D sind gleich dem Luftdruck (der Punkt C liegt auf dem hydrostatischen Niveau). Wenn p_A, p_B, p_C und p_D die Drücke in A, B, C und D sind, so erhält man gemäß Gl. (7.3) mit der Flüssigkeitsdichte ρ und der Fallbeschleunigung g

$$p_C - p_B = \rho g h \tag{11.8}$$

(p_B ist kleiner als der Luftdruck) aber $p_C = p_A$, woraus folgt

$$p_A - p_B = \rho g h \tag{11.9}$$

Andererseits, wenn man von B nach A geht (B liegt gerade unterhalb des Meniskus), steigt der Druck um einen Betrag Δp, der durch die Formel (11.4) gegeben wird, denn man vergleicht ja den Meniskus mit einer Halbkugel. Also gilt

$$p_A - p_B = \Delta p = \frac{2\sigma}{r} \tag{11.10}$$

Durch Vergleich von (11.9) und (11.10) erhält man

$$h = \frac{2\sigma}{\rho g r} \tag{11.11}$$

Die Steighöhe ist bei gleichen Flüssigkeiten umgekehrt proportional zum Radius r der Röhre. Dies ist das Jurinsche Gesetz. Mit Wasser und einer Röhre vom Radius r = 0,01 mm erhält man h = 1,5 mm. Wenn die Flüssigkeit die Röhre nicht vollständig benetzt, hat man einen endlichen Randwinkel α (s. Fig. 122). Mit der Annahme, daß der Meniskus eine Kugelkalotte ist, findet man

$$h = \frac{2\sigma \cos\alpha}{\rho g r} \tag{11.12}$$

Fig. 121 bezieht sich auf den Fall von Wasser, das sehr sauberes Glas vollständig benetzt. Fig. 123 zeigt den Fall einer nicht benetzenden Flüssigkeit (z.B. Quecksilber

11. Der flüssige Zustand

und Glas, für die $\alpha = 135°$). Hier wird die Flüssigkeit herabgedrückt (Kapillardepression). Für Quecksilber und mit $r = 1$ mm ergibt die Formel (11.12) $h = 5$ mm.

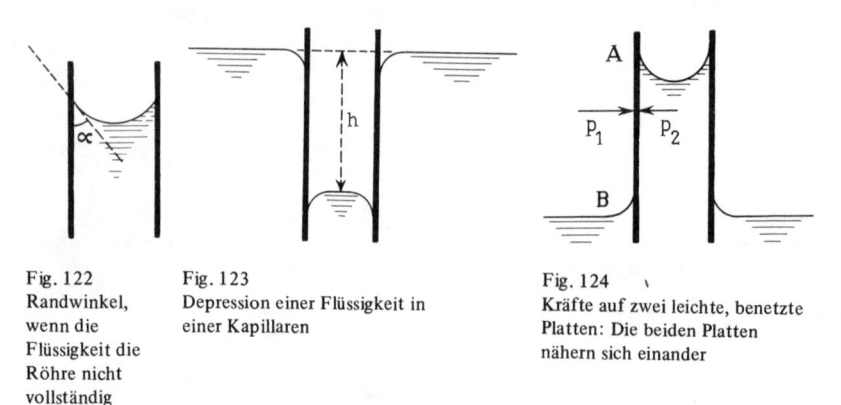

Fig. 122 Randwinkel, wenn die Flüssigkeit die Röhre nicht vollständig benetzt

Fig. 123 Depression einer Flüssigkeit in einer Kapillaren

Fig. 124 Kräfte auf zwei leichte, benetzte Platten: Die beiden Platten nähern sich einander

11.10. Anziehung und Abstoßung zwischen kleinen schwimmenden Körpern. Die Erfahrung lehrt, daß kleine, auf der Wasseroberfläche schwimmende Körper sich unter bestimmten Bedingungen entweder anziehen oder abstoßen. Die vorhergehenden Erkenntnisse erklären diese Erscheinungen. Zur Vereinfachung nimmt man an, daß die beiden Körper von senkrecht stehenden und zueinander parallelen Platten gebildet werden, die in der Flüssigkeit schwimmen. Wir betrachten folgende Fälle:

a) Die zwei Platten werden benetzt (s. Fig. 124). Zwischen ihnen steigt Flüssigkeit hoch. Zwischen A und B ist der Druck p_2, der ja niedriger als der Luftdruck ist, kleiner als p_1. Das gleiche gilt für die andere Platte. Die beiden Platten ziehen sich an.

b) Die zwei Platten werden nicht benetzt (s. Fig. 125). Zwischen A und B ist der Druck p_1 (unterhalb des hydrostatischen Niveaus) größer als der Luftdruck p_2. Die beiden Platten ziehen sich ebenfalls an.

c) Eine Platte wird benetzt, die andere nicht (s. Fig. 126). Die Ränder B und B' des inneren Meniskus liegen zwischen den Rändern A und A' der äußeren Menisken. Die Effekte des Benetzens und Nichtbenetzens wirken zwischen den Platten entgegengesetzt. Zwischen A und B ist der Druck p_1 (innerhalb der Flüssigkeit, die längs der Platte hinaufkriecht) kleiner als der Luftdruck p_2. Zwischen A' und B' ist der Druck p'_2 innerhalb der Flüssigkeit größer als der Luftdruck p'_1. Die beiden Platten stoßen sich ab.

11.11. Molekulare Aspekte der Viskosität von Flüssigkeiten. Suprafluider Zustand. Die Viskosität von Flüssigkeiten ist nicht durch denselben Mechanismus wie bei den Gasen erklärbar. Die Gestaltsänderung bei einer strömenden Flüssigkeit wird von einer Struk-

11.11. Molekulare Aspekte der Viskosität von Flüssigkeiten

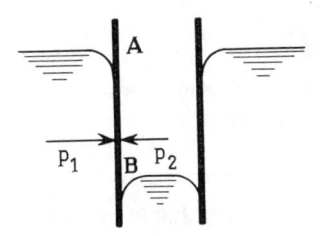

Fig. 125
Kräfte auf zwei leichte, nicht benetzte Platten: Die beiden Platten nähern sich einander

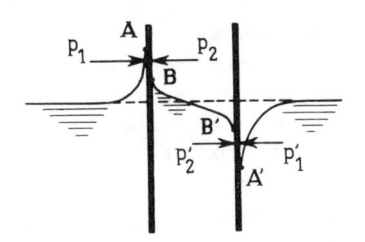

Fig. 126
Kräfte auf zwei leichte Platten, von denen die eine benetzt und die andere nicht benetzt wird: Die beiden Platten entfernen sich voneinander

turmodifikation begleitet, denn diese Struktur ist nicht genau festgelegt. Die Moleküle verschieben sich nicht frei im Innern der Flüssigkeit. Man sagt, jedes Molekül sei von seinen Nachbarn eingesperrt. Ein Molekül kann seinen Ort ändern, indem es aus seiner Zelle austritt und in eine andere überwechselt, d.h. sich verschiebt. Dafür braucht es eine bestimmte Energie. Je größer die Zahl der Moleküle ist, die diese Energie besitzen, desto größer wird die Flüssigkeit (Fluidität) des flüssigen Mediums sein (bei der betrachteten Temperatur).

Bei sehr tiefen Temperaturen existiert eine bemerkenswerte Flüssigkeit, das Helium II, dessen Viskosität praktisch Null ist. Helium verflüssigt sich bei 4,2 K. Unterhalb von 2,2 K nimmt die Flüssigkeit besondere Eigenschaften an. Zwischen 4,2 und 2,2 K heißt das flüssige Helium Helium I, und unterhalb 2,2 K wird es Helium II genannt.

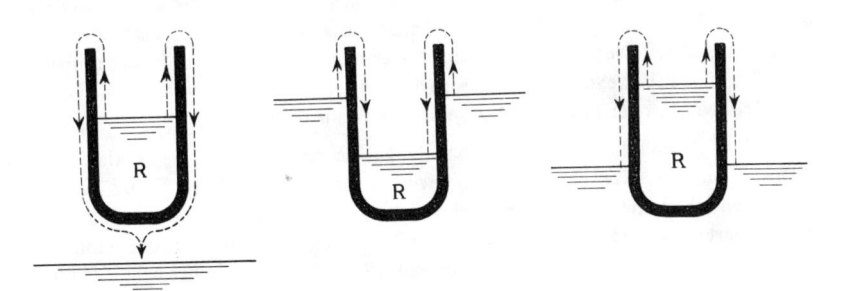

Fig. 127
Suprafluidität von Helium II: Das Helium fließt aus dem Gefäß R heraus

Fig. 128
Suprafluidität von Helium II: Das Helium fließt in das Gefäß R

Fig. 129
Suprafluidität von Helium II: Das Helium fließt aus dem Gefäß R heraus

Das Helium II ist außerordentlich flüssig (fluid), etwa 10.000 mal mehr als gasförmiger Wasserstoff. Man nennt das Helium II suprafluid. Dieser suprafluide Zustand zeigt sich auf eine äußerst merkwürdige Weise, wie es die Figuren 127, 128 und 129 zeigen. Eine Flüssigkeit, die eine Oberfläche benetzt, bildet einen Flüssigkeitsfilm auf dieser Oberfläche. Das geschieht auch bei Helium II mit einer Geschwindigkeit von ungefähr 30 cm pro Sekunde. Im Fall der Fig. 127 verläßt das Helium den Behälter R und fällt in den unterhalb gelegenen Behälter. Der Effekt ist analog zu einem Siphon.

In Fig. 128 fließt das Helium von außen in den Behälter R. In Fig. 129 ist es umgekehrt, das Helium fließt aus den Behältern R heraus nach außen.

12. Diffusion

12.1. Diffusion von Flüssigkeiten. Wenn man vorsichtig etwas Wein auf Wasser schüttet, bleibt der Wein nicht unbegrenzt in der oberen Schicht. Selbst bei Abwesenheit jeglicher Strömung und Temperaturdifferenz zeigt nach einer gewissen Zeit alles eine gleichmäßige Färbung. Es vollzieht sich keine Bildung einer chemischen Verbindung, sondern eine Diffusion der beiden Flüssigkeiten ineinander. Die Erscheinungen der Diffusion rühren von der Bewegung der Moleküle her, die sich ständig gegeneinander verschieben, und die die Tendenz haben, die anwesenden Flüssigkeiten innig zu vermischen. Jede Ursache, die die Molekularbewegung verstärkt, wie etwa eine Erhöhung der Temperatur, beschleunigt die Diffusion.

12.2. Diffusion zwischen Lösungsmittel und Lösung. Betrachten wir zwei flüssige Phasen derselben Temperatur und mit demselben Druck, von denen die eine eine binäre Lösung ist, die andere das reine Lösungsmittel. Ein Beispiel wäre eine Lösung von Kupfersulfat in Wasser (s. Fig. 130). Die reichlicher vorhandene Substanz, das Wasser, ist das Lösungsmittel. Die weniger reichliche Substanz, das Kupfersulfat, ist der gelöste Stoff. Die Trennfläche, anfangs noch scharf, wird verschwommen, während sich die blaue Farbe nach oben ausdehnt. Die gelöste Substanz diffundiert.

Fig. 131 zeigt den schematischen Aufbau der Fickschen Apparatur, die es erlaubt, die Diffusion im stationären Zustand zu untersuchen. Der untere Teil der Röhre T taucht in ein großes Volumen der Lösung, und der obere Teil enthält reines Wasser, das ständig erneuert wird. Nach einer ausreichenden Zeitspanne hängt die Konzentration c (Masse der gelösten Substanz pro Volumeneinheit der Lösung) in einer beliebigen horizontalen Ebene A nicht mehr von der Zeit ab, sondern nur von der Entfernung z. Man findet, daß c linear von unten nach oben abnimmt. Dieses Ergebnis führte Fick dazu, anzunehmen, daß die Diffusion eines gelösten Stoffes, charakterisiert durch die Menge dm des gelösten Stoffes, die eine horizontale Fläche A in der Zeit dt durchquert, proportional dem Produkt aus Oberfläche S von A und Gradienten $\frac{dc}{dz}$ der Konzentration ist, d.h.

12.3. Osmotischer Druck   107

$$\frac{dm}{dt} = DS \frac{dc}{dz} \qquad (12.1)$$

Dabei ist D eine Konstante, die charakteristisch ist für den diffundierenden gelösten Stoff und für das Lösungsmittel, sie heißt Diffusionskoeffizient.

Fig. 130
Diffusion zwischen
Lösungsmittel
und Lösung

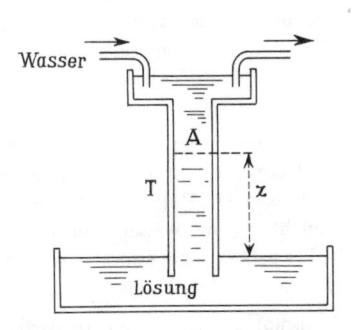

Fig. 131
Ficksche Apparatur zur Untersuchung
der Diffusion im stationären Zustand

12.3. Osmotischer Druck.

Stellen wir uns vor, daß Lösungsmittel und Lösung durch eine bewegliche Wand S getrennt werden (s. Fig. 132), die für die Moleküle des Lösungsmittels durchlässig ist und undurchlässig für die Moleküle des gelösten Stoffes. Die Moleküle des Lösungsmittels treten frei durch S hindurch, während die Moleküle der gelösten Substanz (große, schwarze Punkte) gegen die Wand S stoßen und einen Druck auf sie ausüben (s. Abschn. 9.5). Die Wand verschiebt sich nach rechts, bis das ganze Lösungsmittel in der Lösung aufgenommen worden ist. Dieser Druck, der von

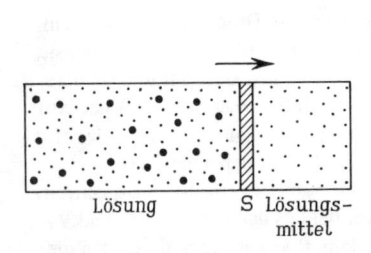

Fig. 132
Die Wand S verschiebt sich, damit das
Lösungsmittel in der Lösung aufgenommen wird

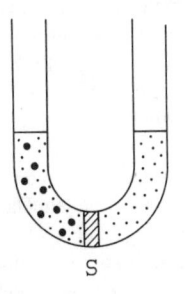

Fig. 133
Fall einer festen
Wand S: Beginn
des Experiments

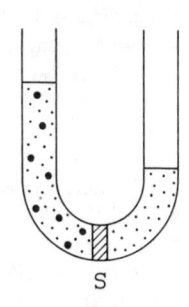

Fig. 134
Das Lösungsmittel
geht in die Lösung,
und das Niveau
links steigt

den Molekülen des gelösten Stoffes herrührt, und der versucht, die Konzentration zu verändern, wird osmotischer Druck der Lösung genannt. Wiederholen wir das Experiment, wobei wir S festhalten und eine U-förmige Röhre benutzen (s. Fig. 133). Die Moleküle versuchen, S zu verschieben, um alles Lösungsmittel in die Lösung aufzunehmen. Da S sich nicht verschieben läßt, durchquert das Lösungsmittel die Wand und steigt bis zu einer bestimmten Höhe auf der Seite der Lösung (s. Fig. 134). Diese Erscheinung wird „Osmose" genannt. Es herrscht Gleichgewicht, wenn der Niveauunterschied die Moleküle des Lösungsmittels daran hindert, auf die linke Seite von S zu wandern.

Fig. 135 zeigt den schematischen Aufbau des klassischen Experiments von Dutrochet. Eine Glasröhre T ist im unteren Teil verbreitert und durch ein Blatt Pergament AB abgeschlossen. Die Röhre T enthält eine konzentrierte Zuckerlösung. Der untere Teil von T taucht in reines Wasser. Man stellt fest, daß das Wasser durch das Pergament, das für Zucker nahezu semipermeabel ist in die Röhre T eindringt und sich der Flüssigkeitsstand nach und nach anhebt.

Der osmotische Druck ist derjenige Druck, der auf die Lösung ausgeübt werden muß, um von Anfang des Experiments an jeden Zufluß des Lösungsmittels in die Lösung zu verhindern. In einer verdünnten Lösung ist die Anzahl der Moleküle des gelösten Stoffes nicht sehr hoch, vergleichbar etwa mit der Zahl der Moleküle eines Gases, das sich nahezu im idealen Zustand (geringe Dichte) befindet. Man kann demnach die Änderungen des osmotischen Druckes π durch eine Gleichung wiedergeben, die mit der Zustandsgleichung der idealen Gase vergleichbar ist

$$\pi V = RT \qquad (12.2)$$

wobei V das Lösungsvolumen ist, das ein Mol des gelösten Stoffes enthält, und T die absolute Temperatur. Gl. (12.2) wird van't Hoffsches Gesetz genannt.

12.4. Versuch von Berthollet. Die Diffusionseffekte, die wir gerade bei den Flüssigkeiten untersucht haben, treten auch bei den Gasen auf und rühren ebenfalls von der Molekularbewegung her. Von zwei Behältern A und B (s. Fig. 136) sei der eine mit Wasserstoff (A), der andere mit Luft (B) gefüllt, beide bei gleichem Druck und gleicher Temperatur. Eine Glasscheibe L trennt anfangs beide Gase. Wir entfernen L, indem wir sie langsam wegziehen. Aufgrund ihrer Dichten müßten die beiden Gase auf unbegrenzte Zeit getrennt bleiben. Nach kurzer Zeit stellt man jedoch fest, daß sich der Wasserstoff mit der Luft vermischt hat. Um sich davon zu überzeugen genügt es, die explosive Mischung, die sich gebildet hat, zu zünden. Das Experiment von Berthollet, das wir nun beschreiben werden, ist analog zu dem vorhergehenden, aber es erlaubt eine quantitative Untersuchung des Resultates der Diffusion. Zwei Ballons der Volumen V_2 und V_1 seien durch eine Röhre verbunden, die mit einem Hahn R versehen sei, durch den die beiden Ballons verbunden werden können (Fig. 137). Der obere Ballon enthalte Wasserstoff vom Druck p_0 und der untere Ballon Kohlendioxyd des gleichen Druckes. Wir nehmen an, daß der Druck p_0 so klein ist, daß die beiden Gase dem idealen Zustand

12.4. Versuch von Berthollet

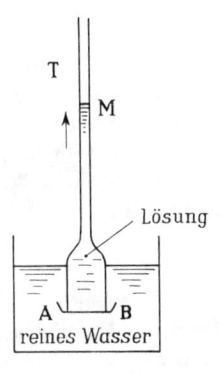

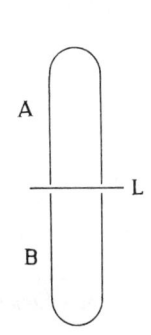

Fig. 135
Versuch von Dutrochet

Fig. 136
Gegenseitige
Diffusion von
zwei Gasen

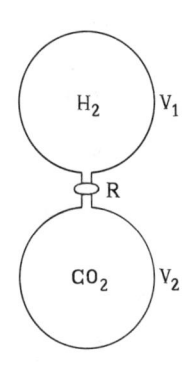

Fig. 137
Versuch von
Berthollet

nahe sind. Nach Öffnen des Hahnes R wird der Inhalt der beiden Ballons trotz des großen Unterschiedes zwischen den Dichten von Wasserstoff und Kohlendioxyd Schritt für Schritt zu einem einheitlichen Gemisch. Das Experiment zeigt, daß der Druck am Ende des Versuchs immer noch gleich p_0 ist (die Temperatur bleibe konstant). Dies sollte auch der Fall sein nach den Aussagen, die über die idealen Gase gemacht wurden (s. Abschn. 9.3) In der Tat kann man annehmen, daß die Moleküle im Mittel sehr weit voneinander entfernt sind und daß sie bei dieser Entfernung keinerlei gegenseitige Anziehung ausüben. Am Ende des Experiments ist dies ebenfalls gültig: Die Mischung der beiden Gase beim Druck p_0 in dem Volumen $V_1 + V_2$ ist immer noch ein ideales Gas. Folglich muß bei einer Mischung von idealen Gasen jede Molekülart auf die Wände den gleichen Druck ausüben, wie wenn sie alleine das Gesamtvolumen $V_1 + V_2$ ausfüllen würde.

Am Anfang des Experiments gilt gemäß Abschn. 9.3

$$p_0 V_1 = n_1 RT \qquad p_0 V_2 = n_2 RT \qquad (12.3)$$

wobei n_1 und n_2 die Anzahl der Mole der beiden Gase ist. Am Ende des Experiments gilt

$$p_1(V_1 + V_2) = n_1 RT \qquad p_2(V_1 + V_2) = n_2 RT \qquad (12.4)$$

wobei p_1 und p_2 die Drücke sind, die jedes Gas für sich allein in dem gleichen Volumen $V_1 + V_2$ ausüben würde. Diese Drücke werden „Partialdrücke" der beiden Gase in der Mischung genannt. Die Relationen (12.3) und (12.4) ergeben

$$p_1 = p_0 \frac{V_1}{V_1 + V_2} \qquad p_2 = p_0 \frac{V_2}{V_1 + V_2} \qquad (12.5)$$

12. Diffusion

Durch gliedweise Addition dieser beiden Gleichungen ergibt sich

$$p_1 + p_2 = p_0 \tag{12.6}$$

Da p_0 auch der Druck am Ende des Versuches ist, kann man sagen, daß der Druck der Mischung der beiden idealen Gase gleich der Summe der Partialdrücke der beiden Gase in der Mischung ist. Dieses Ergebnis läßt sich verallgemeinern: Der Druck einer Mischung von idealen Gasen ist gleich der Summe der Drücke, die jedes Gas für sich alleine in dem gleichen Volumen und mit der gleichen Temperatur ausüben würde (Daltonsches Gesetz).

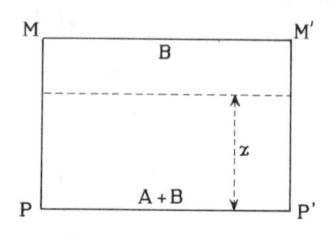

Fig. 138
Diffusionsgeschwindigkeit eines Gases in ein anderes

12.5. Diffusion eines Gases in einem anderen Gas.
Betrachten wir einen Behälter, der ein Gas B höherer Dichte mit n' Molekülen pro Volumeneinheit enthalte (s. Fig. 138). Im unteren Teil PP' befinde sich ein anderes Gas A von niedrigem Partialdruck, das in B diffundiere. Die beiden Gase sollen nicht miteinander reagieren. Die Zahl der Moleküle des Gases A pro Volumeneinheit soll in PP' immer gleich bleiben, und sie soll nach oben konstant abnehmen, bis sie in MM' Null ist. Z.B. kann sich in MM' eine Platte befinden, die die Eigenschaft hat, alle sie berührenden Moleküle von A vollständig zu absorbieren. Wir betrachten folglich den Vorgang im stationären Zustand, d.h. daß die Dichte der Moleküle von A nicht mehr von der Zeit abhängt, sondern nur von der Höhe z. Sei n die Zahl der Moleküle von A pro Volumeneinheit in der Höhe z. Dann kann die Verteilung der Moleküle von A mit der Höhe durch den Gradienten $\frac{dn}{dz}$ charakterisiert werden. Die Konzentration der Moleküle von A nimmt linear von unten nach oben ab, und der Gradient $\frac{dn}{dz}$ ist konstant. Sei $\frac{dn}{dt}$ die Zahl der Moleküle von A, die während der Zeit dt durch eine horizontale Fläche der Höhe z diffundieren. Man findet, daß die Zahl $\frac{dn}{dt}$ der Moleküle, die pro Zeiteinheit durch diese Ebene diffundieren, proportional dem Konzentrationsgradienten ist, d.h.

$$\frac{dn}{dt} = -D\frac{dn}{dz} \tag{12.7}$$

Der Koeffizient D ist der Diffusionskoeffizient. Sei l die mittlere freie Weglänge, die die Stöße zwischen Molekülen verschiedener Art charakterisiert, und $\bar{v}$ die mittlere Geschwindigkeit der Moleküle von A. Man kann zeigen, daß

$$D = \frac{1}{3}\bar{v}l \tag{12.8}$$

Die Diffusionsgeschwindigkeit eines Gases in einem anderen Gas ist der mittleren freien

Weglänge l proportional. Die Diffusion erfolgt also um so schneller, je geringer die Dichte von B ist. Wir haben gesehen, daß die mittlere quadratische Geschwindigkeit und folglich die mittlere Geschwindigkeit (s. Abschn. 9.2 und 9.5) umgekehrt proportional ist zu der Quadratwurzel aus der Molekülmasse des diffundierenden Gases. Die Diffusion erlaubt also eine teilweise Trennung zwischen zwei Isotopen des gleichen Elementes (Isotopenanreicherung) aufgrund ihrer Massendifferenz. Diese Trennung ist insgesamt sehr gering, und sie muß sehr oft wiederholt werden, um eine spürbare Anreicherung zu erhalten.

13. Zustandsänderungen

13.1. Definition.

Ein Stoff heißt homogen oder aus einer einzigen Phase bestehend, wenn die Materie im Innern des Stoffes in jedem seiner Punkte die gleiche chemische Zusammensetzung und die gleichen physikalischen Eigenschaften hat. Ein homogener Stoff kann aus einem einzelnen reinen Stoff (z.b. reines Gas, reine Flüssigkeit) oder aus mehreren reinen Stoffen (z.b. eine homogene Mischung von mehreren Gasen) bestehen.

Ein Gas kann aus mehreren Gebieten mit unterschiedlichen Eigenschaften bestehen, die sich in klaren Trennungsflächen einander berühren. Jedes dieser homogenen Gebiete wird eine Phase genannt. Ein Stoff kann sich in fester, flüssiger oder gasförmiger Phase befinden, aber das sind nicht die einzigen Phasen, die zu untersuchen sind. Die polymorphen Formen eines Kristalls und der bei den kristallinen Flüssigkeiten auftretende nematische und smektische Zustand sind ebenfalls verschiedene Phasen.

Eine Phase eines reinen Stoffes existiert in bestimmten Temperatur- und Druckbereichen. Die flüssige Phase des Wassers z.b. existiert bei Atmosphärendruck in dem Bereich von 0° bis 100 °C. Den Übergang eines reinen Stoffes von einem physikalischen Zustand in einen anderen nennt man Zustandsänderung oder Phasenübergang. In Fig. 139 wird eine Nomenklatur von Phasenübergängen aufgezeigt.

Die Bezeichnungen sind im übrigen nicht genau festgelegt. Der Übergang vom Dampf zum Festkörper, die Kondensation, wird manchmal auch Erstarrung genannt oder die Gasverflüssigung auch Kondensation.

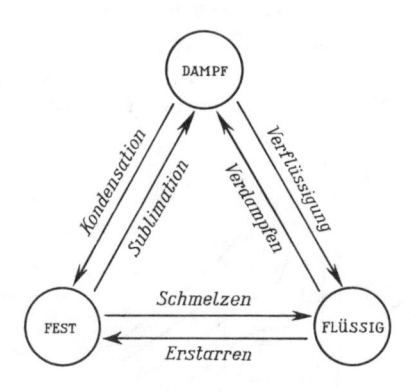

Fig. 139
Phasenübergänge eines reinen Stoffes

Sind von einem reinen Stoff zwei Phasen bekannt, dann lassen sich Bedingungen für Temperatur und Druck finden, für die eine vorgegebene Menge dieses Stoffes ständig in

13. Zustandsänderungen

einer heterogenen Mischung der beiden Phasen in einem beliebigen Mischungsverhältnis verbleibt. Man sagt, die beiden Phasen befinden sich im Gleichgewicht.

13.2. Verflüssigung. Verdampfung. Ein ideales Gas, das bei konstanter Temperatur komprimiert wird, bleibt in der gasförmigen Phase: Sein Volumen nimmt gemäß dem Boyle-Mariottschen Gesetz (s. Abschn. 9.3) ständig ab. Tatsächlich folgen aber die realen Gase nicht exakt dem Boyle-Mariottschen Gesetz, und wenn man die isotherme Kompression eines Gases untersucht, erhält man eine durch das Phänomen der Verflüssigung modifizierte Isotherme.

Wir wollen die Änderung des Druckes p einer bestimmten Gasmenge als Funktion des Volumens V bei einer konstanten und genügend niedrigen Temperatur t_1 untersuchen. Das Gas sei in einem Zylinder eingeschlossen, der mit einem Kolben versehen sei, mit dem sich der Druck ändern läßt (s. Fig. 140a). Für kleine Drücke erhält man eine Kurve,

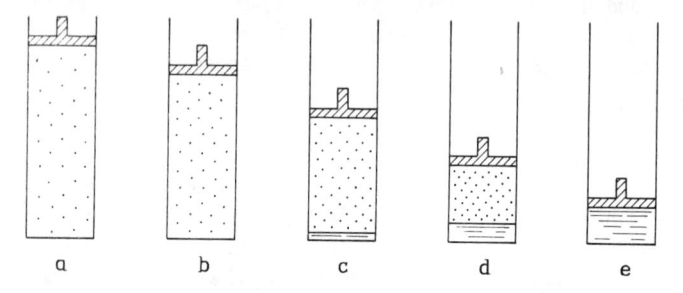

Fig. 140
Verflüssigung eines Gases bei konstanter Temperatur

die durch den Zweig $A_1 A_1'$ in Fig. 141 wiedergegeben wird. In Fig. 141 ist der Druck als Ordinate und das Volumen als Abszisse eingetragen. Der Zweig $A_1 A_1'$ ist deutlich ein Abschnitt der gleichseitigen Hyperbel, die dem Boyle-Mariottschen Gesetz entsprechen würde.

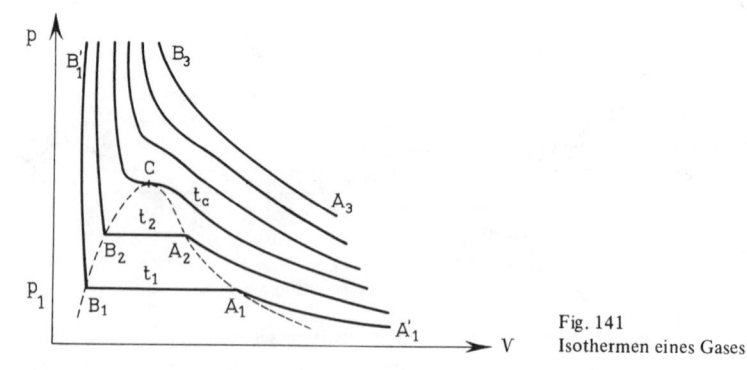

Fig. 141
Isothermen eines Gases

13.2. Verflüssigung

Wenn wir das Gas weiter komprimieren, kommen wir an einen Punkt, wo ein kleiner Flüssigkeitstropfen entsteht (s. Fig. 140c): Das Gas kondensiert. Der entsprechende Punkt ist A_1 in Fig. 141. Das Medium ist hier vollständig im gasförmigen Zustand und steht im Gleichgewicht mit einem Tropfen Flüssigkeit. Wenn wir den Kolben weiter herabdrücken, entsteht mehr und mehr Flüssigkeit (s. Fig. 140d), während der Druck dagegen konstant bleibt. Folglich hat die Kurve einen waagrechten Abschnitt A_1B_1 (s. Fig. 141). Das Volumen verringert sich in dem Maße, wie sich der Anteil an Gas verringert und der Anteil an Flüssigkeit wächst. Der Druck p_1 des horizontalen Abschnitts A_1B_1 ist der Sättigungs- oder Dampfdruck bei der untersuchten Temperatur t_1. Von dem Punkt B_1 an befindet sich das Medium vollständig in der flüssigen Phase, und es liegt der Fall von Fig. 140e vor. Die Kurve B_1B_1' (s. Fig. 141) ist nahezu eine vertikale Gerade, denn da die Flüssigkeiten sehr wenig kompressibel sind, muß der Druck schon stark erhöht werden, um eine sehr kleine Verringerung des Flüssigkeitsvolumens zu erreichen. Die Kurve $A_1'A_1B_1B_1'$ ist eine Isotherme. Wenn man die gleiche Isotherme in umgekehrter Richtung durchläuft, d.h., wenn man mit der flüssigen Phase beginnt, wandelt sich von B_1 an die Flüssigkeit in Gas um: Sie verdampft.

Wir bestimmen nun eine Isotherme, die einer Temperatur t_2 entspricht, die höher ist als t_1. Man erhält einen kürzeren horizontalen Abschnitt A_2B_2 mit einer höheren Ordinate. Der horizontale Abschnitt verschwindet ganz bei einer bestimmten Temperatur t_c, die kritische Temperatur des Gases genannt wird. Die entsprechende Isotherme ist die kritische Isotherme. Anstelle des horizontalen Abschnittes tritt ein Wendepunkt C mit horizontaler Tangente. Der Punkt C ist der kritische Punkt des Gases. Bei höheren Temperaturen als der kritischen Temperatur beobachtet man keine Verflüssigung mehr, und die Isothermen weisen keine eckförmigen Punkte auf.

Für jedes Gas existiert eine kritische Temperatur, oberhalb der es unmöglich ist, das Gas zu verflüssigen.

Die Endpunkte A_1 und B_1, A_2 und B_2 der horizontalen Abschnitte liegen auf einer Kurve, die Sättigungskurve genannt wird. Die Sättigungskurve besitzt im Punkt C eine waagrechte Tangente. Sei M der Punkt, der den Zustand des Mediums wiedergibt (s. Fig. 142). Es befindet sich dort im gasförmigen Zustand. Im Punkt H ist es ebenfalls im gasförmigen Zustand, während es in H' im flüssigen Zustand ist. Um vom Zustand H zum Zustand H' zu gelangen, kann man den Druck bei konstanter Temperatur erhöhen, wobei man der Isotherme HABH' folgt. In A trennt sich das Medium in zwei Teile (Flüssigkeit und Gas), die durch eine Grenzfläche getrennt sind. Man gelangt so auf eine nicht kontinuierliche Weise vom gasförmigen Zustand zum flüssigen. Man kann aber auch auf dem Weg HMH' von H nach H' gelangen:

a) von H nach M wird bei konstantem Volumen erwärmt;
b) von M nach H' wird bei konstantem Druck abgekühlt.

Die verschiedenen Punkte des Weges HMH' entsprechen homogenen Zuständen des Mediums. Diese Möglichkeit des Phasenwechsels vom gasförmigen in den flüssigen Zustand, ohne daß Unstetigkeiten in dem Medium auftreten, drückt man durch den Satz aus, daß *Stetigkeit zwischen dem gasförmigen und dem flüssigen Zustand herrscht.*

13. Zustandsänderungen

Fig. 141 zeigt das Netz der Isothermen eines realen Gases. Um den Einfluß der Temperatur auf die Phänomene zu untersuchen, muß man von einer Kurve zur anderen übergehen. Man kann den Zusammenhang zwischen den Temperaturen t_1, t_2, t_3, ... der Isothermen und den Sättigungsdrücken durch eine Kurve ausdrücken. Die so erhaltene Kurve (s. Fig. 143) heißt Dampfdruckkurve oder Sättigungsdruckkurve. Sie zeigt den Dampfdruck als Funktion der Temperatur.

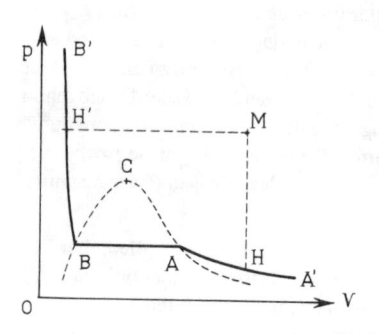

Fig. 142
Stetigkeit zwischen dem gasförmigen und dem flüssigen Zustand

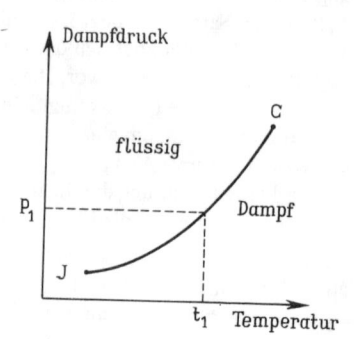

Fig. 143
Dampfdruck als Funktion der Temperatur

Links der Kurve liegt die flüssige Phase vor und rechts Dampf. Die Dampfdruckkurve erstreckt sich nur bis zu einem Punkt J, dem sog. Tripelpunkt, dessen Bedeutung wir später kennenlernen werden (im Fall des Heliums erstreckt sich die Kurve bis zum Ursprung).

Die Kurve in Fig. 143 hängt von der Natur der Flüssigkeit ab, und das klassische Experiment in Fig. 144 zeigt bei einer vorgegebenen Temperatur (Zimmertemperatur) die Größe des Dampfdruckes für einige Flüssigkeiten. Die Röhre A ist ein Barometerrohr. Bringen wir in das Vakuum über der Quecksilbersäule etwas Äther, dann verdampft er sofort; die Höhe der Quecksilbersäule sinkt (Röhre B) und der Druck steigt. Durch Hinzugabe von weiterem Äther kommt man an einen Punkt, wo ein Tropfen flüssigen Äthers erscheint (Röhre C). Die Höhe h gibt dann den Dampfdruck an. Sie ist ungefähr gleich 20 cm für Äther, 4 cm für Alkohol und 1 cm für Wasser.

13.3. Verzögerung des Verdampfens und der Verflüssigung. Wir betrachten wieder die Dampfdruckkurve (s. Fig. 145). Die Erfahrung zeigt, daß man eine Flüssigkeit bis in den Zustand A bringen kann: Die Flüssigkeit besitzt eine höhere Temperatur als die Siedetemperatur für den betrachteten Druck. Es herrscht Siedeverzug (überhitzte Flüssigkeit). Ebenso kann man einen Dampf auf eine tiefere Temperatur als die Siede-

13.4. Schmelzen. Gleichgewicht zwischen fester und flüssiger Phase

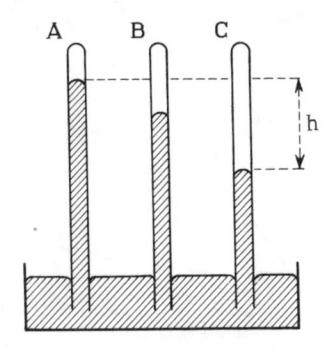

Fig. 144
Dampfdruck h

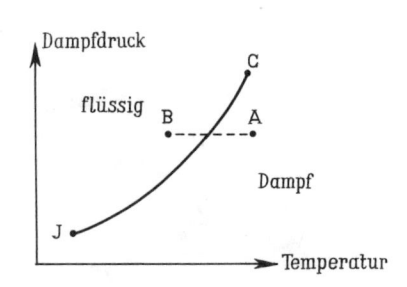

Fig. 145
Verzögerung des Verdampfens und der Verflüssigung

temperatur (für den betrachteten Druck) abkühlen, ohne Flüssigkeit entstehen zu lassen. Es liegt eine Verzögerung der Verflüssigung vor. Der Dampf wird also durch den Punkt B wiedergegeben. Dieser Effekt kann auftreten, wenn der Raum, in dem der Dampf eingeschlossen ist, keinerlei Kondensationskerne wie etwa Staubkörnchen oder elektrisch geladene Teilchen enthält.

13.4. Schmelzen. Gleichgewicht zwischen fester und flüssiger Phase.
Wir erhitzen allmählich einen reinen kristallinen Festkörper bei konstantem Druck (s. Fig. 146). Bei einer Temperatur t_f sieht man wie Flüssigkeitstropfen auftreten, und die Temperatur bleibt so lange konstant, bis alle Kristalle verschwunden sind. Die Temperatur t_f ist die Schmelztemperatur (oder der Schmelzpunkt). Wir halten fest, daß die Temperatur t_f während der gesamten Dauer des Schmelzens konstant bleibt und dann von neuem ansteigt, sobald die flüssige Phase vollständig ausgebildet ist. Bei der Temperatur t_f und dem betrachteten Druck herrscht Gleichgewicht zwischen der festen und der flüssigen Phase. Der Schmelzpunkt ist eine charakteristische Konstante eines reinen Körpers.

In der Mikrochemie ist die Messung des Schmelzpunktes mit der Mikroheizplatte eine der Charakterisierungselemente einer organischen Substanz. Wenn die Substanz nicht rein ist, vollzieht sich das Schmelzen nicht bei einer bestimmten Temperatur, sondern in einem Intervall von einigen Graden. Wenn wir von der flüssigen Phase, z.B. von dem durch den Punkt M repräsentierten Zustand, ausgehen und die Temperatur verringern, wird die Kurve in Fig. 146 in umgekehrter Richtung durchlaufen. Die Erstarrung vollzieht sich bei der Temperatur t_f.

In nahezu allen Fällen wird das Schmelzen von einer Vergrößerung des Volumens begleitet und die Schmelztemperatur steigt mit dem Druck (s. Fig. 147). Die Kurve (1) gibt die Änderungen der Schmelztemperatur mit dem Druck wieder. Für einen Punkt M der Kurve herrscht Gleichgewicht zwischen der flüssigen und der festen Phase. Rechts

13. Zustandsänderungen

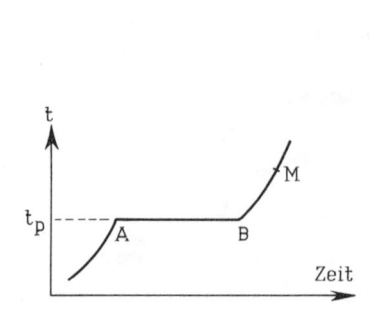

Fig. 146
Schmelzen eines Kristalls

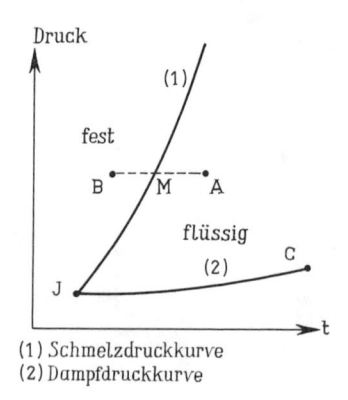

Fig. 147
Die Schmelztemperatur steigt mit dem Druck

(1) Schmelzdruckkurve
(2) Dampfdruckkurve

von M (in A) ist alles flüssig, und links davon (in B) ist alles fest. Die Schmelzdruck- und Dampfdruckkurven treffen sich im Tripelpunkt J. Während es möglich ist, auf kontinuierliche Weise von dem gasförmigen in den flüssigen Zustand zu gelangen, ist es unmöglich, ohne Unstetigkeit von dem flüssigen Zustand in den kristallinen zu gelangen.

Wasser zeigt eigentümliche Effekte: Die Schmelztemperatur sinkt, wenn der Druck steigt (s. Fig. 148), und das Schmelzen von Eis wird von einer Verringerung des Volumens begleitet. Daraus ergeben sich die folgenden Konsequenzen: Eis schwimmt, und der Frost läßt Kanalisationsrohre und die Zellwände von Pflanzen zerreißen.

Während die Dampfdruckkurve durch den kritischen Punkt begrenzt wird, scheint die Schmelzdruckkurve (Kurve (1) in Fig. 147) weiterzugehen, und es ist möglich, daß die Schmelztemperatur unbegrenzt mit dem Druck steigt. In Laboratoriumsversuchen haben sich Schmelzdruckkurven bis zu Drücken von 30.000 Atmosphären verfolgen lassen. Die Astronomie kennt Beispiele, wo die Drücke viel höhere Werte erreichen. In gewissen Sternen, den sog. Weißen Zwergen, muß die Materie eine Dichte von 1 Millionen Tonnen pro Kubikzentimeter haben. Es ist offensichtlich, daß bei diesen ungeheuren Drücken und den hohen Temperaturen, die im Innern der Weißen Zwerge herrschen, die Materie vollständig ihre Struktur geändert hat.

13.5. Verzögerung der Erstarrung. Unterkühlte Flüssigkeit. Man beobachtet niemals einen festen Körper oberhalb der Schmelztemperatur, d.h., einen Verzug des Schmelzpunktes. Aber eine Verzögerung der Erstarrung, die Unterkühlung genannt wird, liegt häufig vor. Gehen wir vom Punkt A in Fig. 147 aus. Man kann den Punkt B erreichen, ohne daß der Körper aufhört flüssig zu sein: Es liegt eine Verzögerung der Erstarrung vor, und wir haben eine unterkühlte Flüssigkeit, die sich in einem metastabilen Gleich-

13.8. Charakteristische Fläche   117

gewichtszustand befindet. Es genügt, sie mit einem Stückchen des Kristalles, der entstehen soll, zu berühren, um die Erstarrung hervorzurufen.

13.6. Sublimation. Darunter versteht man den direkten Übergang vom festen Zustand in den dampfförmigen. Jod, z.b., das sich in einem Kristallisationsgefäß befindet und mit kochendem Wasser erhitzt wird, sublimiert. Der Joddampf kristallisiert wieder auf einer kalten Wand, die sich über dem Kristallisationsgefäß befindet.

13.7. Koexistenz zwischen den dampfförmigen, flüssigen und festen Phasen. Tripelpunkt. Die Kurven (1) und (2) in Fig. 147 geben die Gleichgewichtstemperatur zwischen zwei Phasen eines reinen Körpers wieder: die Kurve (1) zwischen der festen und der flüssigen Phase (Schmelzdruckkurve), die Kurve (2) zwischen der flüssigen und der gasförmigen Phase (Dampfdruckkurve). Wie bereits gesagt, treffen sich die beiden Kurven im Tripelpunkt J. Eine dritte Kurve schließt sich an den Punkt J an (s. Fig. 149): Es ist

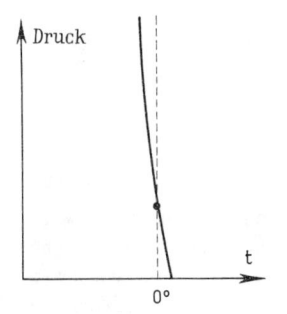

Fig. 148
Im Fall des Wassers sinkt
die Schmelztemperatur
mit dem Druck

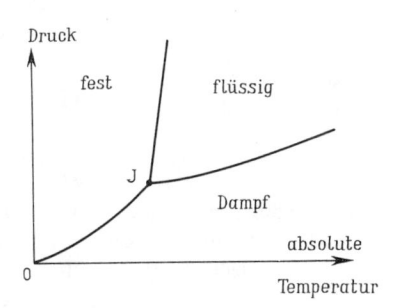

Fig. 149
Tripelpunkt

die Kurve, die die Gleichgewichtstemperatur zwischen der festen und der gasförmigen Phase angibt, oder Sublimationskurve. Im Punkt J existieren die drei Phasen dampfförmig, flüssig und fest nebeneinander im Gleichgewicht. Die Koordinaten sind für einen reinen Körper eindeutig bestimmt. Die Sublimationskurve erstreckt sich bis zum absoluten Nullpunkt.

13.8. Charakteristische Fläche. Die Diagramme $p = f(V)$ (s. Fig. 141) und $p = g(t)$ (s. Fig. 149) geben nur Teilansichten der Zustandsgleichung $f(p,V,t) = 0$ des Mediums wieder. Die Zustandsgleichung wird durch eine Fläche in einem gedachten Raum mit den drei Koordinaten p, V, t wiedergegeben. Fig. 150 gibt eine perspektivische Ansicht dieser Fläche wieder und zeigt den Zusammenhang mit den ebenen Projektionen aus den Figuren 141 und 149. Die Temperatur T ist die absolute Temperatur.

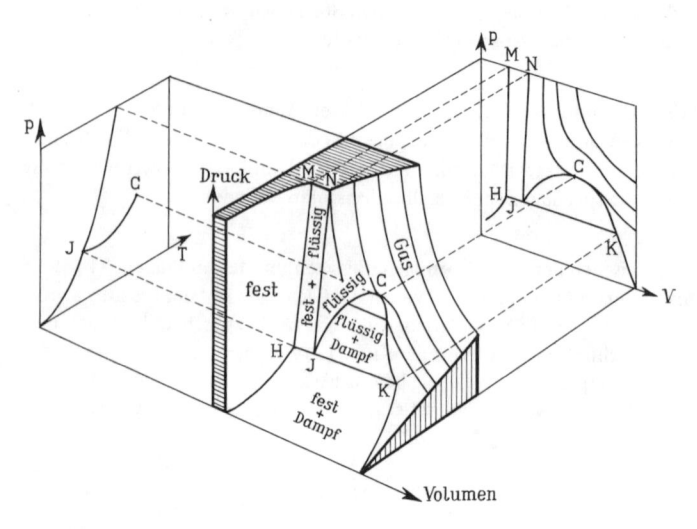

Fig. 150
Charakteristische Fläche

13.9. Bemerkungen über die molekulare Theorie der Zustandsänderungen.

Der Mechanismus des Verdampfens erklärt sich durch einen Molekülaustausch zwischen den beiden Phasen bei jeder Temperatur. Im Gleichgewicht ist die Zahl der Moleküle, die in einer bestimmten Zeit die Flüssigkeit durch ihre Oberfläche verlassen, gleich der Zahl der Moleküle der Dampfphase, die von der Flüssigkeit eingefangen werden. Damit die Moleküle die Flüssigkeit verlassen können, müssen sie eine kinetische Energie haben, die groß genug ist, um die Anziehung aufgrund der Kohäsionskräfte zu überwinden. Die statistische Untersuchung der Molekülgeschwindigkeiten zeigt, daß es immer Moleküle gibt, die diese Bedingung erfüllen, und daß sie um so zahlreicher sind, je höher die Temperatur ist. Dagegen werden die Moleküle der Dampfphase, die auf die Flüssigkeitsoberfläche treffen, sofort von den Kohäsionskräften festgehalten, wie groß auch immer ihre Geschwindigkeiten sein mögen.

Beim Schmelzen gibt es nicht mehr bei jeder Temperatur einen Molekülaustausch zwischen den beiden Phasen, wohl aber einen Übergang des gesamten Molekülverbandes des Körpers von einem geordneten Zustand in einen ungeordneten Zustand, dies bei einer wohl bestimmten Temperatur.

14. Erster Hauptsatz der Thermodynamik

14.1. Thermische Umwandlungen. Wärmemenge.
Werden zwei Körper mit verschiedenen Temperaturen in einem Gefäß zusammengebracht, das sie vor äußeren thermischen Einflüssen abschirmt, dann ergibt sich schließlich ein thermisches Gleichgewicht, d.h., die Körper haben die gleiche Temperatur. Man sagt, sie haben eine rein thermische Umwandlung erfahren. Der wärmere Körper hat eine gewisse Wärmemenge an den kälteren Körper abgegeben. Betrachten wir als Beispiel hierzu zwei Körper A und B, die Wärme austauschen, und stellen wir uns vor, der Körper B bestehe aus einer Mischung von Eis und Wasser. Wenn kein Austausch stattfindet, bleibt die Menge an Eis und Wasser konstant. Wenn A Wärme an B abgibt, schmilzt das Eis, und die Menge an Eis, die in den flüssigen Zustand übergeht, kann als Maß für die Wärmemenge dienen, die von A an B abgegeben wird. Wenn A von B Wärme empfängt, wird die Flüssigkeit zum Gefrieren gebracht. Das Experiment zeigt, daß die von A abgegebene (oder aufgenommene) Wärmemenge Q proportional ist

a) zu der Masse m von A,

b) zu der Differenz $|t_1 - t_2|$, wenn A von der Temperatur t_1 auf die Temperatur t_2 gebracht wird.

Man erhält

$$Q = mc(t_1 - t_2) \tag{14.1}$$

Die Proportionalitätskonstante c ist eine für den Körper charakteristische Konstante, die sog. spezifische Wärme. Zwei gleiche Massen Aluminium und Blei werden auf die gleiche Temperatur t_1 gebracht. Man legt sie in zwei identische Trichter, die eine Mischung aus Eis und Wasser enthalten. Unter jedem Trichter befinde sich ein Meßzylinder. Wenn die beiden Körper die Temperatur $t_2 = 0\,°C$ haben, stellt man fest, daß das Aluminium etwa sechsmal mehr Schmelzwasser erzeugt hat als das Blei. Die Einheit der Wärmemenge ist das Joule. Das ist die Wärmemenge, die in einer Sekunde durch einen elektrischen Strom von 1 Ampere, der durch einen Widerstand von 1 Ohm fließt, freigesetzt wird (s. Abschn. 18.5).

Wir erinnern uns, daß eine Kalorie per Definition die Wärmemenge ist, die man 1 Gramm Wasser zuführen muß, um seine Temperatur bei normalen Luftdruck von 14,5 °C auf 15,5 °C anzuheben.

14.2. Ausbreitung von Wärme.
Die Wärme kann sich durch Wärmeleitung, Konvektion oder Wärmestrahlung ausbreiten. Die Ausbreitung durch Wärmeleitung läßt sich durch folgende Annahme erklären: Wenn ein Atom in heftige Bewegung versetzt wird, greift dies sehr stark auf die Nachbaratome über, und schließlich breitet sich die Bewegung schnell auf die Atome des ganzen Körpers aus. Die Wärmeleitung findet in Festkörpern, Flüssigkeiten und Gasen statt.

Die Körper leiten die Wärme in sehr verschiedener Weise: Man kann z.B. mit der Hand einen Holzstab halten, der am anderen Ende brennt, aber mit einem Eisenstab, dessen

14. Erster Hauptsatz der Thermodynamik

anderes Ende rotglühend ist, kann man das nicht. Metalle und Marmor sind gute Wärmeleiter. Holz, Seide und Leinen sind schlechte Wärmeleiter. Flüssigkeiten und besonders Gase haben eine viel geringere Wärmeleitfähigkeit als Festkörper. Im Fall der Flüssigkeiten und Gase können sich die Moleküle mehr oder weniger als Gesamtheit über große Strecken verschieben: Das erklärt die Art der Ausbreitung, die man Konvektion nennt. Die Wärme wird durch Verschiebung der Materie selbst transportiert. Dieser Wärmetransport ist i. allg. viel größer als die Wärmeleitung des ruhenden Mediums allein. Aufgrund der Konvektion kann man alles Wasser in einem Reagenzglas erwärmen, wenn man den unteren Teil erhitzt (Wasser hat eine geringe Wärmeleitfähigkeit).

Die Konvektionsströme sind in der Luft über einer Flamme besonders deutlich. Beleuchtet man z.b. das Gebiet über der Flamme mit einer punktförmigen Lichtquelle und beobachtet die Schatten, die auf eine Leinwand geworfen werden, dann sieht man ein ganzes System von sich bewegenden Schatten: Die Dichteschwankungen aufgrund der Temperaturschwankungen erzeugen eine unregelmäßige Brechung der Lichtstrahlen. Die Schatten steigen nach oben.

Die Wärme der Sonne empfangen wir durch Strahlung. Alle Körper emittieren von ihrer Oberfläche eine Strahlung, deren Natur die gleiche ist wie die des Lichtes, es ist eine elektromagnetische Strahlung. Wenn diese Strahlung auf einen Körper trifft, der für diese Strahlung undurchsichtig ist, wird sie absorbiert und ihre Energie in Wärme um gewandelt. Die Art, mit der ein Körper emittiert oder absorbiert, hängt von seiner Oberflächenbeschaffenheit ab: Bei einer gegebenen Temperatur strahlt ein mit Ruß bedeckter Körper viel besser als ein gut polierter Körper. Um einen Wärmeverlust durch Strahlung zu vermeiden, muß man einem Körper eine möglichst gut polierte Oberfläche geben.

14.3. Thermodynamik. Die Thermodynamik beschäftigt sich mit den Zusammenhängen zwischen den thermischen Erscheinungen und den Erscheinungen, die man in der Mechanik untersucht. Bis auf Ausnahmefälle, wie der Fall eines Körpers im Vakuum, werden die mechanischen Phänomene von wärmeerzeugenden Effekten begleitet. Sobald ein künstlicher Satellit wieder in die Atmosphäre eintritt, erhitzt er sich und die ihn umgebende Luft. Wenn ein Gas in einem Zylinder komprimiert wird, steigt seine Temperatur, und seine elastischen Eigenschaften werden verändert: Das Problem kann nicht rein mechanisch sein, und man muß die Thermodynamik anwenden.

In der Thermodynamik gibt es eine Anzahl von Begriffen, denen eine genaue Bedeutung zugewiesen ist. Wir werden die folgenden Begriffe benutzen:

1. System: Körper oder Ansammlung von Körpern mit bestimmter und räumlich begrenzter Masse.

2. Umgebung: alles, was außerhalb des Systems liegt. In der Wärmelehre betrachtet man das System, dessen Zustandsänderungen man untersucht, und den Bereich, den dieses System umgibt.

14.4. Variablen, die den Gleichgewichtszustand eines Systems definieren

3. **Thermisch isoliertes System**: Das System hat in thermischer Hinsicht keinen Einfluß auf die Umgebung.

4. **Vollständig isoliertes System**: Die Zustandsänderungen des Systems haben keinerlei Auswirkung auf die Umgebung des Systems.

5. **Wärmereservoir** (oder **Thermostat**): Wenn der Wärmeaustausch zwischen dem System und der Umgebung sich derart vollzieht, daß die Temperatur der Umgebung durch diesen Austausch nicht verändert wird, so nennt man die Umgebung ein Wärmereservoir.

6. **Gleichgewichtszustand**: Zustand, in dem das System unbegrenzt weiterbestehen kann.

7. **Monothermischer Prozeß**: Das System kann nur mit einem einzigen Reservoir Wärme austauschen.

8. **Kreisprozeß**: Nachdem das System eine Reihe von Zustandsänderungen durchlaufen hat, kehrt es genau in seinen Anfangszustand zurück.

9. **Isothermer Prozeß**: Prozeß, bei dem die Temperatur des Systems konstant bleibt.

10. **Reversibler Prozeß**: Das ist eine Folge von Zuständen, die sich unendlich wenig von Gleichgewichtszuständen des Systems unterscheiden. Wir werden diesen Prozeß in Abschn. 14.5. untersuchen.

11. **Adiabatische Zustandsänderung**: Zustandsänderung, bei der kein Wärmeaustausch mit der Umgebung stattfindet.

14.4. Variablen, die den Gleichgewichtszustand eines Systems definieren. Im molekularen Maßstab erfordert die vollständige Kenntnis des Zustandes eines Systems die Kenntnis der Position und Bewegung jedes Moleküls dieses Systems. Das ist nicht nur aus praktischen Gründen unmöglich, sondern die Quantentheorie fordert bekanntlich, daß die gleichzeitige genaue Kenntnis von Position und Bewegung eines Moleküls aus prinzipiellen Gründen nicht möglich ist. Der Physiker beschränkt sich also auf statistische Untersuchungen, die für eine große Zahl von Molekülen gültig sind. Dieser Gesichtspunkt führt zum Aufbau einer statistischen Thermodynamik. Bei der makroskopischen Betrachtung abstrahieren wir von der molekularen Wirklichkeit und charakterisieren in diesem Maßstab den Zustand eines Systems durch leicht meßbare Eigenschaften. Der Gleichgewichtszustand eines idealen Gases z.B. kann bei einer vorgegebenen Gasmasse durch seinen Druck, sein Volumen und seine Temperatur charakterisiert werden. Das Experiment zeigt, daß diese drei Variablen nicht unabhängig voneinander sind. Wenn Druck und Temperatur festgelegt sind, ist auch das Volumen bestimmt. Der Zustand des Gases hängt nur von zwei unabhängigen Variablen ab. Das Volumen kann z.B. als Funktion des Druckes und der Temperatur betrachtet werden. Wir kennen diese Relation zwischen Druck, Volumen und Temperatur als Zustandsgleichung des Gases (s. Abschn. 9.3). Der Zustand eines Systems kann in einem Diagramm wiedergegeben werden, dessen Dimension gleich der Zahl der unabhängigen Variablen ist. Der Zustand eines

14. Erster Hauptsatz der Thermodynamik

Gases in einem Zylinder, der mit einem Kolben abgeschlossen ist, kann z.B. entweder in einem Diagramm in den beiden Dimensionen p und t oder ebensogut in den Dimensionen V und t wiedergegeben werden.

14.5. Reversibler Prozeß.
Unter einem reversiblen Prozeß versteht man eine Folge von Gleichgewichtszuständen oder von Zuständen, die unendlich nahe bei Gleichgewichtszuständen liegen. Eine solche Folge in umgekehrter Richtung kann man erreichen, indem man eine Reihe von Zuständen zurückverfolgt, die sich unendlich wenig von den Zuständen unterscheiden, die in der ersten Reihenfolge durchlaufen wurden.

Betrachten wir eine Feder der Länge l, die sich unter der Wirkung eines Gewichtes G im Gleichgewicht befindet (s. Fig. 151). Wir fügen das Gewicht G' hinzu: Die Feder verlängert sich, und nach einigen Schwingungen wird das Gleichgewicht durch die Länge l' charakterisiert.

Tragen wir das Gewicht als Ordinate und die Ausdehnung als Abszisse auf (s. Fig. 152). Der den Zustand der Feder wiedergebende Punkt geht in dem Augenblick, in dem das

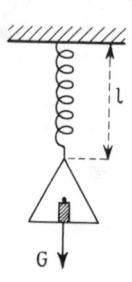

Fig. 151
Ausdehnung einer Feder

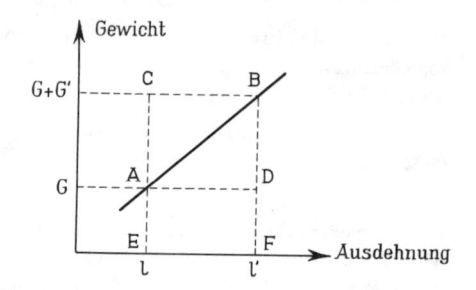

Fig. 152
Ausdehnung der Feder bei verschiedenen Gewichten

Gewicht aufgelegt wird, von A nach C über, dann oszilliert er um die Horizontale von C nach B, bis er in B zur Ruhe kommt. wenn man ein anderes Gewicht genommen hätte, hätte man eine andere Ausdehnung erhalten. Die Ausdehnung ist dem Gewicht proportional, wenn dieses nicht zu groß ist. Aus diesem Grund wurde die Gerade AB eingezeichnet, die die Ausdehnung als Funktion des Gewichtes wiedergibt. Wir entfernen das Gewicht G'. Das Gleichgewicht ist aufgehoben, und nach einigen Schwingungen befindet sich das System wieder im Ausgangszustand (Feder der Länge l). Der Punkt, der den Zustand der Feder wiedergibt, wandert in dem Augenblick, in dem man das Gewicht entfernt, von B nach D, dann schwingt er um die Horizontale durch A und D, um in A zur Ruhe zu kommen. Der Prozeß „vorwärts" ist nicht derselbe wie der Prozeß „rückwärts": Die Zustandsänderung ist nicht reversibel.

Bei „vorwärts" hat die Schwerkraft die Arbeit $(G + G')(l - l')$ verrichtet, denn das Gewicht $(G + G')$ ist um die Strecke $(l' - l)$ abgesunken. Die Schwerkraft wird als eine

14.5. Reversibler Prozeß

äußere Kraft betrachtet, d.h., daß bei dem Prozeß „vorwärts" die Umgebung die Arbeit $(G + G')(l' - l)$ geliefert hat. Diese Arbeit wird durch die Fläche BCEF wiedergegeben. Bei „rückwärts" gibt das System die Arbeit $G(l' - l)$ ab, denn nur das Gewicht G ist wieder zurückgestiegen. Diese Arbeit wird durch die Fläche DAEF wiedergegeben. Es ging mechanische Arbeit verloren.

Beginnen wir den Prozeß auf eine andere Weise noch einmal. Wir starten in dem Ausgangszustand A und fügen dem Gewicht G eine sehr kleine Mehrbelastung ΔG hinzu, die die Feder um eine kleine Länge Δl ausdehnt (s. Fig. 153). Der den Zustand der Feder beschreibende Punkt wandert von A nach M, schwingt dann um den Abschnitt MN, um in N zur Ruhe zu kommen. Wir fügen ständig weiter kleine Mehrbelastungen ΔG hinzu, bis der Endzustand B erreicht wird. Der Konfigurationspunkt beschreibt die Stufen einer Treppe, die oberhalb der Geraden AB liegt. Die von der Umgebung geleistete Arbeit wird durch die Fläche wiedergegeben, die von dieser Treppe, den Ordinaten A und B und der Abszissenachse eingeschlossen wird.

Um zu dem Zustand A zurückzukehren, entfernt man schrittweise die Belastungen ΔG. Der Konfigurationspunkt beschreibt die Stufen einer Treppe, die unterhalb von AB liegt. Die von der Umgebung zurückgewonnene Arbeit wird durch die Fläche wiedergegeben, die unterhalb dieser Treppe liegt. Die zurückgewonnene Arbeit ist etwas kleiner als die von der Umgebung geleistete Arbeit. Die Differenz wird durch die Fläche zwischen den beiden Treppen wiedergegeben.

Wir lassen ΔG gegen Null gehen. Im Grenzfall wird die Zustandsänderung durch eine unendliche Folge von unendlich kleinen Prozessen realisiert, die beiden Treppen werden sich in der Strecke AB vereinigen. Die Arbeiten hin und zurück werden gleich sein. Der Prozeß wird reversibel sein.

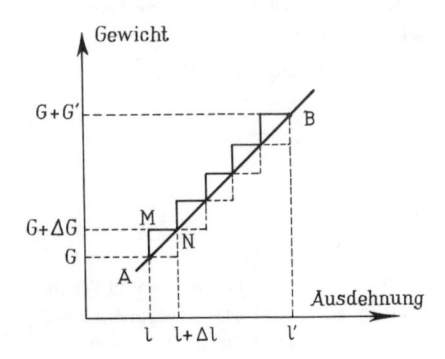

Fig. 153
Die Ausdehnung einer Feder und ihre Rückkehr zum Anfangszustand (wenn man die Gewichte entfernt) ist kein reversibler Prozeß

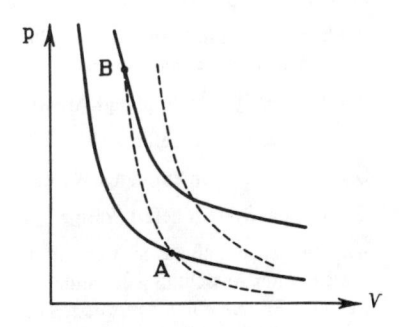

Fig. 154
Isothermen und Adiabaten

14. Erster Hauptsatz der Thermodynamik

Die reversiblen Prozesse existieren nicht in der Natur, aber sie können als Grenzfälle betrachtet werden. Ihre idealisierten Eigenschaften lassen sie eine wichtige Rolle in der Thermodynamik spielen.

14.6. Adiabatisch reversible Zustandsänderung eines idealen Gases. Wie wir bereits gesagt haben, ist eine adiabatische Zustandsänderung ein Prozeß, der ohne Austausch von Wärme mit der Umgebung abläuft. Adiabatisch komprimieren oder ausdehnen kann man ein Gas in einem Zylinder, dessen Wände thermisch isolierend sind. Damit der Prozeß reversibel ist, muß der Kolben sehr langsam bewegt werden. Der Prozeß soll wirklich eine Folge von Gleichgewichtszuständen sein. Die adiabatischen Zustandsänderungen eines idealen Gases werden durch die sog. Adiabaten wiedergegeben, die man mit den Isothermen vergleichen kann. Die Isothermen (s. Abschn. 9.3) sind gleichseitige Hyperbeln (s. Fig. 154), und die Kurven, die die adiabatisch reversiblen Zustandsänderungen wiedergeben, haben qualitativ ebenfalls das Aussehen von Hyperbeln, aber sie sind steiler. In Fig. 154 sind die Isothermen ausgezogen und die Adiabaten gestrichelt.

Geht man z.B. von einem Zustand A zu einem Zustand B in einem adiabatischen Prozeß über, dann ändert sich die Temperatur. Fig. 154 zeigt, daß eine adiabatische Kompression die Temperatur erhöht. Die adiabatische Ausdehnung, Übergang von B nach A, verringert die Temperatur des Gases.

14.7. Gegenseitige Umwandlung von Wärme und Arbeit. Erster Hauptsatz. Bekanntlich ist es leicht, durch Verrichten einer Arbeit Wärme zu erzeugen, ohne dabei das System, das die Umwandlung vollzieht, zu verändern. Diese Tatsachen sind zu bekannt, als daß es notwendig wäre, sie im einzelnen in Erinnerung zu rufen: Als Beispiel nennen wir die Erwärmung von Luft, die in einer Fahrradluftpumpe komprimiert wird. Die Gewinnung von Arbeit auf Kosten von Wärme, wie dies in Wärmekraftmaschinen (Dampfmaschinen, Explosionsmotoren) geschieht, ist nicht so einfach zu verwirklichen.

Wir bezeichnen mit W und Q die Arbeit und die Wärmemenge, die von dem System numerisch aufgenommen werden.

$W > 0$ das System empfängt Arbeit

$W < 0$ das System liefert Arbeit

$Q > 0$ das System empfängt Wärme

$Q < 0$ das System liefert Wärme

Wir nehmen an, daß das System mit der Umwelt nur mechanische Energie und Wärmeenergie unter Ausschluß jeder anderen Energieform austauscht. Das Experiment zeigt, wenn *ein System einen Kreisprozeß durchläuft, so gibt es ein konstantes Verhältnis zwischen der von dem System aufgenommenen Arbeit W (oder der vom System gelieferten Arbeit) und der von dem System abgegebenen Wärmemenge Q (oder der vom System aufgenommenen Wärmemenge).*

14.8. Nicht geschlossene Prozesse   125

Man erhält

$$\frac{W}{Q} = -J \quad \text{oder} \quad W + JQ = 0 \tag{14.2}$$

Die Konstante J ist das mechanische Äquivalent der Wärmeeinheit. Wenn man die Wärmemenge in Joule berechnet, erhält man J = 1.

Die obige Aussage bildet den ersten Hauptsatz der Thermodynamik oder das Äquivalenzprinzip.

Nehmen wir als Beispiel ein Rad, das um seine Achse beweglich ist, und an dem eine Bremse reibt. Das Rad startet aus der Ruhelage und setzt sich für eine gewisse Zeit in Bewegung, dann kommt es wieder zur Ruhe. Die Temperatur erlangt schließlich wieder ihren Ausgangswert, und das System hat einen Kreisprozeß durchlaufen. Es mußte ein Drehmoment ausgeübt werden, um das Rad zum Drehen zu bringen, und das System hat Wärme an die Umgebung abgegeben; also $W > 0$ und $Q < 0$. In einer Wärmemaschine ist $W < 0$ und $Q > 0$. In beiden Fällen gilt $W + JQ = 0$.

14.8. Nicht geschlossene Prozesse. Innere Energie. Gl. (14.2) kann nicht auf einen Prozeß angewendet werden, der nicht geschlossen ist. Heben wir z.B. ein Gewicht mit einer Winde ohne Reibung an: Im Anfangszustand ist das Gewicht unten, im Endzustand oben; also $W > 0$ und $Q = 0$, und Gl. (14.2) ist nicht erfüllt.

Wir werden zeigen, daß die Größe $W + JQ$ nur von dem Anfangszustand und dem Endzustand des Systems abhängt.

Betrachten wir ein System, das von einem Gleichgewichtszustand A zu einem Gleichgewichtszustand B übergeht, und nehmen wir an, daß es stets möglich ist, das System vom Zustand B in den Zustand A zurückkehren zu lassen. Der Übergang von A nach B bringt die Größen W und Q ins Spiel und der Übergang von B nach A die Größen W_0 und Q_0. Wir wenden den 1. Hauptsatz auf den Kreisprozeß

$$A \rightarrow B \rightarrow A$$

an. Mit J = 1 erhält man

$$W + W_0 + Q + Q_0 = 0 \tag{14.3}$$

Wir führen nun die Zustandsänderung A → B in einem anderen Prozeß durch, der die Größen W' und Q' ins Spiel bringt. Wenn der Rückweg B → A der gleiche wie zuvor ist, erhält man

$$W' + W_0 + Q' + Q_0 = 0 \tag{14.4}$$

Durch Auflösen der beiden Gleichungen ergibt sich

$$\Delta U = W + Q = W' + Q' \tag{14.5}$$

Die Größe $\Delta U = W + Q$ heißt Änderung der inneren Energie des Systems, wenn man vom Zustand A zum Zustand B übergeht.

14. Erster Hauptsatz der Thermodynamik

Sie ist für alle Prozesse, die den gleichen Anfangs- und Endzustand haben gleich. Die Zustände A und B sind Gleichgewichtszustände, während die Zwischenzustände nicht notwendigerweise Gleichgewichtszustände sind, die Prozesse können reversibel oder irreversibel sein.

Man kann bis auf eine Konstante eine Funktion U der Zustandsvariablen des Systems definieren, so daß

$$\Delta U = U_B - U_A = W + Q \qquad (14.6)$$

wobei U_A der Wert von U im Zustand A und U_B der Wert von U im Zustand B sind. In einem vollständig isolierten System sind W und Q Null; die Relation (14.6) zeigt, daß U konstant ist. *Die innere Energie eines isolierten Systems bleibt konstant.* Es ist anzumerken, daß das Experiment nur die Änderung der inneren Energie angibt: Die Funktion U ist nur bis auf eine Konstante bekannt. Ihr exakter Wert wird durch die Relativitätstheorie bestimmt, die zeigt, daß der Betrag der Energie eines ruhenden Körpers gleich dem Produkt aus seiner Masse und dem Quadrat der Lichtgeschwindigkeit im Vakuum ist.

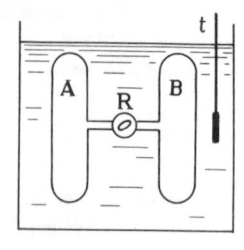

Fig. 155
Joulescher Versuch

14.9. Innere Energie eines idealen Gases. Bei dem Jouleschen Versuch (s. Fig. 155) befindet sich ein ideales Gas in einem Gefäß A vom Volumen V_A unter dem Druck p. Das Gefäß B vom Volumen V_B ist leer und von A durch einen Hahn R getrennt. Das alles ist in das Wasser eines Wärmemessers mit der Temperatur t getaucht. Der Hahn wird geöffnet, und das Gas nimmt das Volumen $V_A + V_B$ unter einem Druck p' ein. Das Experiment zeigt, daß sich die Temperatur des Systems nicht ändert. Folglich hat kein Wärmeaustausch stattgefunden, und Q = 0. Weiterhin ist weder Arbeit geleistet noch gewonnen worden, und W = 0. Nach Gl. (14.6) erhält man

$$\Delta U = 0 \qquad (14.7)$$

Eine Zustandsänderung bei konstanter Temperatur läßt die innere Energie eines idealen Gases unverändert.

Das Gas ist von dem Zustand p, V_A, t zu dem Zustand p' < p, $V_A + V_B > V_B$, t übergegangen. Da sich die innere Energie des Gases nicht verändert hat, hängt diese Energie nur von der Temperatur ab und nicht von den anderen unabhängigen Variablen, Druck oder Volumen.

14.10. Gesamtenergie. Energieerhaltung. Im Vorausgegangenen wurde implizit angenommen, daß die Zustände A und B, die zur Definition der Änderung der inneren Energie eines Systems herangezogen wurden, Ruhezustände sind: Das ist jedoch nicht notwendig. Das System kann eine kinetische Energie besitzen, und die Gesamtenergie ist die Summe der inneren und der kinetischen Energie. Die Größe ΔU, die in der Relation (14.5) auftritt, ist also die Änderung der Gesamtenergie des Systems. Wenn das System isoliert ist und mit der Umwelt in keiner Form Energie austauscht, bleibt die Gesamtenergie konstant. Stellen wir uns vor, daß dieses System in zwei Teile geteilt sei: Jede Modifikation, die von einer Erhöhung der Energie eines Teiles begleitet wird, hat eine gleich große Erniedrigung der Energie des anderen Teiles zur Folge. Es herrscht Energieerhaltung. Der erste Hauptsatz verallgemeinert also den Begriff der Energie, der in der Mechanik eingeführt wurde, und zeigt auf, daß die Energie eines isolierten Systems, das eine Zustandsänderung erfährt, konstant bleibt.

14.11. Unmöglichkeit des Perpetuum mobile. Untersuchen wir für ein System die Möglichkeit, unbegrenzt Arbeit zu erzeugen, ohne daß etwas der Umgebung entzogen wird. Diesen Vorgang bezeichnet man oft als Perpetuum mobile. Das System geht von dem Zustand A in den Zustand B über, und man erhält nach (14.6)

$$U_B - U_A = W + Q \tag{14.8}$$

Andererseits ist Q = 0, denn es entzieht nichts der Umgebung. Folglich

$$U_A - U_B = - W \tag{14.9}$$

Das System kann Arbeit erzeugen, wenn sich seine innere Energie verringert, denn in Gl. (14.9) erhält W einen negativen Wert. Das System muß aber in seinen Ausgangszustand zurückkehren, damit der Prozeß von neuem beginnt und unbegrenzt andauert. Folglich muß das System einen Zyklus durchlaufen, d.h. einen Kreisprozeß: also $U_A = U_B$ und W = 0. Das Perpetuum mobile ist unmöglich.

15. Zweiter Hauptsatz der Thermodynamik

15.1. Monothermischer Kreisprozeß. Zweiter Hauptsatz der Thermodynamik: Prinzip von Kelvin. Nehmen wir an, das System durchläuft einen Kreisprozeß, wobei es nur mit einem einzigen Reservoir Wärme austauscht. Der erste Hauptsatz ergibt

$$W + Q = 0 \tag{15.1}$$

Zwei Fälle sind möglich, denn W und Q müssen verschiedene Vorzeichen haben

a) $W > 0$ und $Q < 0$

b) $W < 0$ und $Q > 0$

Im Fall a) empfängt das System Arbeit und liefert Wärme. Das ist ein Versuch, der bekanntlich leicht zu verwirklichen ist.

Im Fall b) verrichtet das System Arbeit, wobei es der monothermischen Umgebung Wärme entzieht. Ein solcher Prozeß, wenn er verwirklicht werden könnte, würde es einem Schiff erlauben, sich unter Ausnutzung der Ozeanwärme fortzubewegen. Ein

15. Zweiter Hauptsatz der Thermodynamik

solch wirtschaftlicher Motor ist nicht unvereinbar mit dem ersten Hauptsatz, aber alle bisherigen Erkenntnisse haben uns gezeigt, daß er nicht zu verwirklichen ist. Eine solche Maschine nennt man ein Perpetuum mobile zweiter Art.

Als grundlegendes Postulat nimmt man also folgendes Postulat an (Lord Kelvin):

Es ist unmöglich, mit Hilfe eines Systems, das einen Kreisprozeß durchläuft, und das nur mit einem einzigen Wärmereservoir in Berührung steht, Arbeit zu gewinnen.

Diese Aussage bildet eine erste Form des zweiten Hauptsatzes der Thermodynamik. Man kann also einen Motor nicht mit einer einzigen Wärmequelle zum Laufen bringen. Ebenso wie es eines Niveauunterschiedes bedarf, um eine hydraulische Maschine in Gang zu setzen, bedarf es, um eine Wärmekraftmaschine zum Laufen zu bringen, einer Temperaturdifferenz, d.h., man muß über zwei Wärmereservoire verfügen.

15.2. Kreisprozeß mit zwei Wärmereservoiren. Zweiter Hauptsatz: Prinzipien von Carnot und Clausius.

Wir nehmen diesmal an, daß das System mit zwei Reservoiren mit verschiedenen Temperaturen t_1 und t_2 Wärme austauschen kann. Das Reservoir mit der größeren Temperatur t_2 ist das warme Reservoir, das mit der niedrigeren Temperatur t_1 ist das kalte Reservoir.

Seien Q_2 die Wärmemenge, die dem System von dem warmen Reservoir geliefert wird, und Q_1 die von dem kalten Reservoir gelieferte Wärmemenge. Der erste Hauptsatz ergibt

$$W + Q_1 + Q_2 = 0 \tag{15.2}$$

Damit das System als Motor funktioniert, muß W negativ sein. *Nehmen wir an, Q_1 sei positiv*; zwei Fälle sind dann möglich:

a) $Q_2 > 0$ ($Q_1 > 0$)

b) $Q_2 < 0$ ($Q_1 > 0$) mit $Q_1 > |Q_2|$ (denn $W < 0$)

Im ersten Fall haben beide Reservoire Wärme an das System abgegeben. Nach dem Prozeß bringen wir das warme Reservoir so lange in Kontakt mit dem kalten Reservoir, bis eine Wärmemenge Q_1 von dem warmen Reservoir zum kalten übergegangen ist. Da das kalte Reservoir die Wärmemenge Q_1, die es verloren hatte, zurückerhalten hat, kann man sagen, daß alles so abgelaufen ist, als hätte das System die Wärmemenge $Q_1 + Q_2$ von dem warmen Reservoir erhalten. Der Prozeß wird somit auf einen monothermen Kreisprozeß zurückgeführt, und es wird keine Arbeit gewonnen.

Im zweiten Fall hat das warme Reservoir Wärme erhalten ($Q_2 < 0$) und das kalte Reservoir Wärme geliefert ($Q_1 > 0$). Nach dem Prozeß bringen wir das warme Reservoir in Kontakt mit dem kalten. Das kalte Reservoir erhält die Wärmemenge Q_1, die es abgegeben hatte, zurück, und alles verhält sich so, wie wenn der Wärmeaustausch nur zwischen dem warmen Reservoir und dem System stattgefunden hätte. Es kann also keine Arbeit gewonnen worden sein.

15.3. Beispiel zur Erläuterung des zweiten Hauptsatzes

Da die beiden Fälle unmöglich sind, kann Q_1 nicht positiv sein. Da Q_1 ebenso wenig Null sein kann, denn der Prozeß wäre sonst monotherm, erhält man notwendigerweise

$$Q_1 < 0 \text{ und demnach } Q_2 > 0 \text{ mit } Q_2 > |Q_1|$$

Daraus ergibt sich das folgende Resultat:

Um Arbeit abzugeben, muß eine Wärmekraftmaschine Wärme von dem warmen Reservoir erhalten und eine kleinere Menge davon an das kalte Reservoir abgeben.

Dieses von Carnot aufgestellte Prinzip bildet eine zweite Form des zweiten Hauptsatzes der Thermodynamik.

Betrachten wir von neuem den Fall $Q_2 < 0$, $Q_1 > 0$ aber mit $Q_1 < |Q_2|$, d.h. einen Prozeß, der Wärme von dem kalten Reservoir erhält und Wärme an das warme Reservoir abgibt. Folglich muß gelten $W > 0$, dem System muß Arbeit zugeführt werden. Daraus ergibt sich eine weitere Form des zweiten Hauptsatzes (Prinzip von Clausius):

Der Übergang von Wärme von einem kalten Körper zu einem warmen Körper findet niemals ohne Aufwendung von Arbeit statt.

Dieses Prinzip regelt die Funktionsweise der Kältemaschinen.

15.3. Beispiel zur Erläuterung des zweiten Hauptsatzes. Ein Rad soll um eine horizontale Achse xx' drehbar sein (s. Fig. 156). Die Speichen des Rades mögen aus Gummibändern

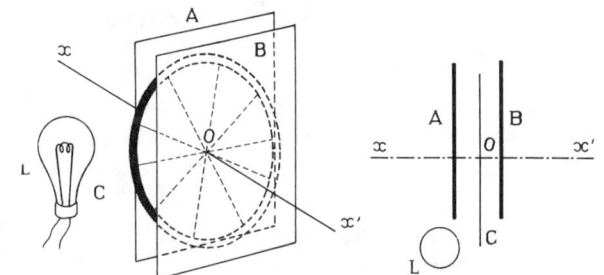

Fig. 156
Versuch zur Erläuterung
des zweiten Hauptsatzes
der Thermodynamik

bestehen, die so identisch wie möglich seien, und der Schwerpunkt des Systems liege in 0 auf der Rotationsachse (indifferentes Gleichgewicht). Zwei Holzplatten A und B verdecken einen großen Teil des Rades bis auf das Gebiet C, das von einer Lampe L „beleuchtet" werde. In dem Gebiet C erhitzt die Lampe L die Gummispeichen, und in diesem Gebiet ziehen sich die Speichen unter der Hitzeeinwirkung zusammen. Der Schwerpunkt des Systems liegt nicht mehr in 0 auf der Drehachse. Durch die Hebelwirkung dreht sich das Rad. Aber die der Lampe L ausgesetzten Speichen geraten zwischen A und B, wo sie gegen L geschützt sind. Sie erreichen wieder ihre ursprüngliche Länge, während andere Speichen von L erhitzt werden. Das System fährt fort, sich zu drehen, und man erhält einen Motor. Man kann sagen, daß die Lampe L das warme Reservoir

15. Zweiter Hauptsatz der Thermodynamik

ist und die zwischen A und B eingeschlossene Luft das kalte Reservoir. Das System besteht aus den Gummispeichen. Es entzieht dem warmen Reservoir Wärme (die Speichen in C ziehen sich zusammen) und gibt Wärme an das kalte Reservoir ab (das Rad hat sich gedreht und die erhitzten Speichen geraten zwischen A und B).

Wenn die Lampe die gleiche Temperatur wie die umgebende Luft hat, kann sich das System offensichtlich nicht in Gang setzen.

15.4. Carnotscher Kreisprozeß. Um Arbeit in Wärme umzuwandeln, muß das sich bewegende System dem warmen Reservoir Wärme entziehen und an das kalte Reservoir Wärme abgeben. Umgekehrt kann man durch den folgenden Prozeß Wärme in Arbeit umwandeln. Betrachten wir die Zustandsänderung, die durch den Kreisprozeß ABCDA in Fig. 157 wiedergegeben wird. Die Kurven AB und CD sind zwei Isothermen und die Kurven AD und BC zwei Adiabaten. Wenn die vier Prozesse AB, BC, CD und DA, die den Kreisprozeß bilden, reversibel sind, heißt der Zyklus Carnotscher Kreisprozeß. Um den Carnotschen Kreisprozeß an einem konkreten Beispiel zu beschreiben, nehmen wir als System eine Gasmenge in einem Zylinder, dessen Seitenwände und Kolben thermische Isolatoren sind. Die Wärme kann nur durch die Grundfläche, die sehr gut wärmeleitend sein soll, in den Zylinder gelangen oder ihn verlassen (s. Fig. 158). Zwei Wärmereservoire der Temperaturen t_1 (kaltes Reservoir) und t_2 (warmes Reservoir), deren Temperaturen konstant bleiben, wie groß auch immer die zugefügten bzw. entzogenen (endlichen) Wärmemengen sein mögen, sollen zur Verfügung stehen.

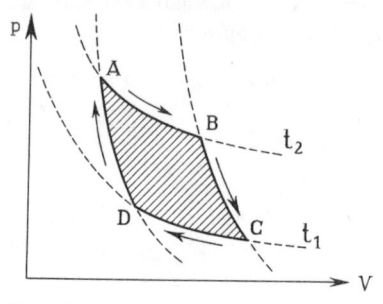

Fig. 157
Carnotscher Kreisprozeß

Erster Prozeß. Der Anfangszustand wird durch den Punkt A in Fig. 157 wiedergegeben. Das Gas hat die Temperatur t_2 des warmen Reservoirs. Wir bringen den Zylinder in

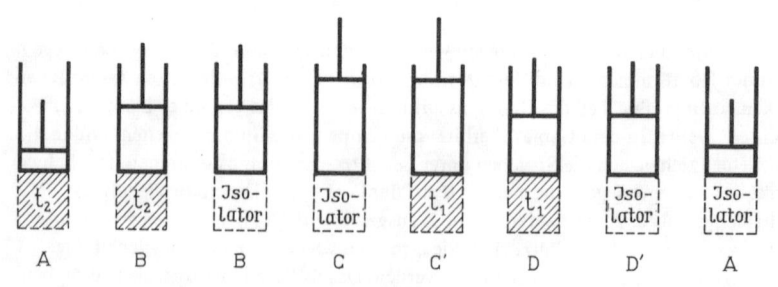

Fig. 158
Ablauf der Prozesse beim Carnotschen Kreisprozeß

15.5. Wirkungsgrad einer Wärmekraftmaschine mit zwei Reservoiren

Berührung mit dem warmen Reservoir (s. Fig. 158B), und es findet keinerlei Wärmetransport statt. Wir heben den Kolben langsam an, um einen reversiblen Prozeß durchzuführen. Das Volumen wird größer, und die Temperatur würde kleiner werden, aber das warme Reservoir liefert dem Gas eine Wärmemenge Q_2, die es erlaubt, die Temperatur konstant zu halten. Der den Zustand des Gases wiedergebende Punkt beschreibt die Isotherme AB und erreicht den Punkt B (s. Fig. 157 und 158B).

Zweiter Prozeß. Wir setzen den Zylinder auf einen thermischen Isolator (s. Fig. 158B′) und vergrößern langsam das Volumen. Da das System thermisch isoliert ist, findet kein Wärmeaustausch mit der Umgebung statt, und die Ausdehnung ist adiabatisch. Der repräsentative Punkt beschreibt die Adiabate BC und erreicht den Punkt C (s. Fig. 157 und 158C). Das Gas kühlt sich bis auf die Temperatur t_1 des kalten Reservoirs ab.

Dritter Prozeß. Der Zylinder wird mit dem kalten Reservoir t_1 in Berührung gebracht (s. Fig. 158C′). Wir komprimieren langsam das Gas. Es hätte das Bestreben, sich zu erwärmen, aber es liefert an das kalte Reservoir eine Wärmemenge ($Q_1 < 0$), die es erlaubt, die Temperatur konstant zu halten. Der repräsentative Punkt beschreibt die Isotherme CD und erreicht den Punkt D (s. Fig. 157 und 158D).

Vierter Prozeß. Wir setzen den Zylinder wieder auf den thermischen Isolator (s. Fig. 158D′) und komprimieren langsam. Der Prozeß vollzieht sich ohne Wärmeaustausch mit der Umgebung. Der repräsentative Punkt beschreibt die Adiabate DA und erreicht den Punkt A (s. Fig. 157 und 158A). Das Gas erwärmt sich auf die Temperatur t_2 des warmen Reservoirs und ist in seinen Anfangszustand zurückgekehrt.

Der Kreisprozeß ABCDA liefert Arbeit und kann als einfaches Modell für eine Wärmekraftmaschine dienen. Da der Carnotsche Kreisprozeß reversibel ist, kann man ihn auch in der umgekehrten Richtung ADCBA durchlaufen. Bei diesem Prozeß entzieht das Gas dem kalten Reservoir eine Wärmemenge Q_1 und gibt eine Wärmemenge ($Q_2 < 0$) an das warme Reservoir ab.

Der in umgekehrter Richtung ADCBA durchlaufene Kreisprozeß verbraucht Arbeit und erlaubt es, dem kalten Reservoir Wärme zu entziehen. Er kann als Modell für eine Kältemaschine dienen.

15.5. Wirkungsgrad einer Wärmekraftmaschine mit zwei Reservoiren. Der Begriff Wirkungsgrad ermöglicht einen Vergleich zwischen dem, was insgesamt aufgewandt wurde, und dem daraus gewonnenen Resultat. Man definiert den Wirkungsgrad η einer Wärmekraftmaschine als den Quotienten aus der Arbeit (W′ = − W), die sie liefert, und der dem warmen Reservoir entnommenen Wärmemenge. Man erhält

$$\eta = \frac{W'}{Q_2} \tag{15.3}$$

Da das System einen Kreisprozeß durchlaufen hat, ergibt der erste Hauptsatz

$$W' = Q_2 - |Q_1| \qquad Q_2 > |Q_1| \tag{15.4}$$

15. Zweiter Hauptsatz der Thermodynamik

denn das System hat, nachdem es dem warmen Reservoir die Wärmemenge Q_2 entzogen und die Wärmemenge $|Q_1|$ an das kalte Reservoir abgegeben hat, während des Kreisprozesses insgesamt die Wärmemenge $Q_2 - |Q_1|$ absorbiert.

Gl. (15.4) zeigt, daß nur ein Teil der dem warmen Reservoir entnommenen Wärme in Arbeit umgewandelt wird, nämlich die Wärmemenge $Q_2 - |Q_1|$. Der andere Teil Q_1 wird nicht in Arbeit umgewandelt, sondern an das kalte Reservoir abgegeben. Nach den Gleichungen (15.3) und (15.4) schreibt sich der Wirkungsgrad in einer allgemeinen Fassung

$$\eta = \frac{Q_2 - |Q_1|}{Q_2} = 1 - \frac{|Q_1|}{Q_2} \qquad (15.5)$$

Er ist stets kleiner als eins, denn $Q_2 > |Q_1|$ (s. Abschn. 15.2).

15.6. Satz von Carnot. Bei vorgegebenen Temperaturen t_1 und t_2 der beiden Wärmereservoire kann man den Carnotschen Kreisprozeß auf unendlich viele Arten durchführen, denn das System, das den Prozeß durchführt, kann beliebig gewählt werden. Man kann sich also fragen, welches System den besten Wirkungsgrad hat. Die Antwort wird durch den Satz von Carnot gegeben:

Alle Carnotschen Kreisprozesse, die zwischen den gleichen Temperaturen t_1 und t_2 arbeiten, haben den gleichen Wirkungsgrad.

Man kann beweisen, daß jede nicht reversible Wärmekraftmaschine, die zwischen den Temperaturen t_1 und t_2 arbeitet, einen geringeren Wirkungsgrad hat als den einer reversiblen Wärmekraftmaschine, die zwischen den gleichen Temperaturen arbeitet. Der durch (15.5) definierte Wirkungsgrad ist also ein maximaler Wirkungsgrad.

Dieser Wirkungsgrad hat eine universelle Bedeutung, die es erlaubt, die Temperaturen t_1 und t_2 zu charakterisieren.

15.7. Thermodynamische Temperatur. Nach dem Satz von Carnot hat der Quotient Q_1/Q_2 denselben Wert für alle reversiblen Maschinen, die zwischen den Temperaturen t_1 und t_2 arbeiten. Dieser Quotient hängt nur von den Temperaturen t_1 und t_2 ab. Man kann also schreiben

$$\frac{Q_2}{|Q_1|} = f(t_1, t_2) \qquad (15.6)$$

wobei $f(t_1, t_2)$ eine positive Funktion der Temperaturen t_1 und t_2 ist. Man kann zeigen, daß

$$\frac{Q_2}{|Q_1|} = \frac{\varphi(t_2)}{\varphi(t_1)} \qquad (15.7)$$

wobei $\varphi(t)$ eine Funktion der Temperatur ist und t_1, t_2 die Temperaturen des kalten bzw. des warmen Reservoirs sind. Es ist also möglich, eine Temperaturskala T einzuführen, die durch $\varphi(t)$ festgelegt wird, d.h., man definiert $T = \varphi(t)$.

Die Temperaturen dieser Skala sind bis auf eine beliebige Konstante festgelegt durch die Relation

$$\frac{Q_2}{|Q_1|} = \frac{T_2}{T_1} \tag{15.8}$$

Das Verhältnis bleibt tatsächlich das gleiche, wenn man T_1 durch kT_1 und T_2 durch kT_2 ersetzt, k eine beliebige Konstante. Man muß also die beliebige Konstante festlegen, indem man ihr einen numerischen Wert gibt, der durch die Temperatur eines Fixpunktes oder die Temperaturdifferenz zweier Fixpunkte bestimmt wird. Die Differenz zwischen der Temperatur des Dampfes von kochendem Wasser und der Temperatur von schmelzendem Eis (bei einer Atmosphäre Druck) setzt man gleich 100 Grad (wie bei der Celsius-Skala). Die so definierte Temperaturskala heißt **thermodynamische Temperaturskala**. Man ist übereingekommen, die thermodynamische Temperatur mit dem Symbol K (Grad Kelvin) zu bezeichnen. Heute definiert man die thermodynamische Skala, indem man die Temperatur des Tripelpunktes des Wassers gleich 273,16 K setzt.

Die thermodynamische Temperatur stimmt mit der absoluten Temperatur überein, über die wir im Abschn. 9.3 gesprochen haben.

15.8. Wirkungsgrad eines Carnotschen Kreisprozesses als Funktion der absoluten Temperatur. Gegeben sei ein Motor, der mit 2 Wärmereservoiren der absoluten Temperaturen T_1 (kaltes Reservoir) und T_2 (warmes Reservoir) arbeite. Wenn der Kreisprozeß ein Carnotscher Prozeß ist, ergeben die Gleichungen (15.5) und (15.8)

$$\eta = 1 - \frac{T_1}{T_2} \tag{15.9}$$

Diese Formel erlaubt es, den maximalen Wirkungsgrad für die vorgegebenen Temperaturen T_1 und T_2 zu berechnen. Keine reale Wärmekraftmaschine, die die Temperaturen T_1 und T_2 ausnutzt, wird einen höheren Wirkungsgrad erreichen können als den Wert von η, der durch Gl. (15.9) gegeben wird.

15.9. Nicht geschlossener reversibler Prozeß. Entropie. Betrachten wir einen reversiblen Prozeß, der ein System von einem Zustand (1) in einen Zustand (2) überführt. Nehmen wir das Beispiel eines Körpers A, dessen Temperatur man von T_1 auf T_2 bringt. Damit der Prozeß reversibel ist, bringt man den Körper nacheinander in Berührung mit unendlich vielen Wärmereservoiren, deren Temperaturen in unendlich kleinen Schritten größer werden. Bei einem reversiblen Prozeß ist Wärmeaustausch nur zwischen Körpern mit unendlich wenig verschiedenen Temperaturen erlaubt, denn jeder Wärmeaustausch zwischen zwei Körpern mit verschiedenen Temperaturen ist irreversibel. Wenn der Körper die Temperatur T −dT (dT kann positiv oder negativ sein) hat, bringt man ihn in Kon-

15. Zweiter Hauptsatz der Thermodynamik

takt mit einem Reservoir der Temperatur T, und er erhält die Wärmemenge dQ (dQ kann positiv oder negativ sein). Wir bilden den Quotienten dQ/T. Wenn dQ > 0, empfängt der Körper A Wärme, und man kann sagen, daß er den Quotienten dQ/T „gewinnt". Der Quotient dQ/T wird als Änderung der Entropie des Körpers A während des reversiblen Transportes der Wärmemenge dQ bei der Temperatur T bezeichnet. Nach dem Vorausgegangenen ist T ebenso die Temperatur des Reservoirs wie die des Körpers A. Man schreibt

$$dS = \frac{dQ}{T} \tag{15.10}$$

Nach einer großen Zahl von Prozessen dieser Art und nachdem unendlich viele Reservoire benutzt wurden, ist der Körper A von der Temperatur T_1 zur Temperatur T_2 gelangt, und die gesamte Änderung der Entropie des Körpers A ist

$$\Delta S = \int_{T_1}^{T_2} \frac{dQ}{T} = S_2 - S_1 \tag{15.11}$$

Es ist wichtig, darauf hinzuweisen, daß Gl. (15.11) nur gültig ist, wenn der Prozeß reversibel ist, d.h., wenn er von einer Folge von Gleichgewichtszuständen gebildet wird. Sei m die Masse und c die spezifische Wärmekapazität des Körpers A. Gemäß (14.1) erhält man dQ = mc · dT, und Gl. (15.11) ergibt, wenn c als konstant angenommen wird

$$\Delta S = mc \int_{T_1}^{T_2} \frac{dT}{T} = mc \ln \frac{T_2}{T_1} \tag{15.12}$$

Wenn $T_2 > T_1$ (Erhöhung der Temperatur des Körpers A), nimmt die Entropie des Körpers zu ($\Delta S > 0$ und $S_2 > S_1$). Sie nimmt ab, wenn

$$T_2 < T_1 \; (\Delta S < 0 \text{ und } S_2 < S_1)$$

Die Relation (15.11) gilt allgemein. Wenn ein System durch einen reversiblen Prozeß von einem Zustand (1) in einen Zustand (2) übergeht, wird seine Entropieänderung durch (15.11) gegeben.

Ist ein System isoliert, d.h. dQ = 0, dann ist nach Gl. (15.11) $\Delta S = 0$. Folglich:

Wenn ein thermisch isoliertes System einen reversiblen Prozeß durchläuft, bleibt seine Entropie konstant.

15.10. Entropieänderung eines realen, isolierten Systems.

Betrachten wir zwei Körper A und B mit derselben Wärmekapazität mc, von denen A die Temperatur T_1 und B die Temperatur T_2 hat. Bringt man A und B miteinander in Berührung, wobei das Ganze isoliert sei, dann beträgt nach einer gewissen Zeit die Gleichgewichtstemperatur $T' = \frac{T_1 + T_2}{2}$. Der Prozeß ist irreversibel, denn es findet ein Wärmeaustausch zwischen zwei Körpern mit verschiedenen Temperaturen statt.

15.12. Entwicklung des Universums

Um die Entropieänderung des Körpers A zu berechnen, wenn seine Temperatur durch einen realen Prozeß von T_1 nach T' übergeht, nutzt es nichts, zu untersuchen, was während des Prozesses geschieht. *Man muß sich einen reversiblen Prozeß vorstellen* und berechnen, was passiert wäre, wenn dieser Prozeß verwirklicht worden wäre. Man darf in der Tat nicht vergessen, daß die Entropie eine Größe ist, die nur durch reversible Prozesse definiert werden kann.

Gemäß (15.12) ist die Entropieänderung des Körpers A

$$\Delta S_A = mc \ln \frac{T'}{T_1} \qquad (15.13)$$

und die des Körpers B

$$\Delta S_B = mc \ln \frac{T'}{T_2} \qquad (15.14)$$

Wenn $T_1 < T_2$, nimmt die Entropie des Körpers A zu ($\Delta S_A > 0$) und die Entropie des Körpers B ab ($\Delta S_B < 0$), aber beide Änderungen kompensieren sich nicht, und $\Delta S_A > \Delta S_B$. Die Entropieänderung des von A und B gebildeten isolierten Systems ist in der Tat

$$\Delta S = \Delta S_A + \Delta S_B = mc \ln [1 + \frac{1}{4} \frac{(T_1 - T_2)^2}{T_1 T_2}] \qquad (15.15)$$

und ΔS ist immer positiv, ob nun T_1 kleiner oder größer als T_2 ist. Dieses Ergebnis, das für ein einzelnes Beispiel gefunden wurde, gilt ganz allgemein.

Wenn in einem thermisch isolierten System ein realer Prozeß stattfindet, nimmt die Entropie des Systems als Funktion der Zeit zu.

15.11. Bedeutung der Entropie. Die Entropie versteht sich als ein Maß für die Unordnung eines Systems. Wenn wir ein System abkühlen, nimmt seine Entropie ab, während zur gleichen Zeit in ihm mehr und mehr Ordnung herrscht. Wenn ein Gas in den flüssigen Zustand übergeht, besetzen seine Moleküle im Gegensatz zur gasförmigen Phase bestimmte Positionen zueinander. Die Abnahme der Unordnung wird von einer Abnahme der Entropie begleitet. Wenn man die Temperatur noch mehr erniedrigt, wird die Wärmebewegung, die die Unordnung hervorruft, geringer, und die Entropie nimmt weiter ab. Am absoluten Nullpunkt ist jede Wärmebewegung verschwunden, und die Unordnung ist Null. Es scheint demnach gerechtfertigt zu sein, zu sagen, daß die Entropie der Körper am absoluten Nullpunkt Null ist. Jede biologische Aktivität bedeutet ein Erreichen von Ordnung, also eine Abnahme der Entropie. Eine Information, die sich durch geordnete Signale fortpflanzt, stellt ebenfalls eine Abnahme der Entropie dar.

15.12. Entwicklung des Universums. Schließlich kann man den Begriff der Entropie auf das Universum selbst anwenden, indem man es als ein isoliertes System betrachtet. Das ist keine unvernünftige Annahme, denn mit was könnte das Universum etwas austauschen?

16. Phänomene der Elektrizität

Unter diesen Bedingungen muß die Entropie des Universums ständig zunehmen, denn in ihm laufen reale, irreversible Prozesse ab, und es wird ihm unmöglich sein, denselben Zustand zweimal zu durchlaufen. Eine ständige Zunahme der Entropie läßt den Augenblick in Betracht ziehen, indem sie ihren maximalen Wert erreichen wird. Dann wird die Temperatur in allen Punkten des Universums die gleiche sein, und jedes Leben wird unmöglich werden. Glücklicherweise braucht es dazu noch eine außerordentlich lange Zeit, und bis dahin werden das Sonnensystem und der Mensch sicherlich längst verschwunden sein.

16. Phänomene der Elektrizität

16.1. Elektrisierung durch Reibung. Wenn man bestimmte Stoffe an anderen Stoffen reibt, gewinnen sie die Fähigkeit, leichte Körper anzuziehen. Man sagt, sie sind durch Reibung elektrisch aufgeladen. Wir nähern einen Glasstab B, der mit Wolle getrieben wurde, einem Pendel, bestehend aus einer mit Metall überzogenen kleinen Kugel (s. Fig. 159). Auf dem Glasstab B entstand Reibungselektrizität, und man stellt fest, daß das Pendel bis zur Berührung mit B angezogen wird. Das durch den Kontakt elektrisierte Pendel wird dann sofort von B abgestoßen. Wenn man nun dem Pendel einen mit Katzenfell geriebenen Elfenbeinstab nähert, wird das Pendel A aufs neue angezogen. Aus diesem Experiment kann man schließen, daß es zwei Arten von Elektrizität gibt:

a) Ladung wie die, die sich auf B (Glas) befand und die das Pendel nach dem Kontakt mit B (Glas) abstößt,

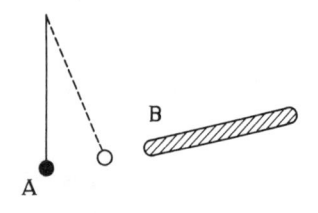

Fig. 159
Anziehung eines leichten Körpers A durch einen Glasstab B, der vorher mit Wolle gerieben wurde

b) Ladung wie die des Elfenbeins, und die das von B (Glas) aufgeladene Pendel anzieht.

Nach Konvention heißt die Elektrizität, die sich auf dem Glasstab zeigt, positive Elektrizität und die, welche sich auf dem Elfenbeinstab zeigt, negative Elektrizität.

Das oben beschriebene Experiment lehrt:

a) Zwei Ladungen gleichen Vorzeichens stoßen sich ab.

b) Zwei Ladungen entgegengesetzten Vorzeichens ziehen sich an.

Diese Erscheinungen sind mit der Struktur der Materie verbunden. Unter normalen Bedingungen ist ein Atom neutral, die Summe der von den Elektronen stammenden negativen Ladungen ist gleich der positiven Ladung des Kernes. Wenn ein Atom Elektronen verliert, lädt es sich positiv auf. Wenn z.B. der Glasstab gerieben wird, werden Elektronen aus der Oberfläche herausgerissen, und der Glasstab wird positiv geladen.

Wir halten fest, daß es keine Erzeugung von Ladungen gibt, sondern vielmehr einen Ladungstransport von einem Körper zum anderen.

16.3. Leiter und Nichtleiter

Die aus dem Glasstab herausgerissenen Ladungen sind nicht verschwunden, sie bleiben auf der Wolle, mit der das Glas gerieben wurde. *Man sagt, daß die Elektrizität erhalten bleibt.*

16.2. Coulombsches Gesetz. Seien A und B zwei Punkte, die die Ladungen q und q' tragen (s. Fig. 160) und im Abstand r voneinander stehen. Die Kraft $\vec{F}$, die von A auf B ausgeübt wird, ist gleich der Kraft $-\vec{F}$, die von B auf A ausgeübt wird. Die Kraft F ist abstoßend, wenn q und q' gleiches Vorzeichen haben, und anziehend, wenn q und q' entgegengesetztes Vorzeichen haben. Der Betrag von $\vec{F}$ wird durch das Coulombsche Gesetz gegeben

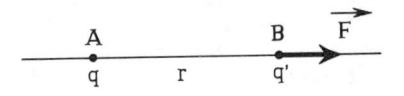

Fig. 160
Coulombsches Gesetz

$$F = K \frac{qq'}{r^2} \qquad (16.1)$$

wobei der Faktor K von den gewählten Einheiten abhängt. Im MKSA-System ist die Einheit der Elektrizitätsmenge das Coulomb (C), r wird in Metern gemessen und F in Newton. Im Vakuum oder in der Luft ist $K = 9 \cdot 10^9 \frac{Nm^2}{C^2}$.

16.3. Leiter und Nichtleiter. Die Stoffe lassen sich in zwei Gruppen einteilen: die Leiter und die Nichtleiter oder Dielektrika. Zu den leitenden Stoffen zählen wir z.B. Metalle, Legierungen und Graphit und zu den nichtleitenden Stoffen Holz, Schwefel, Kautschuk, Elfenbein, Glas und die Kunststoffe.

Für den Transport der Elektrizität sind bei den Leitern die freien Elektronen der Metalle (s. Abschn. 10.12) verantwortlich. Die Nichtleiter haben praktisch keine freien Elektronen.

Wenn man an eine Stelle eines Nichtleiters Ladungen aufbringt, bleiben sie an dieser Stelle lokalisiert. Im Falle eines Leiters breitet sich die Ladung auf der äußeren Oberfläche des Leiters aus. Nehmen wir den Spezialfall einer leitenden Kugel, die aufgeladen wird: Nach dem Coulombschen Gesetz stoßen sich gleichnamige Ladungen ab. Sie stoßen sich also so weit wie möglich voneinander ab und verbreiten sich auf der Oberfläche der Kugel. Aus Symmetriegründen ist die Ladungsverteilung auf der ganzen Oberfläche gleich. Wenn der Leiter keine kugelförmige Gestalt hat, ist die Ladungsverteilung nicht mehr gleichförmig. Man stellt fest, daß sich die Elektrizität an Stellen großer Krümmung häuft.

Was geschieht, wenn man einen geladenen Leiter mit der Erde verbindet? Wenn der Leiter negativ geladen ist, hat er zuviele Elektronen. Diese Elektronen fließen zur Erde ab. Wenn der Leiter positiv geladen ist, fehlen ihm Elektronen. Von der Erde werden Elektronen herangezogen, die die Ladung neutralisieren. Die Erde fungiert als Empfänger oder Spender von Elektronen, während ihr elektrischer Zustand durch diese Transporte praktisch nicht berührt wird.

Damit ein Leiter seine Ladung behält, muß also verhindert werden, daß diese zum Boden abfließt, und deshalb muß der Leiter an einer nichtleitenden Halterung befestigt sein. Man sagt, der Leiter ist isoliert.

16.4. Blättchenelektroskop. Die Entdeckung von Ladungen kann mit Hilfe eines Apparates bewerkstelligt werden, der viel empfindlicher und genauer arbeitet als das oben benutzte Pendel. Dieser Apparat ist das Blättchenelektroskop (s. Fig. 161). Er besteht aus einem Metallstift, der von einer nichtleitenden Halterung getragen und von einer Metallkugel M gekrönt wird. Zwei sehr feine Goldblättchen A und B sind am unteren Ende des Stiftes befestigt und hängen aufgrund ihres Gewichtes senkrecht herab. Wenn eine elektrische Ladung, z.B. eine positive Ladung, mit M in Berührung gebracht wird, breitet sie sich über den Leiter aus, der aus M, dem Stift und den Blättchen besteht. Da diese gleichnamig geladen sind, stoßen sie sich ab, wobei sie sich auseinander spreizen. Mit Ausnahme der Kugel M ist alles in einer mit einem Glasfenster versehenen Metallzelle eingeschlossen, die dazu dient, das Elektroskop vor elektrischen Störungen von außen zu schützen.

16.5. Elektrisierung durch Influenz. Wir nähern einen negativ geladenen Körper A einem ungeladenen Elektroskop (s. Fig. 162). Die freien Elektronen des Leiters (Kugel M, Stift und Blättchen) werden von A zu den Blättchen hinabgestoßen, und man stellt

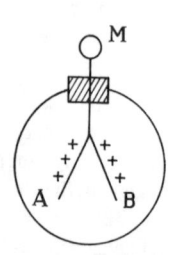

Fig. 161
Blättchenelektroskop

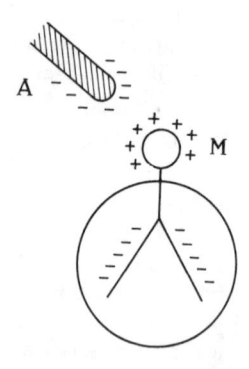

Fig. 162
Elektrisierung durch Influenz

fest, daß diese sich spreizen. Wenn A positiv geladen ist, ist der Effekt der gleiche, die freien Elektronen werden nach M hin angezogen, und in den Blättchen des Elektroskops bleiben positive Ladungen zurück. Sobald der geladene Körper A entfernt wird, verschwindet die Trennung der Ladungen. Der Leiter wurde durch **Influenz** elektrisiert. Die Influenz fügt keine Ladungen hinzu, sie trennt die Ladungen des Leiters nach ihren Vorzeichen. Die numerische Summe der positiven und negativen Ladungen, die so durch Influenz hervorgerufen werden, ist Null.

Die Elektrisierung durch Influenz erklärt die Anziehung von leichten, leitenden (nicht elektrisierten) Körpern durch einen geladenen Körper. Das zeigt der Versuch mit einer kleinen, leitenden Kugel A (s. Fig. 163). Wenn B positiv geladen ist, erscheint auf der B zugewandten Seite von A eine negative Ladung und auf der anderen Seite eine positive Ladung. Die negative Ladung wird angezogen und die positive Ladung abgestoßen. Da die negative Ladung dichter an B liegt als die positive Ladung, überwiegt die Anziehung die Abstoßung. Sobald Berührung stattgefunden hat, wird die negative Ladung neutralisiert, und die positiv gewordene Kugel wird von B abgestoßen. Der Effekt ist derselbe, wenn die Ladung von B negativ ist. Die Vorzeichen der Ladungen, die auf A erscheinen, sind umgekehrt, und es herrscht anfangs Anziehung, dann im Augenblick der Berührung Abstoßung.

16.6. Elektrische Abschirmung. Ein geladener Körper A sei von einem ursprünglich ungeladenen Leiter B umschlossen (s. Fig. 164). Durch Influenz erscheinen Ladungen

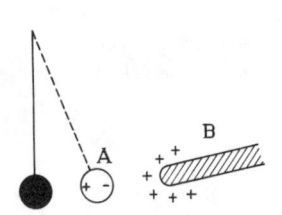

Fig. 163
Die Elektrisierung durch Influenz erklärt die Anziehung eines leichten leitenden Körpers A durch einen geladenen Körper B

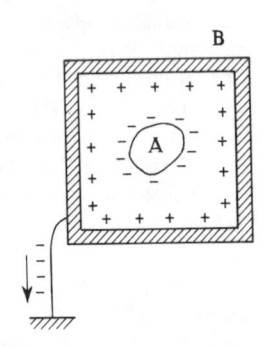

Fig. 164
Elektrische Abschirmung

innen und außen auf B. Diese Ladungsmengen sind gleich groß und haben verschiedene Vorzeichen. Die Ladungen auf der Innenseite von B haben das entgegengesetzte Vorzeichen wie die von A, und man kann zeigen, daß beide Ladungsmengen dem Betrag nach gleich sind. Wenn der Leiter B mit der Erde verbunden wird, fließen die Ladungen zur Erde ab oder werden auf der Außenseite von B durch die Elektronen neutralisiert, die die Erde liefert. In diesem Fall können die elektrischen Effekte außerhalb von B

140   17. Elektrisches Feld und Potential

keinerlei Einfluß auf das haben, was innerhalb von B geschieht, und umgekehrt. Man sagt, daß man eine elektrische Abschirmung verwirklicht hat.

Der Leiter B muß nicht notwendigerweise geschlossen sein. Ein hinreichend dichter Gitterkäfig, der A umschließt und mit der Erde verbunden ist (Faradayscher Käfig), bewirkt dieselben Effekte.

17. Elektrisches Feld und Potential

17.1. Elektrisches Feld. Betrachten wir einen geladenen Körper A (s. Fig. 165) und eine Ladung im Punkt B. A übt auf diese Ladung in B eine Kraft $\vec{F}$ aus. Man sagt, der Körper A erzeugt ein elektrisches Feld in dem ihn umgebenden Raum. Elektrisches Feld im Punkt B nennt man die Kraft, die auf eine Einheitsladung in diesem Punkt ausgeübt wird. Wenn sich in B eine Ladung q befindet, kann man schreiben

$$\vec{F} = q\vec{E} \qquad (17.1)$$

wobei $\vec{E}$ das elektrische Feld in B ist. Die Größe des elektrischen Feldes wird in Newton/Coulomb angegeben.

Mit Kraftlinie des elektrischen Feldes bezeichnet man eine Linie, die in allen ihren Punkten die Richtung des elektrisches Feldes als Tangente hat. Als positive Richtung der Kraftlinien nimmt man die Richtung des elektrischen Feldes. Zwei Kraftlinien schneiden sich niemals, denn das elektrische Feld hat in einem Punkt nur eine einzige Richtung. Ein elektrisches Feld ist homogen, wenn es in allen Punkten die gleiche Richtung und Größe hat. Die Kraftlinien eines homogenen Feldes sind also parallele Geraden. Die Figuren 166 und 167 zeigen zwei Beispiele von Kraftlinien eines elektrischen Feldes.

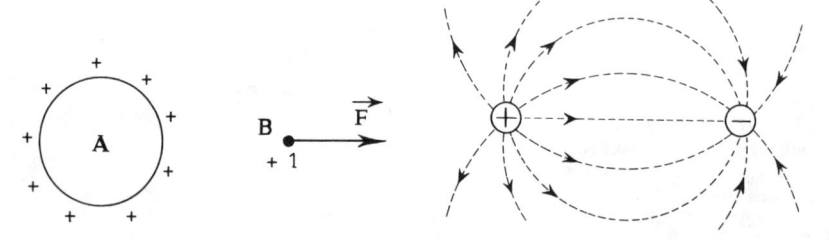

Fig. 165
Von einem geladenen Körper A erzeugtes elektrisches Feld

Fig. 166
Kraftlinien eines elektrischen Feldes im Fall zweier Ladungen

17.2. Elektrisches Feld einer Kugel. Man zeigt: Das elektrische Feld $\vec{E}$, das im Punkt B (s. Fig. 168) von einer geladenen, leitenden Kugel A erzeugt wird, ist das gleiche wie

17.4. Wirkung eines elektrischen Feldes auf ein Dielektrikum 141

das, welches von einer sich in 0 befindenden Punktladung erzeugt wird, die genau so groß ist wie die auf der Kugeloberfläche vorhandene Gesamtladung. Ist q die Ladung der Kugel, dann gilt gemäß (16.1) und (17.1)

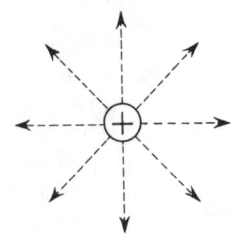

$$E = K \frac{q \cdot 1}{r^2} \tag{17.2}$$

Fig. 167
Kraftlinien eines von einer Ladung erzeugten Feldes

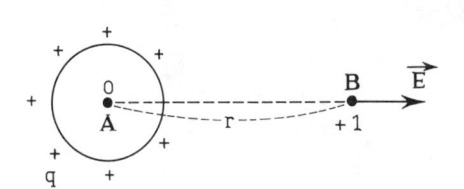

Fig. 168
Elektrisches Feld einer geladenen, leitenden Kugel A

17.3. Feld im Innern und in der Nähe eines geladenen Leiters. Damit sich ein Leiter im elektrostatischen Gleichgewicht befindet, darf im Innern des Leiters kein Strom fließen, d.h. innerhalb eines Leiters, der sich im elektrostatischen Gleichgewicht befindet, ist das elektrische Feld Null. Ganz in der Nähe des Leiters steht das elektrische Feld senkrecht auf der Oberfläche des Leiters. Wäre dies nicht so, dann würde die tangentielle Komponente eine Bewegung der Elektronen hervorrufen, und der Leiter wäre nicht im Gleichgewicht.

Auf einem geladenen Leiter häuft sich die Elektrizität in den Gebieten starker Krümmung. Auf einer Spitze ist die Ladung sehr groß. Demnach ist auch das elektrische Feld in der Nähe einer Spitze sehr hoch. Wir werden später (s. Abschn. 23.1) sehen, daß das elektrische Feld die Ionisation von Gasen hervorruft, z.B. die der Luftmoleküle. Die Ionen, deren Vorzeichen dem der Spitze entgegengesetzt ist, wandern zu dieser. Die Ionen gleichen Vorzeichens werden sehr weit weg getrieben und teilen ihre Bewegung den Luftmolekülen mit. In der Nähe der Spitze entsteht ein Luftstrom, der eine Kerze auslöschen kann (elektrischer Wind).

17.4. Wirkung eines elektrischen Feldes auf ein Dielektrikum. Unter der Wirkung des elektrischen Feldes verschieben sich die Ladungen der Moleküle, und die Moleküle werden polarisiert. Sie richten sich in dem Feld so aus, wie dies in Fig. 169 gezeigt wird. Zwischen den beiden Ebenen M und M' neutralisieren sich die Ladungen (schraffierte Fläche). Es verbleiben zwei Oberflächenladungen. Diese Ladungen erklären die Anziehung von leichten dielektrischen Körpern durch einen geladenen Körper. Die beiden

142   17. Elektrisches Feld und Potential

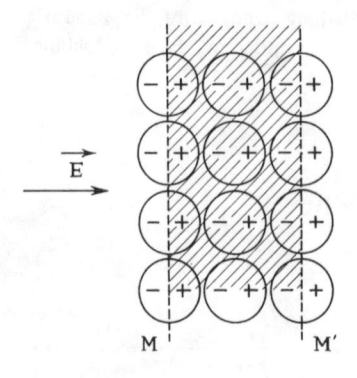

Fig. 169
Wirkung eines elektrischen Feldes auf ein Dielektrikum

Ladungsschichten spielen die gleiche Rolle wie die positiven und negativen Ladungen der Kugel A in Fig. 163. Wie in dem dort behandelten Fall herrscht Anziehung, welche Richtung auch immer das Feld $\vec{E}$, d.h., welches Vorzeichen der geladene Körper, der $\vec{E}$ erzeugt, haben mag.

17.5. Elektrisches Potential. Eine Ladung +1 in B (s. Fig. 170) sei einem elektrischen Feld $\vec{E}$ ausgesetzt. Das elektrische Feld $\vec{E}$ werde von einer Ladung +q erzeugt, die sich in der Entfernung r von B in A befinde. Die Ladung +1 erfährt die Kraft $\vec{F} = \vec{E}$. Wenn sich die Ladung +1 verschiebt, verrichtet die Kraft $\vec{F}$ Arbeit. Betrachten wir eine Verschiebung in Richtung der Kraft. Bei einer sehr kleinen Verschiebung dr kann $\vec{E}$ als konstant angenommen werden, und die verrichtete differentielle Arbeit schreibt sich

$$dW = E dr \qquad (17.3)$$

Nach dem Coulombschen Gesetz erhält man hier

$$E = K \frac{q}{r^2} \qquad (17.4)$$

woraus folgt

$$dW = Kq \frac{dr}{r^2} \qquad (17.5)$$

Wenn sich die Ladung +1 von der Entfernung r_1 zu der Entfernung r_2 von A verschiebt (s. Fig. 171), ergibt die Arbeit W zu

$$W = Kq \int_{r_1}^{r_2} \frac{dr}{r^2} = Kq \left(\frac{1}{r_1} - \frac{1}{r_2} \right) \qquad (17.6)$$

Mit einer beliebigen Konstanten C' ist der Ausdruck

$$V = \frac{Kq}{r} + C' \qquad (17.7)$$

das elektrische Potential der Ladung q. Das ist eine skalare Größe. Man setzt i. allg. $C' = 0$, woraus folgt $V = Kq/r$. Das Potential Null befindet sich demnach in einer unendlichen Entfernung von A. Das Potential gibt also die Arbeit wieder, die gegen die elektrostatischen Kräfte geleistet werden muß, um die Ladung +1 aus dem Unendlichen in die Entfernung r von der Ladung +q zu bringen. Da die Erdoberfläche ein Leiter ist,

17.7. Potentialdifferenz in einem homogenen elektrischen Feld

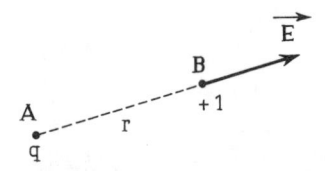

Fig. 170
Arbeit, die bei der Verschiebung einer Ladung B gewonnen wird

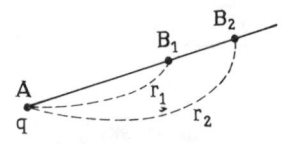

Fig. 171
Potentialdifferenz zwischen zwei Punkten B_1 und B_2

der als weit entfernt von A angenommen wird, setzt man das Potential der Erde Null. *Jeder Leiter, der mit der Erde durch einen Leiter verbunden ist, ist auf dem Potential Null.*

Die Differenz des elektrischen Potentials zwischen zwei Punkten B_1 und B_2 ist gleich der Arbeit des elektrischen Feldes, wenn eine Ladung +1 von B_1 nach B_2 verschoben wird. Wie im Fall des Gravitationsfeldes kann man zeigen, daß die Arbeit unabhängig von dem Weg ist, der von B_1 nach B_2 durchlaufen wird. Man kann (17.6) in der Form

$$W = V_1 - V_2 \tag{17.8}$$

schreiben. Wenn eine Ladung q' von B_1 nach B_2 verschoben wird, ist die Arbeit

$$W = q'(V_1 - V_2) \tag{17.9}$$

Die Einheit der Potentialdifferenz oder Spannung im MKSA-System ist das Volt (V). Gemäß (17.9) erhält man 1 V = 1 J/1 C.

17.6. Äquipotentialflächen. Eine Äquipotentialfläche ist eine Fläche, längs der das Potential einen konstanten Wert behält. Im Fall des Schwerefeldes haben wir gesehen, daß dies in einem begrenzten Gebiet horizontale Ebenen sind. Im Fall des elektrischen Feldes muß die Arbeit $\vec{E} \cdot \vec{dr}$ Null sein, damit V einen konstanten Wert behält. Demnach stehen die Äquipotentialflächen senkrecht auf den Kraftlinien des elektrischen Feldes. Nun haben wir gesehen, daß das elektrische Feld sehr nahe bei einem Leiter senkrecht auf der Oberfläche des Leiters steht (s. Abschn. 17.3), und somit ist die Oberfläche eines Leiters eine Äquipotentialfläche.

17.7. Potentialdifferenz in einem homogenen elektrischen Feld. Wenn die Ladung +1 von B_1 nach B_2 verschoben wird, (s. Fig. 172), ist die ins Spiel gebrachte Arbeit gemäß (17.3) und wenn $\overline{B_1 B_2} = 1$

$$W = E \cdot 1 = V_1 - V_2 \tag{17.10}$$

denn $\vec{E}$ ist in einem homogenen elektrischen Feld konstant. Wenn $V_1 - V_2$ in Volt berechnet wird und 1 in Meter, wird das Feld E in Volt pro Meter ausgedrückt.

144   17. Elektrisches Feld und Potential

```
B₁      B₂
×―――――×―――→
+1
―――――――――→
```

Fig. 172
Potentialdifferenz in einem homogenen Feld

17.8. Potential eines kugelförmigen Leiters. Nach Abschn. 17.2 wird das Feld $\vec{E}$ im Punkt B (s. Fig. 168) durch (17.2) gegeben. Die Ergebnisse des Abschn. 17.5 zeigen also, daß $V = Kq/r + C'$ das Potential V im Punkt B ist. Wie wir gesagt haben, nimmt man an, daß die Kugel weit entfernt von jedem anderen Leiter ist, insbesondere vom Erdboden, für den man übereingekommen ist, das Potential gleich Null zu setzen (was $r = \infty$ in Gl. (17.7) entspricht). Insbesondere erhält man auf der Oberfläche $r = R$ (R = Radius der Kugel) des kugelförmigen Leiters

$$V = \frac{Kq}{R} \qquad (17.11)$$

Dies ist das Potential der Kugel. Es besteht eine Proportionalität zwischen dem Potential V der Kugel und ihrer Ladung q. Das ist ein allgemeines Resultat, und der Proportionalitätsfaktor hängt nicht von der geometrischen Gestalt des Leiters ab. Man setzt

$$q = CV \qquad (17.12)$$

Der Proportionalitätsfaktor C ist die Kapazität des Leiters. Im Fall einer Kugel ist $C = \frac{R}{K}$

Mit q in Coulomb und V in Volt wird die Kapazität in Farad ausgedrückt. Dies ist eine sehr große Einheit, und man benutzt die Unterteilungen Mikrofarad (10^{-6} Farad) und Pikofarad (10^{-12} Farad).

17.9. Fall zweier entfernter Leiter, die durch einen dünnen leitenden Draht miteinander verbunden sind. Wir betrachten zwei Leiter A und B mit den Kapazitäten C_1 und C_2 (s. Fig. 173). Die Leiter A und B seien so weit voneinander entfernt, daß sie sich gegenseitig nicht beeinflussen. Seien q_1 und q_2 ihre Ladungen. Ihre Potentiale sind

$$q_1 = C_1 V_1, \quad q_2 = C_2 V_2 \qquad (17.13)$$

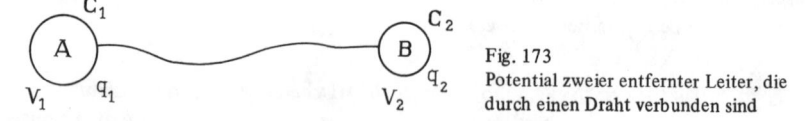

Fig. 173
Potential zweier entfernter Leiter, die durch einen Draht verbunden sind

Wenn man A und B durch einen dünnen Draht verbindet, dessen Ladung man vernachlässigt, bildet das System nur noch einen Leiter, der ein Gleichgewichtspotential V hat (s. Abschn. 17.6). Die Ladungen von A und B betragen nun

$$q_1' = C_1 V, \quad q_2' = C_2 V \qquad (17.14)$$

Die Ladungserhaltung erlaubt zu schreiben

$$q_1 + q_2 = q_1' + q_2' \qquad (17.15)$$

woraus folgt

$$C_1 V_1 + C_2 V_2 = (C_1 + C_2) V \qquad (17.16)$$

und

$$V = \frac{C_1 V_1 + C_2 V_2}{C_1 + C_2} \qquad (17.17)$$

Wenn $C_1 \gg C_2$ dann ist $V \approx V_1$, d.h. das gemeinsame Potential ist deutlich das des Körpers mit großer Kapazität. Dies ist z.B. der Fall bei einem Leiter B, der mit der Erde verbunden ist. Sein Potential wird zu dem der Erde, d.h. Null. Weiterhin gilt nach (17.14) $q_2' = q_1' C_2/C_1$, also ist q_2' vernachlässigbar, und der Körper B wird praktisch entladen.

17.10. Anwendung für das Elektroskop

Das Elektroskop besitzt als Leiter eine Kapazität. Der Ausschlag der Blättchen hängt von der Ladung ab, die von dem Elektroskop aufgenommen wurde. Nach (17.12) ist jedoch der Ausschlag der Blättchen auch eine Funktion des Potentials V des Elektroskops. Man wird also das Elektroskop in Volt eichen können.

Wir verbinden ein anfänglich nicht geladenes Elektroskop mit einem isolierten und geladenen Körper A (s. Fig. 174). Ein Teil der Ladung von A wandert auf das Elektroskop, und das Potential von A nimmt ab. Ist jedoch die Kapazität des Elektroskops sehr klein gegenüber der von A, dann ist das Potential des Elektroskops im wesentlichen gleich dem anfänglichen Potential von A (s. Abschn. 17.9). Folglich erlaubt ein in Volt geeichtes Elektroskop, das Potential von A zu messen.

Ein Elektroskop oder eine ähnliche, auf diese Weise benutzte Vorrichtung wird zu einem Elektrometer.

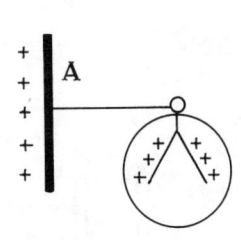

Fig. 174
Messung des Potentials mit Hilfe eines Elektroskops

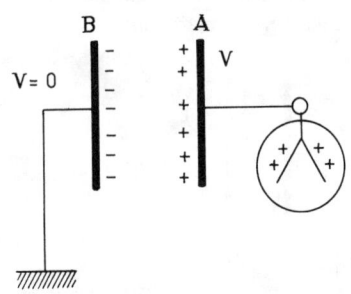

Fig. 175
Kapazität eines Leiters A in Gegenwart eines anderen Leiters B

17. Elektrisches Feld und Potential

17.11. Kapazität eines Leiters in Gegenwart eines anderen Leiters. Kondensator. Eine geladene Metallplatte A (s. Fig. 175) sei mit einem Elektrometer verbunden, dessen Blättchenausschlag das Potential V von A messen soll. Wir nähern A eine zweite Metallplatte B. Wenn B isoliert ist, erscheinen auf B Ladungen verschiedenen Vorzeichens. Die Summe der so durch Influenz getrennten positiven und negativen Ladungen ist Null. Wir verbinden B mit der Erde. Seine Elektrisierung trägt nur noch ein Vorzeichen, das dem von A entgegengesetzte Vorzeichen. Wenn der Abstand zwischen A und B klein ist gegen die Ausdehnung der Platten, ist die Ladung von B dem Betrag nach gleich der von A.

Wird der Abstand der beiden Platten A und B geändert, dann stellt man fest, daß sich die Blättchen des Elektrometers spreizen, sobald man den Abstand AB vergrößert, und daß sie sich nähern, wenn AB abnimmt. Demnach ändert sich das Potential von A in gleichem Sinne wie sich der Abstand AB ändert. Da bei diesem Versuch die Ladung von A nicht verändert wird, ist es die Kapazität von A, die sich ändern muß. Die Kapazität C nimmt zu, wenn AB abnimmt und umgekehrt. Das System der beiden Platten A und B bildet einen Kondensator, bei dem A und B die Belegungen sind und C die Kapazität. In Fig. 175 sind das Potential von B Null und die Spannung zwischen A und B gleich V. Wir entfernen den Leiter, der B mit der Erde verbindet (s. Fig. 176), und verbinden A und B mit den beiden Klemmen einer elektrischen Stromquelle, die eine Spannung V zwischen A und B erzeugt. Die Wirkung der Stromquelle (s. Abschn. 18.1) hat zur Folge, daß eine Bewegung von freien Elektronen hervorgerufen wird. Im Fall der Fig. 176 fließen die Elektronen über die Leitung von A nach B. Die Platte A bleibt positiv geladen zurück, und die Platte B wird negativ. Die Ladungen von A und B sind dem Betrag nach gleich. Die Ladung von A ist +q, die von B ist −q, und es gilt q = CV. Die Kapazität C stellt die Kapazität des Kondensators dar. Die Bewegung der Elektronen hört auf, wenn die Belegungen auf demselben Potential wie die Klemmen der Stromquelle sind.

Die Kapazitäten addieren sich, wenn die Kondensatoren parallel geschaltet sind (s. Fig. 177). Wenn die Kondensatoren in Reihe geschaltet sind (s. Fig. 178), ist der Kehrwert der Kapazität der Gesamtheit gleich der Summe der Kehrwerte der Kapazitäten der einzelnen Kondensatoren.

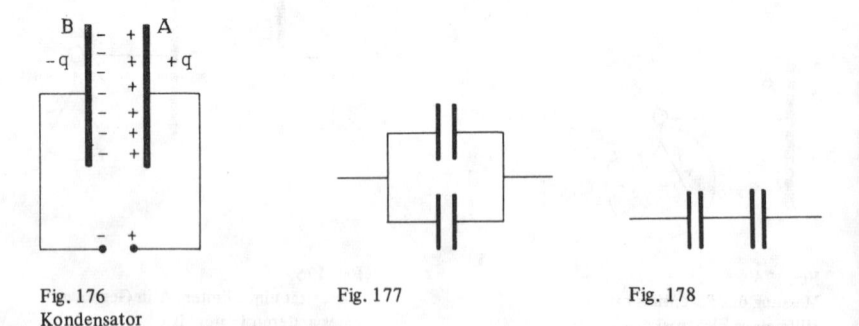

Fig. 176
Kondensator

Fig. 177

Fig. 178

18. Elektrischer Gleichstrom

18.1. Strom elektrischer Ladungen. Zwei Leiter A und B (s. Fig. 179) seien auf verschiedenen Potentialen. Wir verbinden diese beiden Leiter durch einen leitenden Draht. Das System A und B bildet nur noch einen Leiter, der, im Gleichgewicht, auf einem einheitlichen Potential ist. Der Ausgleich der Potentiale von A und B kann sich nur infolge der Verschiebung von Ladungen von A nach B oder von B nach A vollziehen. Diese Verschiebung erklärt sich aus der Existenz eines elektrischen Feldes $\vec{E}$ in dem Verbindungsdraht zwischen A und B, das in Richtung abnehmender Potentiale weist. Diesem Feld entspricht eine Kraft, die durch Gl. (17.1) gegeben wird und die die freien Elektronen der Leiter in Bewegung setzt.

Eine Bewegung von Ladungen bildet einen sog. **elektrischen Strom** zwischen A und B. Als positive Richtung des Stromes nimmt man die Richtung der Verschiebung der positiven Ladungen. In den Metallen rührt der Strom von einer Verschiebung von negativen Ladungen (freie Elektronen) her. Demnach ist die konventionelle Richtung des Stromes entgegengesetzt zur Bewegungsrichtung der Ladungen.

Im Fall der Fig. 179 hält der Strom nur für eine sehr kurze Zeit an. Um den Strom aufrechtzuerhalten, muß man über eine Vorrichtung S verfügen, die fähig ist, die Änderungen der Ladungen von A und B derart auszugleichen, daß zwischen A und B eine konstante Potentialdifferenz V erhalten bleibt, man sagt auch eine **elektrische Spannung** zwischen A und B. Ein solcher Apparat ist eine **Stromquelle** oder ein **elektrischer Generator**. Er hält eine Spannung zwischen zwei Metallstücken P und Q aufrecht, die **Pole** oder **Klemmen** genannt werden. Derjenige der beiden Pole, durch den ein positiver Strom austritt (das ist der Pol mit dem höheren Potential), ist der **positive Pol**, der andere ist der **negative Pol**. Der Strom heißt **Gleichstrom**, wenn er seine Richtung mit der Zeit nicht ändert, und **Wechselstrom**, wenn er seine Richtung periodisch ändert.

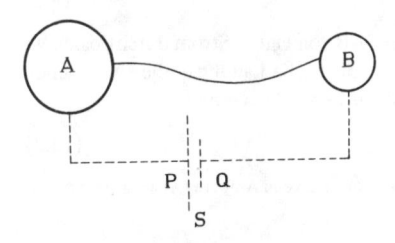

Fig. 179
Strom elektrischer Ladungen eines Körpers A, der mit einem Körper B verbunden ist, dessen Potential verschieden von dem von A ist

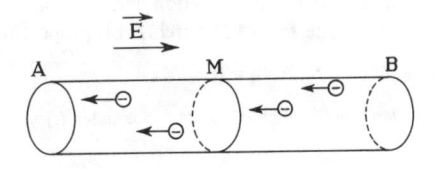

Fig. 180
Verschiebung der Elektronen in einem Leiter unter der Wirkung eines elektrischen Feldes

18. Elektrischer Gleichstrom

18.2. Strömungsgeschwindigkeit von Ladungen. Wir erzeugen eine Spannung zwischen den beiden Schnittflächen A und B eines metallischen Leiters (s. Fig. 180). Längs des Leiters entsteht ein elektrisches Feld $\vec{E}$, das in Richtung abnehmenden Potentials weist. Unter dem Einfluß dieses Feldes werden die freien Elektronen beschleunigt, es finden Zusammenstöße mit den festen Teilchen des Metalls (positive Ionen) statt, sie werden aufs neue beschleunigt, usw. Die Bewegung der Elektronen ist eine Folge von Beschleunigungen und Verzögerungen. Dies führt zu der Definition einer **mittleren Strömungsgeschwindigkeit** v der freien Elektronen. Legt man zwischen den Enden eines Kupferdrahtes von 1 Meter Länge und einem Querschnitt von 1 cm² eine Spannung von 1.600 Volt an, dann beträgt die mittlere Strömungsgeschwindigkeit ungefähr 0,4 mm/s. Man darf jedoch diese mittlere Geschwindigkeit der Elektronen nicht mit ihrer tatsächlichen Geschwindigkeit zwischen den Stößen verwechseln, eine Geschwindigkeit, die beträchtlich größer ist. Endlich haben diese beiden Geschwindigkeiten nichts zu tun mit derjenigen, mit der sich eine elektrische Störung ausbreitet, und die ungefähr 300.000 km/s beträgt. Das ist die Geschwindigkeit, mit der sich das elektrische Feld aufbaut, sobald man den Stromkreis schließt.

18.3. Stromstärke. Wir betrachten den Leiter aus Fig. 180 und suchen die Anzahl der Elektronen, die einen beliebigen Querschnitt M des Leiters durchqueren. Die Querschnittsfläche des Leiters AB sei gleich S. In der Zeit dt ist die von den Elektronen zurückgelegte Strecke gleich vdt, wobei v die oben betrachtete mittlere Geschwindigkeit ist. Demnach ist die Anzahl der Elektronen, die einen beliebigen Querschnitt M durchqueren, gleich der Anzahl der Elektronen, die sich in dem Volumen Svdt befinden. Wenn sich n freie Elektronen in einer Volumeneinheit befinden, ist die Zahl der Elektronen, die den Querschnitt M durchqueren, gleich nSvdt. Ist e die Ladung eines Elektrons, so ist die Ladung dq, die sich in der Zeit dt durch den Querschnitt M bewegt

$$dq = neSvdt \tag{18.1}$$

Der Quotient

$$I = \frac{dq}{dt} = neSv \tag{18.2}$$

ist die elektrische Stromstärke. Wenn der Leiter AB von einem Strom durchflossen wird, dessen Stärke als Funktion der Zeit konstant bleibt, ist die Ladung q, die einen beliebigen Querschnitt M durchfließt, proportional zur Zeit t. Man erhält

$$q = It \tag{18.3}$$

Mit q in Coulomb (C) und t in Sekunden (s) wird die Stromstärke in Ampere (A) ausgedrückt.

18.4. Ohmsches Gesetz. Mit Stromdichte j in dem homogenen Leiter AB (s. Fig. 180) bezeichnet man das Verhältnis

$$j = \frac{I}{S} = nev \tag{18.4}$$

18.4. Ohmsches Gesetz

und mit elektrischer Leitfähigkeit des Stoffes, aus der der Leiter AB besteht, das Verhältnis

$$\sigma = \frac{j}{E} \qquad (18.5)$$

wobei E der Betrag des elektrischen Feldes $\vec{E}$ im Innern des Leiters (homogenes Feld) ist. Wir wollen σ als konstant und unabhängig von j annehmen. Indem man $\rho = 1/\sigma$ setzt, kann man nach (18.4) schreiben

$$\frac{I}{SE} = \sigma = \frac{1}{\rho} \qquad (18.6)$$

Wenn nun l die Länge des Leiters AB ist, zwischen dessen Enden man eine Potentialdifferenz $V_A - V_B$ hergestellt hat, erhält man nach (17.10)

$$V_A - V_B = E \cdot l \qquad (18.7)$$

Indem man (18.6) mit (18.7) verbindet, erhält man

$$I = \frac{S}{\rho l}(V_A - V_B) \qquad (18.8)$$

und indem man $R = \rho l/S$ setzt

$$I = \frac{V_A - V_B}{R} = \frac{V}{R} \qquad (18.9)$$

Das ist das Ohmsche Gesetz. Der Kehrwert ρ der elektrischen Leitfähigkeit ist der spezifische elektrische Widerstand des Leiters und R sein Widerstand.

Im MKSA-System ist die Einheit des Widerstandes das Ohm (Ω). Der Kehrwert des Widerstandes ist der elektrische Leitwert. Der spezifische Widerstand wird in Ohm $\cdot$ Meter ($\Omega \cdot$ m) gemessen. Bei 10°C ist der spezifische Widerstand von Kupfer $1,7 \cdot 10^{-8} \Omega \cdot$ m der von Eisen $9,6 \cdot 10^{-8} \Omega \cdot$ m und der von Blei $2,2 \cdot 10^{-7} \Omega \cdot$ m.

Der spezifische Widerstand eines reinen Metalls nimmt ab, wenn die Temperatur abnimmt, und das Metall wird ein besserer Leiter. Der Widerstand sinkt plötzlich auf Null, wenn die Temperatur herabgesetzt wird unter eine Temperatur von einigen Grad Kelvin, die von der Natur des Metalls abhängt. Man sagt, es herrscht Supraleitung.

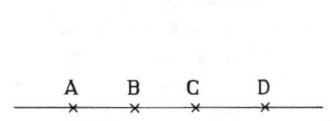

Fig. 181
Leiter AB, BC und CD in Reihe geschaltet

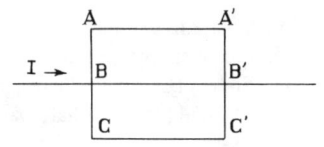

Fig. 182
Leiter AA', BB', und CC' parallel geschaltet

Wir erinnern, daß, wenn die Leiter AB, BC, CD usw. (s. Fig. 181) in Reihe geschaltet sind, der Gesamtwiderstand gleich der Summe der Widerstände jedes einzelnen Leiters ist. Im stationären Zustand kann es keine Anhäufung von Ladungen in irgendeinem

18. Elektrischer Gleichstrom

Abschnitt des Stromkreises geben. *Die Stromstärke ist also bei einer Reihenschaltung von Leitern überall die gleiche.*

Wenn die Leiter parallel geschaltet sind (s. Fig. 182), ist der Leitwert, d.h. der reziproke Gesamtwiderstand, des äquivalenten Leiters gleich der Summe der Leitwerte der einzelnen Leiter. Der Strom verteilt sich auf parallel geschaltete Leiter im umgekehrten Verhältnis zu den Widerständen.

18.5. Elektrische Energie. Joulesches Gesetz.

Wenn eine Ladung q spontan von einem Punkt A mit dem Potential V_A zu einem Punkt B mit dem Potential V_B wandert, wird die Änderung der potentiellen Energie durch Gl. (17.9) gegeben

$$W = (V_A - V_B)q \qquad (18.10)$$

Das ist eine Abnahme der potentiellen Energie, denn wenn die Ladung spontan von A nach B wandert, gilt $V_A > V_B$. Nehmen wir an, daß aufgrund einer Stromquelle ein stationärer Zustand vorliegt. Wenn I die Stromstärke ist und t die Zeit, die der Wanderung der Ladung q entspricht, erhält man nach (18.3)

$$W = (V_A - V_B)It = VIt \qquad (18.11)$$

Die Größe P = W/t ist die elektrische Leistung, die zwischen den beiden Punkten A und B verbraucht wird. Man erhält

$$P = (V_A - V_B)I = VI \qquad (18.12)$$

Die elektrische Leistung wird in Watt ausgedrückt, wenn V in Volt und I in Ampere gemessen werden. Die durch Gl. (18.10) gegebene Abnahme der Energie entspricht einer freigesetzten Energie. Diese Energie kann auf verschiedene Arten umgesetzt werden. Wenn die Punkte A und B durch einen Leiter mit dem Widerstand R verbunden sind, zeigt die Erfahrung, daß die Energie sich in Wärme umwandelt. Wenn sich zwischen A und B ein Elektromotor befindet, wird ein Teil der Energie in mechanische Arbeit umgewandelt.

Nehmen wir z.B. den Fall eines homogenen metallischen Leiters mit dem Widerstand R, der von einem Strom I durchflossen wird, und V sei die Spannung zwischen seinen beiden Enden. Die zur Verfügung stehende Energie wird in Wärme umgewandelt. Gemäß (18.9) und (18.11) erhält man

$$W = R I^2 t \qquad (18.13)$$

Diese Gleichung entspricht dem Jouleschen Gesetz. Gl. (18.13) geht mit I^2, und folglich hängt der Joulesche Effekt nicht von der Richtung des Stromes ab.

Man definiert das Joule als die Wärmemenge, die während einer Sekunde von einem Strom von 1 Ampere, der durch einen Widerstand von einem Ohm fließt, freigesetzt wird.

18.6. Elektromotorische Kraft einer elektrischen Stromquelle. Seien A und B die Pole einer elektrischen Stromquelle (s. Fig. 183), von der aus ein Strom I durch einen Wider-

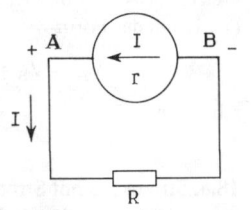

Fig. 183
Innerer Widerstand r eines Generators

stand R fließt. Im stationären Zustand fließen die bewegten Ladungen auch durch die Stromquelle, und diese besitzt einen inneren Widerstand r. Die Energie W, die von der Stromquelle geliefert wird, ist gleich der Energie, die in der Stromquelle selbst und dem Widerstand R in Wärme umgewandelt wird.

Man hat

$$W = R I^2 t + r I^2 t \qquad (18.14)$$

und somit

$$U = \frac{W}{It} = (R + r)I \qquad (18.15)$$

Die Größe U hat die gleiche Dimension wie die Spannung. Sie ist die elektromotorische Kraft der Stromquelle. Die Spannung $V_A - V_B$, die zwischen den Polen der Stromquelle herrscht, ist gleich derjenigen, die zwischen den Enden des Widerstandes R herrscht. Man hat also $V_A - V_B = RI$ und nach (18.15)

$$V_A - V_B = RI = U - rI \qquad (18.16)$$

Wenn man den Widerstand R abschaltet, fließt kein Strom mehr, und man erhält

$$V_A - V_B = U \qquad (18.17)$$

Die elektromotorische Kraft der Stromquelle ist gleich der Spannung zwischen ihren Polen bei offenem Stromkreis.

18.7. Elektrischer Verbraucher. Gegenelektromotorische Kraft. Ein Verbraucher elektrischer Energie ist eine Vorrichtung, die diese Energie in eine andere Form als die durch den Jouleschen Effekt entstehende Wärme umwandelt. Seien r der Widerstand des Verbrauchers, der zwischen den Punkten A und B geschaltet ist, I die Stromstärke, die den Verbraucher durchfließt, und $V_A - V_B$ die Spannung zwischen seinen Polen A und B (s. Fig. 184). Die insgesamt zur Verfügung stehende Energie ist $(V_A - V_B)It$. Ein Teil hiervon, nämlich $rI^2 t$ wird in Wärme umgewandelt, der Rest, nämlich W_r, wird von dem Verbraucher in eine andere Energieform umgewandelt. Man erhält

$$(V_A - V_B)It = rI^2 t + W_r \qquad (18.18)$$

18. Elektrischer Gleichstrom

Wenn der Verbraucher ein Motor ist, ist W_r eine mechanische Energie. Die Größe $U_c = W_r/It$ hat die gleiche Dimension wie die Spannung. Sie ist definitionsgemäß die gegenelektromotorische Kraft des Verbrauchers. Sie wird in Volt ausgedrückt. Man kann (18.18) in der Form

$$V_A - V_B = rI + U_c \qquad (18.19)$$

schreiben.

18.8. Stromkreis mit Stromquellen und Verbrauchern.

Wir betrachten einen Stromkreis, der eine Stromquelle mit dem Widerstand r (s. Fig. 185) und einen Verbraucher mit

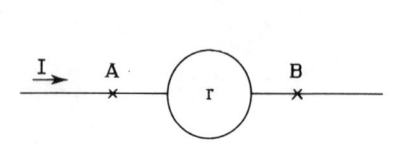

Fig. 184
Innerer Widerstand r
eines Verbrauchers

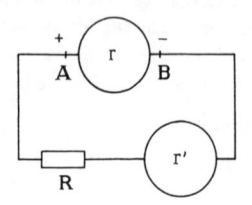

Fig. 185
Stromkreis, der eine Stromquelle und einen Verbraucher enthält

dem Widerstand r' enthalte. Ein Widerstand R schließe den Stromkreis. Ein Teil $W_{r'}$ der von der Stromquelle gelieferten Energie wird von dem Verbraucher in eine andere (von der Wärmeenergie verschiedene) Energieform umgewandelt, und der Rest findet sich in Form von Wärme in den Widerständen r, r' und R wieder. Man erhält

$$W = W_{r'} + (r + r' + R) I^2 t \qquad (18.20)$$

woraus folgt

$$U = U_c + (r + r' + R) I \qquad (18.21)$$

und

$$U - U_c = (r + r' + R) I \qquad (18.22)$$

Die gegenelektromotorische Kraft U_c des Verbrauchers ist der elektromotorischen Kraft U des Generators entgegengesetzt. Der Widerstand $r + r' + R$ ist der Gesamtwiderstand des Stromkreises. Bei einem Stromkreis, der eine beliebige Anzahl von Stromquellen, Verbrauchern und Widerständen enthält, schreibt man

$$\Sigma U - \Sigma U_c = \Sigma rI \qquad (18.23)$$

19. Magnetische Induktion. Wirkung eines Induktionsfeldes auf einen Strom

19.1. Magnetisches Induktionsfeld. Es ist bekannt, daß zwei elektrische Ladungen elektrische Kräfte aufeinander ausüben (s. Abschn. 16.2), ob sie sich nun bewegen oder nicht. Wenn die beiden Ladungen sich bewegen, tritt erfahrungsgemäß eine neue Kraft in Erscheinung. Diese Kraft wird **magnetische Kraft** genannt, und man sagt, eine sich bewegende elektrische Ladung erzeugt ein **magnetisches Induktionsfeld**. Das magnetische Induktionsfeld wird durch einen Vektor $\vec{B}$, der sog. **magnetischen Induktion**, charakterisiert. Wie im Fall des elektrischen Feldes kann man Linien definieren, die in allen Punkten als Tangente den Induktionsvektor $\vec{B}$ haben. Dies sind die Induktionslinien. Im MKSA-System heißt die Einheit der magnetischen Induktion Tesla (T) oder auch Weber pro Quadratmeter (Wb/m²). In einem homogenen Induktionsfeld sind die Induktionslinien parallele Geraden.

Sei q eine positive elektrische Ladung, die sich mit der Geschwindigkeit v senkrecht zu den Induktionslinien eines homogenen Feldes verschiebe (s. Fig. 186). Sie erfährt eine Kraft $\vec{F}$, deren Betrag gegeben wird durch

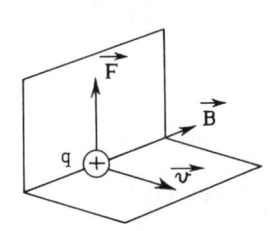

$$F = qvB \tag{19.1}$$

Fig. 186
Kraft eines magnetischen Induktionsfeldes auf eine bewegte Ladung +

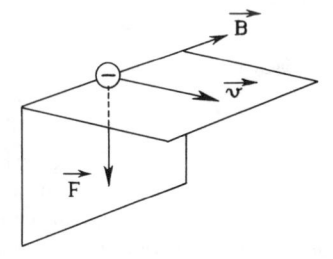

Fig. 187
Kraft eines magnetischen Induktionsfeldes auf eine bewegte Ladung −

Die Kraft $\vec{F}$ steht senkrecht auf der von $\vec{v}$ und $\vec{B}$ aufgespannten Ebene. Ihre Richtung wird z.B. durch die Drei-Finger-Regel der linken Hand gegeben: Der Zeigefinger weist in Richtung des Feldes $\vec{B}$, der Mittelfinger in Richtung von $\vec{v}$ und der Daumen in Richtung der Kraft. In Gl. (19.1) wird der Betrag B des Induktionsfeldes in Weber pro Quadratmeter berechnet, F in Newton, q in Coulomb und v in m/s. Im Fall einer negativen Ladung (s. Fig. 187) weist die Kraft in die entgegengesetzte Richtung. Wenn die Geschwindigkeit $\vec{v}$ einen Winkel α mit $\vec{B}$ bildet (s. Fig. 188), erhält man

$$F = qvB \sin\alpha \tag{19.2}$$

19. Magnetische Induktion

Bemerkung: Gl. (19.1) ist nicht strikt gültig. Zu der Kraft $\vec{F}$ muß eine elektrostatische Kraft $\vec{F}'$ (vektoriell) addiert werden, die nicht mit der in Kapitel 17 untersuchten elektrostatischen Kraft $q\vec{E}$ übereinstimmt, es sei denn, die beteiligten Ladungen ruhen. Bei den Erscheinungen, die wir untersuchen wollen, ist die Kraft $\vec{F}'$ gegenüber $\vec{F}$ vernachlässigbar, und wir werden die Relation (19.1) benutzen.

19.2. Bahnkurve eines geladenen Teilchens in einem homogenen Induktionsfeld.

Betrachten wir ein geladenes Teilchen, das sich mit einer Geschwindigkeit v senkrecht zu den Induktionslinien eines homogenen Induktionsfeldes bewegt (s. Fig. 189). Das Teil-

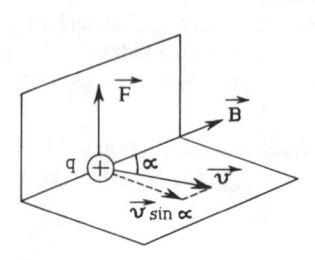

Fig. 188
Fall, in dem die Richtung der Geschwindigkeit nicht senkrecht auf der des Feldes $\vec{B}$ steht

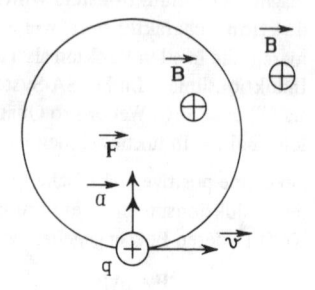

Fig. 189
Kreisbahn einer Ladung in einem homogenen $\vec{B}$-Feld

chen erfährt eine Kraft F gleich qvB, die den Betrag der Geschwindigkeit nicht beeinflußt, denn $\vec{F}$ steht senkrecht auf $\vec{v}$. Lediglich die Richtung der Geschwindigkeit wird geändert. Nach dem Hauptsatz der Dynamik ist die Beschleunigung des Teilchens der Masse m und der Ladung q

$$a = \frac{F}{m} = \frac{qvB}{m} = \text{const} \tag{19.3}$$

Die Beschleunigung ist eine Normalbeschleunigung, und sie ist gemäß Gl. (2.12) gleich v^2/R, wenn R der Krümmungsradius der Bahnkurve ist. Mit (19.3) erhält man also

$$R = \frac{mv}{qB} \tag{19.4}$$

Diese Größe ist konstant, und die Bahn des Teilchens ist ein Kreis vom Radius R, der in einer zu $\vec{B}$ senkrechten Ebene beschrieben wird.

Wenn die Geschwindigkeit $\vec{v}$ einen von $\pi/2$ verschiedenen Winkel mit der Richtung der Induktionslinien bildet, ist die Bahnkurve eine Schraubenlinie.

19.3. Wirkung eines magnetischen Induktionsfeldes auf ein Stromelement.

Wenn sich ein von einem Strom durchflossener Leiter in einem magnetischen Induktionsfeld befindet, werden auf die bewegten Elektronen im Innern des Leiters Kräfte ausgeübt. Diese Kräfte werden auf den Leiter selbst übertragen. Betrachten wir ein Element dl eines Stromkreises (s. Fig. 190), der von einem Strom I durchflossen wird. Wir wollen annehmen, daß das Feld $\vec{B}$ senkrecht auf dem

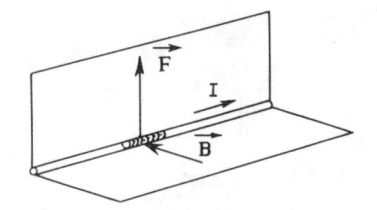

Fig. 190
Kraftwirkung eines $\vec{B}$-Feldes auf ein Stromelement

Element dl steht. Wenn e die Elektronenladung ist und v die mittlere Strömungsgeschwindigkeit, so ist die Kraft, die auf jedes Elektron ausgeübt wird, gleich evB. Sei n die Zahl der freien Elektronen pro Volumeneinheit und S der Querschnitt des Leiters. Die Anzahl der Ladungen in dem Element dl ist dann n dl · S. Folglich ist die Kraft, die auf das Element dl ausgeübt wird

$$F = evBndlS \qquad (19.5)$$

Nun ist nach Gl. (18.2) die Größe neSv die Stromstärke, man erhält also (Laplacesches Gesetz)

$$F = IdlB \qquad (19.6)$$

Die Kraft $\vec{F}$ steht senkrecht auf der Ebene, die das Induktionsfeld $\vec{B}$ und das Stromelement enthält. Ihre Richtung wird durch die Amperesche Regel gegeben: Der Beobachter steht längs des Elements, der Strom fließt von seinen Füßen zu seinem Kopf, er schaut in Richtung der Induktion $\vec{B}$; die Linke des Beobachters gibt die Richtung der Kraft $\vec{F}$.

Wenn die Induktion $\vec{B}$ einen Winkel α mit dl bildet, wird die Kraft gegeben durch

$$F = IdlB \sin\alpha \qquad (19.7)$$

19.4. Wirkung eines homogenen Induktionsfeldes auf eine rechteckige Stromschleife.

Die von einem Strom I durchflossene, rechteckige Schleife ABCD (s. Fig. 191) sei um eine senkrechte Achse xx' drehbar und befinde sich in einem homogenen und horizontalen Induktionsfeld $\vec{B}$. Die Ebene der Fig. 192 steht senkrecht auf der Ebene der Schleife und enthält die Normale ON auf die Schleife. Die Induktion $\vec{B}$ bilde den Winkel θ mit der Normalen ON. Die Seiten AD und BC sind gleichen und sich genau gegenüberliegenden Kräften ausgesetzt, deren resultierendes Moment bezogen auf xx' gleich Null ist. Die Seiten AB und CD erfahren gleiche, jedoch entgegengesetzte Kräfte $\vec{F}$ bzw. $-\vec{F}$. Der Rahmen erfährt also ein Drehmoment T = F · AH = F · AD · sinθ und nach (19.6)

$$T = I \cdot B \cdot \overline{AB} \cdot \overline{AD} \sin\theta = BIS \sin\theta \qquad (19.8)$$

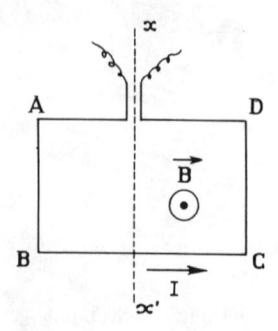

Fig. 191
Kraftwirkung eines homogenen
$\vec{B}$-Feldes auf eine rechteckige
Stromschleife

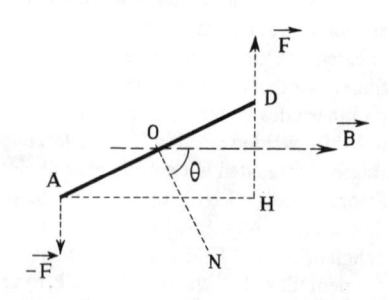

Fig. 192
Drehmoment, das auf die Schleife von
einem $\vec{B}$-Feld ausgeübt wird

wobei S die Fläche des Rahmens ist. Das Drehmoment versucht, die Ebene des Rahmens senkrecht zur Induktion $\vec{B}$ auszurichten.

Wenn der Rahmen N Windungen hat, erhält man demnach

$$T = NBIS\sin\theta \qquad (19.9)$$

Mit magnetischem Moment der Schleife bezeichnet man einen Vektor $\vec{m}$, der senkrecht auf der Schleifenebene steht, und dessen Richtung durch die Korkenzieherregel gegeben wird: $\vec{m}$ weist in die Richtung, in die sich ein Korkenzieher bewegt, der senkrecht auf der Schleifenebene steht, und dessen Griff sich in Richtung des Stromes dreht. Der Betrag m dieses magnetischen Moments wird gegeben durch

$$m = NIS \qquad (19.10)$$

Das Drehmoment kann also geschrieben werden

$$T = mB\sin\theta \qquad (19.11)$$

Die Bezeichnung magnetisches Moment wird gerechtfertigt durch die Gegenwart eines magnetischen Induktionsfeldes, das von dem Stromkreis selbst erzeugt wird, und das wir später untersuchen werden.

Die vorangegangenen Gleichungen gelten allgemein und können auf eine Schleife beliebiger Gestalt angewandt werden, z.B. auf eine kreisförmige Schleife. Im Fall einer Spule, deren Windungen eine Fläche S einschließen, ist das Drehmoment, das auf die Spule wirkt, gleich der Summe der Drehmomente, die auf die Windungen ausgeübt werden. Wenn sie N Windungen hat, wird das Drehmoment durch (19.9) gegeben. Das magnetische Moment in der Spule ist ein Vektor längs der Spulenachse, dessen Richtung durch die Korkenzieherregel gegeben wird. Der Betrag dieses Vektors ist gleich NIS. Unter

19.5. Magnetisches Induktionsfeld eines Permanentmagneten

der Wirkung eines Induktionsfeldes $\vec{B}$ versucht die Spule (oder die Schleife), sich so auszurichten, daß ihr magnetisches Moment in Richtung des Induktionsfeldes weist.

19.5. Magnetisches Induktionsfeld eines Permamentmagneten.

Die Erfahrung lehrt, daß gewisse Stoffe, wie z.b. das Magneteisenerz Fe_3O_4, die Eigenschaft haben, Kräfte auf bewegte elektrische Ladungen auszuüben, also ein Induktionsfeld zu erzeugen. Die geladenen Teilchen, deren Bewegung dieses Induktionsfeld hervorruft, sind die Elektronen der Atome dieses Stoffes. Bei seiner Bewegung im Innern des Atoms erzeugt jedes Elektron ein Induktionsfeld. Wenn das resultierende Feld aus allen Atomen des Körpers Null ist, geht von der Gesamtheit keine Kraftwirkung aus. Aber in bestimmten Fällen ist das resultierende Feld nicht Null. Der Körper erzeugt also ein magnetisches Induktionsfeld, und man nennt ihn Permanentmagnet.

In einem ganz anderen Maßstab erzeugt auch die Erde selbst ein magnetisches Induktionsfeld, dessen Ursprung noch nicht genau bekannt ist. Es ist möglich, daß ein langsamer Materiestrom, der im Innern des Erdballs kreist, elektrische Ströme verursacht, d.h., es liegen Ladungsbewegungen vor, durch die ein Induktionsfeld erzeugt wird.

Die Erfahrung lehrt, daß ein Magnet länglicher Gestalt, der sich in einem homogenen Induktionsfeld befindet, ebenso wie eine stromdurchflossene Spule einem Drehmoment ausgesetzt ist. Der Magnet richtet sich parallel zu den Induktionslinien aus. Im Fall der Spule beruht die dabei auftretende Kraft auf der Wirkung des Feldes auf die Elektronen, die sich in dem stromdurchflossenen Leiter bewegen. Im Fall des Magneten nimmt man an, daß sich die Elektronen bei ihrer Bewegung im Innern der Atome wie mikroskopische Stromschleifen verhalten, die von sehr kleinen Strömen durchflossen werden. In einem Permanentmagneten stehen die Achsen dieser kleinen Stromschleifen parallel, und unter der Wirkung eines homogenen Feldes erfahren sie ein Drehmoment T, das durch (19.9) gegeben wird. Bei n mikroskopischen Stromschleifen ist das auf den Magneten wirkende Drehmoment gleich nT.

Wir betrachten einen um seinen Schwerpunkt frei beweglichen Stabmagneten, der dem irdischen Feld ausgesetzt sei, das man unter den Versuchsbedingungen als homogen annehmen kann. Der Magnet richtet sich parallel zu den Induktionslinien, die von Süden nach Norden weisen, aus. Das Ende, das nach Norden weist, ist der Nordpol des Magneten, das andere der Südpol.

Die magnetischen Eigenschaften eines Stabmagneten sind auf die Pole lokalisiert: Wenn man den Magneten in Eisenfeilicht taucht, zieht er zwei an den beiden Polen haftende Bärte von Feilicht mit sich fort (s. Fig. 193). Diese Bärte machen die Anziehung des Eisens durch den Magneten sichtbar und zeigen, daß diese Anziehung überwiegend auf

Fig. 193
Kraftwirkung eines Magneten auf Eisenfeilicht

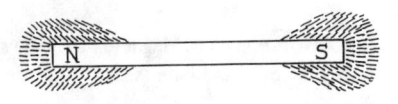

19. Magnetische Induktion

das Gebiet der Pole beschränkt ist. Wir nähern zwei Stabmagneten einander: Man stellt fest, daß sich zwei gleichnamige Pole abstoßen und zwei ungleichmäßige Pole anziehen.

Die Anziehung des Eisens durch einen Magneten beruht auf dem Effekt der induzierten Magnetisierung. Ein Stück Eisen wird durch Influenz in dem Feld des Magneten magnetisiert: Es zeigt am Pol des Magneten einen Pol entgegengesetzten Vorzeichens und wird angezogen. Wir werden diesen Effekt in Abschn. 21.1 noch einmal behandeln. Auf die gleiche Weise bilden sich die Bärte aus Feilicht, denn jeder Eisenfeilspan wird zu einem kleinen Magneten, der auf die benachbarten Späne wirkt.

Die magnetischen Kraftwirkungen zwischen den Magnetpolen können mit denen, die zwischen elektrischen Ladungen wirken, verglichen werden, indem man annimmt, daß jeder Pol eine positive (Nordpol) oder negative (Südpol) magnetische Ladung trägt. Man muß aber unbedingt auf einen wesentlichen Unterschied zwischen der Elektrostatik und dem Magnetismus hinweisen: Man kennt im Magnetismus keinen zur elektrischen Leitung analogen Effekt, und es ist im Gegensatz zu den elektrischen Erscheinungen unmöglich, magnetische Ladungen eines bestimmten Vorzeichens zu isolieren. Wenn man einen Magneten auseinanderbricht, sind die beiden Bruchstücke immer noch Magnete, die, jeder für sich, zwei Pole haben.

19.6. Induktionslinien eines Magneten. Bringt man in das von einem Magneten erzeugte Feld kleine Magnetnadeln, deren Ausdehnung so klein sein soll, daß das Feld in dem von den Magnetnadeln belegten Gebiet praktisch homogen ist, so richten sich diese Magnetnadeln, falls sie frei aufgehängt sind, unter der Kraftwirkung des Feldes tangential zu den Induktionslinien aus. Ebenso richten sich Eisenfeilspäne, die sich in der Nähe eines Magneten befinden und durch Influenz magnetisiert werden, wie kleine Magnetnadeln tangential zu den Induktionslinien aus (s. Fig. 194 und 195).

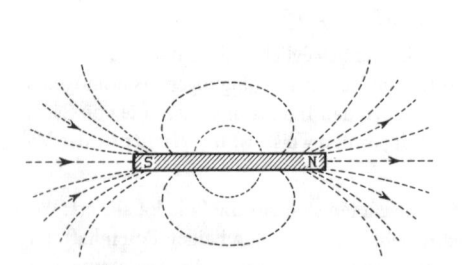

Fig. 194
Kraftlinien eines Stabmagneten

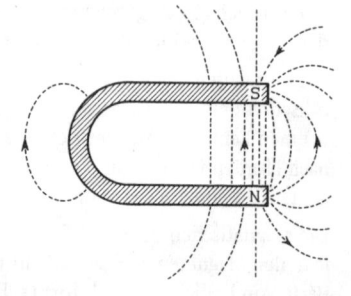

Fig. 195
Kraftlinien eines Hufeisenmagneten

19.7. Wirkung eines Magneten auf eine stromdruchflossene Schleife. Betrachten wir z.B. eine Stromschleife (s. Fig. 196), der wir einen Stabmagneten nähern. Die Schleife

19.8. Induktionsfluß   159

soll frei drehbar um eine vertikale Achse xx' gelagert sein, und der Magnet sei auf diese Achse gerichtet. Die vorangegangenen Resultate erlauben eine Voraussage über die Kraftwirkung des Magneten auf die Stromschleife. Das von dem Magneten erzeugte Feld wirkt auf die Schleife, und diese richtet sich so aus, daß sie eine bestimmte Seite dem Nordpol des Magneten zuwendet. Diese Seite wird der Südpol (oder negative Pol) der Stromschleife genannt. Das ist die Seite, vor die man sich stellen muß, um den Strom im Uhrzeigersinn fließen zu sehen. Wenn man die Stromrichtung in der Schleife umkehrt, wird diese Seite zu einem Nordpol (oder positivem Pol), und die Schleife dreht sich sofort um 180°, um ihren Südpol dem Nordpol des Magneten zuzuwenden.

Die Stromschleife kann durch eine Spule ersetzt werden, die sich frei um eine vertikale Achse xx' drehen kann (s. Fig. 197). Wie im Vorangegangenen richtet sich die Spule

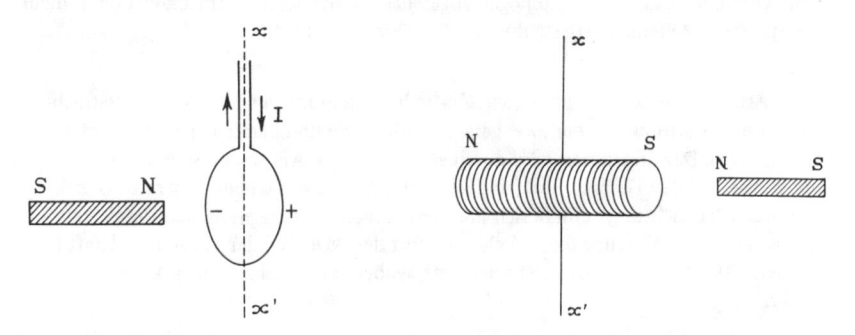

Fig. 196
Kraftwirkung eines Magneten auf eine stromdurchflossene Schleife

Fig. 197
Kraftwirkung eines Magneten auf eine stromdurchflossene Spule

unter der Wirkung des von dem Magneten erzeugten Feldes so aus, daß sie dem Nordpol des Magneten eine bestimmte Seite zuwendet. Das ist der Südpol (oder der negative Pol) der Spule. Wie im Vorausgegangenen kann man sagen, daß dies die Seite ist, vor die man sich stellen muß, um den Strom im Uhrzeigersinn fließen zu sehen. Wenn man die Stromrichtung umkehrt, wird diese Seite zu einem Nordpol, der sofort von dem Nordpol des Magneten abgestoßen wird.

19.8. Induktionsfluß. Wir betrachten eine ebene Fläche S, die von einem homogenen Feld $\vec{B}$ durchsetzt werde (s. Fig. 198). Die Richtung der Normalen ON auf die Fläche S bilde einen Winkel α mit der Richtung des $\vec{B}$-Feldes. Mit Induktionsfluß durch die Fläche S bezeichnet man die Größe

$$\Phi = B\cos\alpha \, S \qquad (19.12)$$

Fig. 198
Induktionsfluß durch eine Fläche S

160   19. Magnetische Induktion

Der Induktionsfluß ist eine skalare Größe und hat keine Richtung. Er ist dem Betrag nach am größten, wenn $\vec{B}$ senkrecht auf S steht, und Null, wenn $\vec{B}$ parallel zu S ist. Um den Fluß Φ ein Vorzeichen zu geben, muß man einen positiven Pol wählen. Nehmen wir an, daß die Fläche S von einer stromdurchflossenen Schleife begrenzt wird. Sie besitzt also einen positiven Pol und einen negativen Pol. *Der Induktionsfluß ist positiv, wenn das Induktionsfeld $\vec{B}$ vom Südpol der Stromschleife her eintritt.* Die Einheit des Induktionsflusses ist das Weber: Das ist der Induktionsfluß, der durch eine Fläche von 1 m^2 geht, die sich senkrecht zu den Induktionslinien in einem homogenen Feld von 1 Tesla befindet.

Wenn man eine Fläche S betrachtet, die nicht eben ist und sich in einem nicht homogenen Induktionsfeld befindet zerlegt man S so in genügend kleine Elemente, daß für jedes von ihnen das Feld als homogen angesehen werden kann. Der Gesamtfluß ist dann die Summe der Elementarflüsse durch jedes dieser Elemente.

19.9. Arbeit der elektromagnetischen Kräfte bei Änderung der Leiterfläche. Betrachten wir einen Stromkreis, der zwei gerade, horizontale und parallele Drähte enthält (s. Fig. 199). Der Stromkreis wird durch ein Leiterstück AB geschlossen, das im rechten Winkel auf den Drähten liegt, und der Strom I wird von einem Generator G geliefert. Diese Vorrichtung befinde sich in einem senkrechten magnetischen Induktionsfeld $\vec{B}$. Unter der Wirkung dieses Feldes erfährt der Bügel AB der Länge l die Kraft F = I · l · B (s. (19.6)) und bewegt sich nach rechts, wobei er parallel zu seiner Ausgangslage bleibt.

Bei einer Verschiebung AA′ = dx ist die von der Kraft F geleistete Arbeit

$$dW = IlBdx \qquad (19.13)$$

Das Produkt ldx = dS ist die von AB bei seiner Verschiebung überstrichene Fläche, und B dS bedeutet die Zunahme dΦ des Induktionsflusses Φ, der durch den das Leiterstück AB enthaltenden Stromkreis greift. Man erhält

$$dW = Id\Phi \qquad (19.14)$$

dW ist positiv, wenn die Verschiebung dx in Richtung der Kraft erfolgt: Das ist der Fall, der in Fig. 199 gezeigt wird. Gl. (19.14) ist dem Vorzeichen nach richtig, wenn man die Konventionen der Abschnitte 19.7 und 19.8 benutzt. Im Fall der Fig. 199 tritt das Induktionsfeld $\vec{B}$ vom Südpol der Stromschleife her ein: Der Fluß Φ und seine Änderung dΦ sind positiv.

Die Änderung dΦ des Flusses hat das gleiche Vorzeichen wie die Arbeit dW.

19.10. Gesetz vom größten Fluß. Das von Maxwell gefundene Gesetz vom größten Fluß erlaubt es, qualitativ die Änderung der Lage und der Gestalt selbst komplizierter Stromkreise vorauszusagen, wenn sie in ein Induktionsfeld gelangen. Dieses Gesetz leitet sich aus dem vorangegangenen Abschnitt her: Wenn eine stromdurchflossene

20.1. Grundlegende Versuche   161

Schleife in ein Induktionsfeld gelangt, wird sie unter der Wirkung der elektromagnetischen Kräfte verschoben oder deformiert: *Die von den elektromagnetischen Kräften verrichtete Arbeit dW ist positiv, und der Fluß ϕ durch den Stromkreis nimmt zahlenmäßig zu.*

Der Stromkreis ist im stabilen Gleichgewicht, wenn der Fluß maximal ist.

Wenn die Schleife aus Fig. 196 an biegsamen Drähten aufgehängt ist (s. Fig. 200), richtet sich die Schlinge so aus, daß ihr Südpol zum Nordpol des Magneten weist. Danach

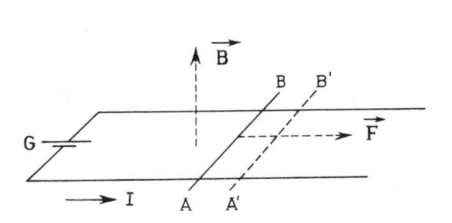

Fig. 199
Arbeit der elektromagnetischen Kräfte bei der
Verschiebung des Leiters AB

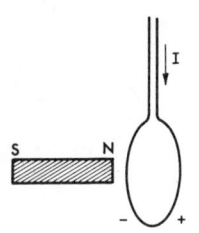

Fig. 200
Gesetz vom
größten Fluß

wird sie von dem Magneten angezogen, um von einem maximalen Induktionsfluß durchsetzt zu werden. Wenn man die Stromrichtung umkehrt, wird die Schleife abgestoßen, vollzieht eine Drehung um 180° und wird dann von neuem durch den Magneten angezogen.

Bemerkung: Wie wir später sehen, erzeugt ein Strom eine magnetische Induktion: Das Gesetz vom größten Fluß bezieht sich ausdrücklich auf den Fall, in dem das Feld, das auf den Stromkreis wirkt, von einem anderen Stromkreis erzeugt wird.

20. Magnetisches Induktionsfeld eines Gleichstroms

20.1. Grundlegende Versuche. Da ein magnetisches Induktionsfeld von bewegten Ladungen erzeugt wird, muß auch ein stromdurchflossener Draht ein Induktionsfeld erzeugen. Das wird durch den Oerstedschen Versuch bestätigt (s. Fig. 201): Eine Magnet-

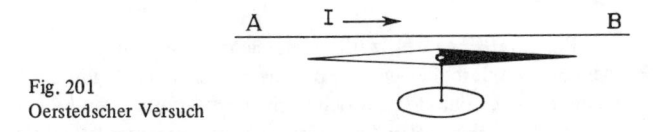

Fig. 201
Oerstedscher Versuch

nadel, die sich in einer horizontalen Ebene drehen kann, wird unter einen Draht gesetzt, der wie die Magnetnadel in Nord-Süd-Richtung weist. Die Nadel ist somit unter

20. Magnetisches Induktionsfeld eines Gleichstroms

der Wirkung des Erdfeldes im Gleichgewicht. Wenn der Draht von einem Strom durchflossen wird, wird die Nadel ausgelenkt. Der Strom hat also in dem ihn umgebenden Raum ein magnetisches Induktionsfeld erzeugt.

Man kann wie bei den Magneten das Induktionsfeld, das von starken Strömen erzeugt wird, mit Hilfe von Eisenfeilicht untersuchen. Die Figuren 202, 203 und 204 zeigen die Ergebnisse, die man in drei wichtigen Fällen erhält.

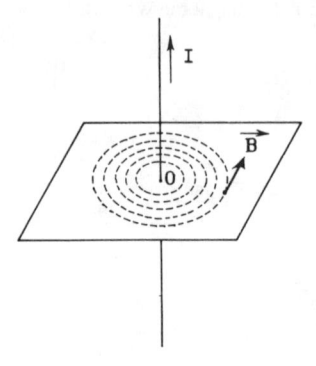

Fig. 202
Kraftlinien eines geraden, stromdurchflossenen Leiters

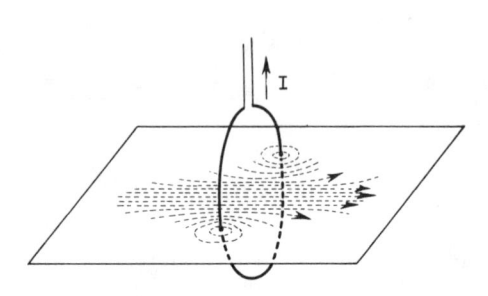

Fig. 203
Kraftlinien eines Kreisstromes

Die Richtung des Induktionsfeldes wird durch die Amperesche Regel gegeben: Ein Beobachter steht längs des Drahtes, der Strom fließt von seinen Füßen zu seinem Kopf, er betrachtet den Punkt, in dem man die Richtung des Induktionsfeldes wissen möchte. Das Feld weist nach der Linken des Beobachters.

Man kann auch die Korkenzieherregel von Maxwell benutzen:

a) Bei einem geraden, stromführenden Leiter dreht sich das Induktionsfeld in demselben Sinn wie ein Korkenzieher, der parallel zum Leiter in Stromrichtung vorrückt.

b) Bei einer Stromschleife oder einer Spule: Die Richtung des Induktionsfeldes längs der Achse des Stromkreises ist diejenige, in der ein Korkenzieher vorrückt, dessen Achse mit der der Schleife übereinstimmt und dessen Griff sich in Stromrichtung dreht.

20.2. Bio-Savartsches Gesetz. Ein Leiterelement der Länge dl (s. Fig. 205) werde von einem Strom I durchflossen. Das Bio-Savartsche Gesetz ergibt das Induktionsfeld $\vec{dB}$ in einem beliebigen Punkt P, der sich in einer Entfernung AP = r von dl befindet. Wenn α der Winkel zwischen AP und der Richtung des Elementes ist, erhält man im Vakuum

$$dB = \frac{\mu_0}{4\pi} \frac{I dl \sin\alpha}{r^2} \qquad (20.1)$$

20.3. Magnetische Induktion eines geraden Leiters

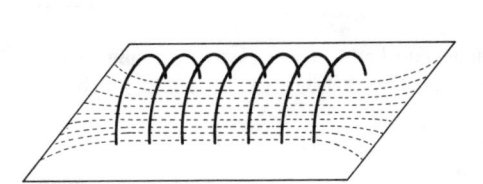

Fig. 204
Kraftlinien, die von einer stromdurchflossenen Spule erzeugt werden

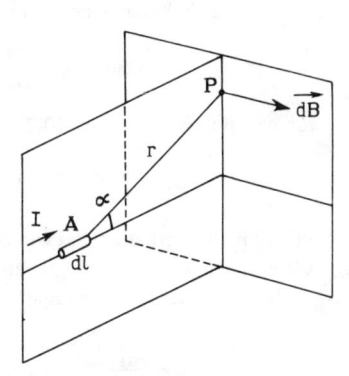

Fig. 205
Magnetische Induktion eines Stromelementes

Die Konstante μ_0 heißt magnetische Feldkonstante. Ihr Wert beträgt im Vakuum (oder in Luft) $\mu_0 = 4\pi \cdot 10^{-7} \frac{\text{Tesla} \times \text{Meter}}{\text{Ampere}}$ im MKSA-System. Nach der Ampereschen Regel ist das Feld $\overrightarrow{dB}$ nach der Linken eines Beobachters gerichtet, der längs dl steht und nach P blickt.

20.3. Magnetische Induktion eines geraden, unendlichen, stromdurchflossenen Leiters.

Wir betrachten ein Element dx eines geraden, unendlichen, stromdurchflossenen Leiters

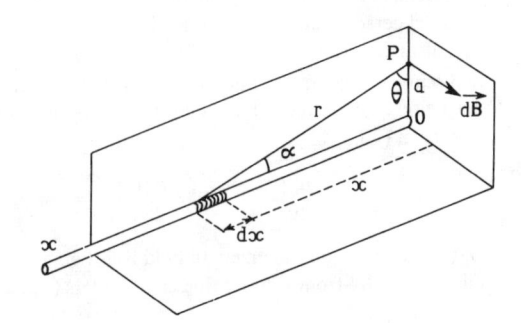

Fig. 206
Magnetische Induktion eines geraden, unendlichen, stromdurchflossenen Leiters

(s. Fig. 205). Sei x seine Entfernung zu einem Punkt 0, der als Ursprung angenommen wird. Das von dx erzeugte Feld in P wird durch das Bio-Savartsche Gesetz gegeben

$$dB = \frac{\mu_0}{4\pi} I \frac{dx \sin\alpha}{r^2} \qquad (20.2)$$

20. Magnetisches Induktionsfeld eines Gleichstroms

Nehmen wir als Variable den Winkel θ und nicht x, d.h., es ist

$$x = a \tan\theta, \quad dx = \frac{a\,d\theta}{\cos^2\theta}, \quad r = \frac{a}{\cos\theta} \tag{20.3}$$

woraus durch Einsetzen in (20.2) folgt

$$dB = \frac{\mu_0}{4\pi} \frac{I}{a} \cos\theta\,d\theta \tag{20.4}$$

Um das Feld zu erhalten, das von dem unendlichen Leiter erzeugt wird, muß man den vorstehenden Ausdruck integrieren, wobei θ von $-\pi/2$ bis $+\pi/2$ läuft, d.h., x sich von $-\infty$ bis $+\infty$ erstreckt. Man erhält

$$B = \frac{\mu_0 I}{4\pi a} \int_{-\pi/2}^{+\pi/2} \cos\theta\,d\theta = \frac{\mu_0 I}{2\pi a} \tag{20.5}$$

Man kann einen neuen Vektor $\vec{H}$ im Vakuum (oder in Luft) durch die Gleichung

$$\vec{B} = \mu_0 \vec{H} \tag{20.6}$$

definieren. Der Vektor $\vec{H}$ ist die **magnetische Feldstärke**. Im Fall eines geraden, unendlichen, stromdurchflossenen Leiters erhält man

$$H = \frac{I}{2\pi a} \tag{20.7}$$

Das Feld H wird in Ampere pro Meter (A/m) ausgedrückt.

20.4. Kraft zwischen zwei geraden, parallelen, stromdurchflossenen Leitern. Betrachten wir zwei gerade, parallele und unendlich lange Leiter, die von den Strömen I und I′ durchflossen werden (s. Fig. 207). Die Ebene π steht senkrecht auf den beiden Leitern und schneidet sie in den Punkten P und P′. Der Leiter (1) erzeugt in P′ ein Feld $\vec{B}$, und der Leiter (2) erzeugt in P ein Feld $\vec{B}'$. Wenn a der Abstand der beiden Leiter ist, erhält man nach (20.5)

$$B = \frac{\mu_0 I}{2\pi a} \qquad B' = \frac{\mu_0 I'}{2\pi a} \tag{20.8}$$

Das von dem Leiter (1) erzeugte Feld $\vec{B}$ übt eine Kraft $\vec{F}$ auf einen Abschnitt der Länge l des von dem Strom I′ durchflossenen Leiters (2) aus. Nach (19.6) und (20.8) gilt

$$F = \frac{\mu_0}{2\pi} l \frac{I \cdot I'}{a} \tag{20.9}$$

woraus die Kraft pro Längeneinheit folgt

$$\frac{F}{l} = \frac{\mu_0}{2\pi} \frac{I \cdot I'}{a} \tag{20.10}$$

20.5. Magnetische Induktion eines Kreisstroms

Diese Kraft ist dem Betrag nach gleich der Kraft, die von dem Leiter (2) auf den Leiter (1) ausgeübt wird. Wenn die beiden Leiter von entgegengesetzten Strömen durchflossen werden, ist die Kraft F eine abstoßende Kraft. Gl. (20.10) ist sehr wichtig, denn sie ist die Grundlage für die gesetzliche Definition des Ampere.

Das Ampere ist die Stärke eines konstanten Stromes, der durch zwei geradlinige, parallele Leiter unendlicher Länge und von vernachlässigbarem Querschnitt, die sich im Vakuum 1 Meter voneinander entfernt befinden, fließt und zwischen diesen beiden Leitern eine Kraft von $2 \cdot 10^{-7}$ Newton je Meter Länge erzeugt.

Das Coulomb, Einheit der elektrischen Ladung, ergibt sich aus der vorstehenden Definition: Das ist die Elektrizitätsmenge, die ein Strom von 1 Ampere pro Sekunde transportiert.

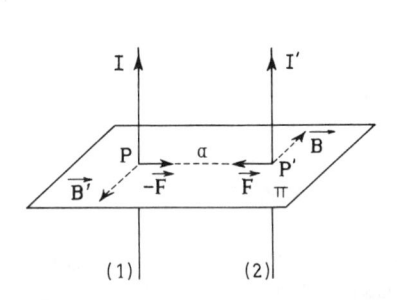

Fig. 207
Gegenseitige Kraftwirkung zwischen zwei geraden, parallelen, stromdurchflossenen Leitern

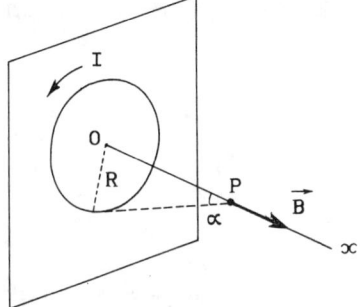

Fig. 208
Magnetische Induktion, die von einer kreisförmigen Schleife in einem Punkt ihrer Achse erzeugt wird

20.5. Magnetische Induktion eines Kreisstroms. Das Bio-Savartsche Gesetz erlaubt es, das Induktionsfeld einer kreisförmigen Schleife vom Radius R, durch die ein Strom I fließt, zu berechnen (s. Fig. 208). Man findet, daß der Betrag des Feldes $\vec{B}$ in einem Punkt P auf der Achse der Schleife gegeben wird durch

$$B = \frac{\mu_0 I \sin^3 \alpha}{2R} \qquad (20.11)$$

Insbesondere erhält man im Mittelpunkt 0

$$B = \frac{\mu_0 I}{2R} \qquad (20.12)$$

Wenn man N Schleifen hat, die eine flache Spule bilden, werden die rechten Seiten der Ausdrücke (20.11) und (20.12) mit N multipliziert.

Im Fall einer sehr langen Spule der Länge l ergibt sich das Feld im Innern der Spule weit entfernt von den Enden zu

$$B = \mu_0 \frac{I \cdot N}{l} \qquad (20.13)$$

wobei N die Gesamtzahl der Windungen ist. Die Formel (20.13) bleibt auch für einen Punkt außerhalb der Achse gültig, denn das Feld ist im Innern der Spule homogen.

21. Materie im Magnetfeld

21.1. Induzierte Magnetisierung. Bringen wir einen Eisenstab in das Innere einer stromdurchflossenen Spule (s. Fig. 209), dann können wir aufgrund seiner Wirkung auf Eisenfeilicht feststellen, daß er stark magnetisiert wird.

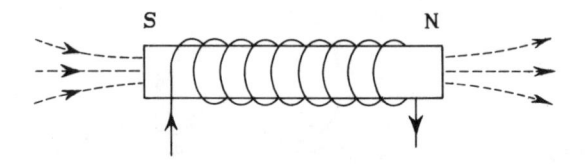

Fig. 209
Induzierte Magnetisierung

Die Magnetisierung, die ein Körper erfährt, wenn er in ein Magnetfeld gelangt, heißt induzierte Magnetisierung. Faraday hat gezeigt, daß jeder Stoff magnetisierbar ist, aber meistens ist der Effekt verschwindend gering, außer in einem sehr hohen Feld. Man wird so dazu geführt, das Verhalten von Materie in einem Magnetfeld in drei Kategorien einzuteilen:

a) den Paramagnetismus

b) den Diamagnetismus

c) den Ferromagnetismus

Ein paramagnetischer Stoff, der in ein Feld gelangt, erhält eine Magnetisierung und erzeugt ein Magnetfeld, das dieselbe Richtung wie das Erregerfeld hat. Unter den paramagnetischen Stoffen findet man zwei Gase, Sauerstoff und Stickstoff, und zahlreiche Eisen-, Nickel- und Kobaltsalze.

Das Feld, das von diamagnetischen Stoffen unter der Wirkung eines Erregerfeldes erzeugt wird, hat die umgekehrte Richtung wie dieses. Nahezu alle Stoffe sind diamagnetisch.

Die Magnetisierung der paramagnetischen und diamagnetischen Stoffe ist sehr schwach im Vergleich zu den ferromagnetischen, wie Eisen, Stahl, Kobalt, Nickel und dem Magneteisenstein Fe_3O_4. Während bei den para- und diamagnetischen Stoffen die Magnetisierung gleichzeitig mit dem Erregerfeld verschwindet, bleibt sie bei den ferromagnetischen Stoffen mehr oder weniger bestehen.

21.3. Entmagnetisierung

21.2. Charakterisierung des Magnetisierungszustandes. Bisher haben wir die Effekte außerhalb der magnetisierten Materie untersucht, und sie wurden im wesentlichen mit Hilfe des Vektors der magnetischen Induktion $\vec{B}$ beschrieben. Zusätzlich haben wir den Vektor der magnetischen Feldstärke $\vec{H}$ eingeführt. Um die Induktion $\vec{B}$ für das Innere von magnetisierter Materie, in der das Magnetfeld $\vec{H}$ herrscht, zu verallgemeinern, setzt man

$$\vec{B} = \mu_0 \, (\vec{H} + \vec{M}) \tag{21.1}$$

Der Vektor $\vec{M}$ heißt Magnetisierung in der magnetisierten Materie. Wir werden im folgenden Abschnitt sehen, welchen Betrag das Feld $\vec{H}$ in der magnetisierten Materie hat. Außerhalb, im Vakuum oder in der Luft, gilt nach (20.6)

$$\vec{B} = \mu_0 \, \vec{H} \tag{21.2}$$

Die Erfahrung lehrt, daß der Vektor $\vec{M}$ allgemein parallel zu dem Vektor $\vec{H}$ der magnetischen Feldstärke ist, und die beiden Vektoren sind, *außer bei den ferromagnetischen Stoffen*, proportional, d.h.

$$\vec{M} = \kappa \vec{H} \tag{21.3}$$

Die für den Stoff charakteristische Konstante κ ist die magnetische Suszeptibilität des Körpers. Der Betrag des Vektors $\vec{M}$ wird wie das Feld $\vec{H}$ in Ampere pro Meter ausgedrückt, und die magnetische Suszeptibilität ist dimensionslos.

Für die para- und diamagnetischen Stoffe kann man also (21.1) in der Form

$$\vec{B} = \mu_0 \, (1 + \kappa) \, \vec{H} = \mu \vec{H} \tag{21.4}$$

schreiben, wobei die Größe μ die magnetische Permeabilität des Stoffes ist.

Für die paramagnetischen Stoffe ist die Suszeptibilität positiv ($\vec{M}$ und $\vec{H}$ in gleicher Richtung). Man erhält für Sauerstoff $\kappa = 2 \cdot 10^{-5}$, für Eisenchloridkristalle $\kappa = 3{,}3 \cdot 10^{-3}$ und für Luft $\kappa = 3{,}8 \cdot 10^{-7}$. Die Mehrzahl der Stoffe ist diamagnetisch, und ihre Suszeptibilität κ ist negativ ($\vec{M}$ und $\vec{H}$ in entgegengesetzter Richtung). Sie ist stets sehr klein und in der Größenordnung von 10^{-5}. Man erhält für Wasser $\kappa = 9 \cdot 10^{-6}$ und für Alkohol $\kappa = 7 \cdot 10^{-6}$. Im Fall der ferromagnetischen Stoffe ist $\vec{M}$ nicht mehr proportional zu $\vec{H}$, und das Verhältnis M/H, das wir im übernächsten Abschnitt untersuchen werden, kann den Wert 1000 erreichen.

21.3. Entmagnetisierung. Betrachten wir eine stromdurchflossene Spule, die das Feld $\vec{H}_0$ erzeugt. (s. Fig. 210). Wenn man einen Eisenstab in die Spule einführt, ist das Feld in dem Stab nicht mehr gleich $\vec{H}_0$, das Gesamtfeld $\vec{H}$ ist gleich der Summe aus dem Feld $\vec{H}_0$ und dem Feld $\vec{h}$, das von der Magnetisierung herrührt, die der Stab erhalten hat, d.h.

$$\vec{H} = \vec{H}_0 + \vec{h} \tag{21.5}$$

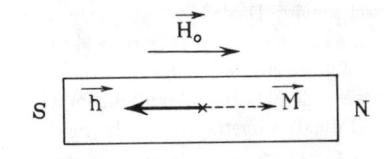

Fig. 210
Entmagnetisierung

21. Materie im Magnetfeld

Das Feld $\vec{H}$ ist das tatsächlich wirkende Feld. Es ist das Feld, das in die Gleichungen des Abschn. 21.2 eingeht.

Das Feld $\vec{h}$ weist in die umgekehrte Richtung von $\vec{H}_0$. Tatsächlich wird unter der Wirkung des Feldes $\vec{H}_0$ der Eisenstab zu einem Magneten, dessen Magnetisierung $\vec{M}$ parallel zu $\vec{H}_0$ ist. Die Süd-Nord-Richtung des erzeugten Magneten ist jedoch die gleiche wie die Richtung des Vektors $\vec{H}_0$. Die Induktionslinien gehen vom Nordpol zum Südpol, und genauso ist es innerhalb des Magneten: Das von dem Magneten erzeugte Magnetfeld $\vec{h}$ ist also entgegengesetzt zu $\vec{M}$. Das Feld $\vec{h}$ bewirkt eine Abschwächung des Erregerfeldes $\vec{H}_0$ und der Magnetisierung, die daraus folgt. Das Feld $\vec{h}$ wird *Entmagnetisierung* genannt. Während es bei paramagnetischen und diamagnetischen Stoffen vernachlässigbar ist, gewinnt es Bedeutung, wenn man ferromagnetische Stoffe verwendet.

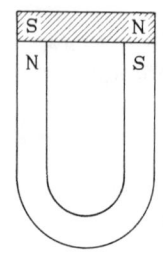

Fig. 211
Methode zur Verhinderung der Entmagnetisierung eines Magneten

Die Entmagnetisierung nähert sich Null, wenn man einen Eisenstab verwendet, dessen Querschnitt eine Ausdehnung hat, die gegen die Länge des Stabes vernachlässigbar ist. Es ist möglich, Bedingungen herzustellen, so daß es keine Entmagnetisierung gibt. Dies geschieht, indem man *geschlossene Magnetfelder, die durch passende Wicklungen erreicht werden*, verwendet. Die Entmagnetisierung existiert auch in einem permanenten Magneten und versucht, ihn zu entmagnetisieren, denn sie hat die umgekehrte Richtung wie das Feld, das die Magnetisierung hervorgerufen hat. Wegen der Entmagnetisierung nimmt die Magnetisierung langsam ab. Um diesen Effekt zu verhindern, verbindet man die Pole des Magneten durch einen Riegel aus Weicheisen (s. Fig. 211). Die Pole, die durch Influenz bei dem Weicheisen auftreten, kompensieren ungefähr das Feld $\vec{h}$.

21.4. Magnetisierungskurven von Eisen und Stahl. Wir bringen einen sehr langen Eisenstab in eine stromführende Spule (s. Fig. 212). Um die Magnetisierung zu messen, kann man eine Magnetnadel in die Nähe eines der Pole des magnetisierten Stoffes bringen. Solange das Feld $\vec{H}$ nicht zu groß ist, kann man es als vernachlässigbar gegenüber $\vec{M}$ betrachten, und Gl. (21.1) zeigt, daß $\vec{B} \approx \mu_0 \vec{M}$. Das Feld, das in dem von der Magnetnadel besetzten Gebiet erzeugt wird, ist proportional zu der Magnetisierung $\vec{M}$. Die Auslenkung der Nadel erlaubt es, die Magnetisierung zu messen. Man wird natürlich dafür sorgen, daß die Wirkung des Erdfeldes und des von der Spule erzeugten Feldes ausgeglichen wird. Da der Stab sehr lang ist, ist die Entmagnetisierung $\vec{h}$ praktisch Null, und man kann die Magnetisierung $\vec{M}$ untersuchen als Funktion des Feldes $\vec{H}$, das von der Spule erzeugt wird (das Feld $\vec{H}_0$ in Abschn. 21.3). Wir lassen das wirksame, magnetisierende Feld $\vec{H}$ variieren, indem wir den Strom ändern. Die Magnetisierung M wird als Ordinate aufgetragen und das Feld H als Abszisse (s. Fig. 213).

Wenn es sich um einen Eisenstab handelt, der noch nie magnetisiert war, beginnt die Magnetisierungskurve (Kurve 1) im Ursprung, wächst für kleine Werte von H pro-

21.4. Magnetisierungskurven von Eisen und Stahl

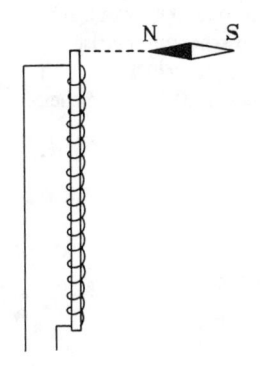

Fig. 212
Untersuchung der
Magnetisierung eines
langen Weicheisenstabes

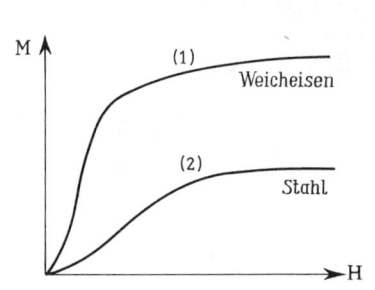

Fig. 213
Magnetisierung von Weicheisen und Stahl
als Funktion des magnetisierenden Feldes

portional zu H an, wächst dann schneller und nähert sich schließlich einem maximalen Wert: Der Stab hat die magnetische Sättigung erreicht. Die Kurve (2) zeigt die Magnetisierung von Stahl.

Nachdem der Eisenstab magnetisiert wurde, lassen wir das Feld H abnehmen. Die Magnetisierung nimmt ab (s. Fig. 214), für jeden Wert von H jedoch behält sie einen größe-

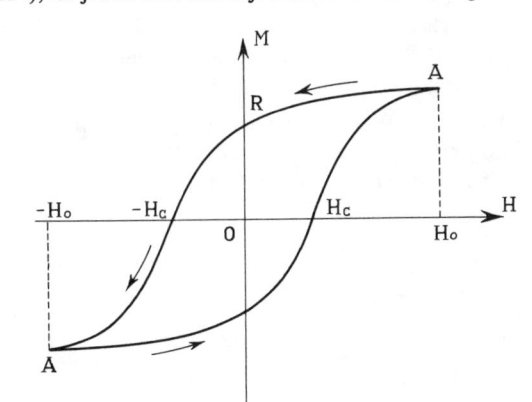

Fig. 214
Hystereseschleife

ren Betrag als sie bei der ersten Magnetisierung hatte. Insbesondere, wenn das Feld wieder zu Null geworden ist, bleibt eine remanente Magnetisierung OR zurück, die man verschwinden lassen kann, indem man das Eisen in ein negatives Feld $-H_c$ mit umgekehrter Richtung als das ursprüngliche bringt; $-H_c$ ist die Koerzitivkraft. Wenn das Eisen einem Feld ausgesetzt wird, das ständig zwischen den konstanten Werten

+H_0 und −H_0 variiert, stabilisiert sich der Effekt nach einer bestimmten Anzahl von Durchläufen, und der Figurationspunkt beschreibt eine geschlossene, symmetrische Kurve, eine sog. Hystereseschleife. Fig. 215 erlaubt einen Vergleich zwischen den Hystereseschleifen von Weicheisen (1) und Stahl (2). Die Remanenz OR des Weicheisens

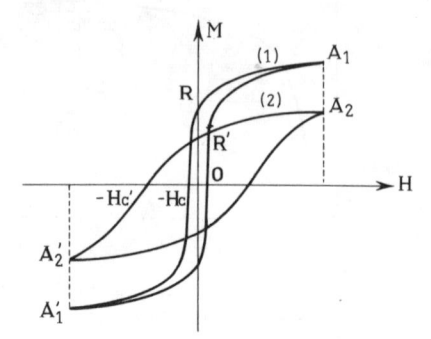

Fig. 215
Vergleich der Hystereseschleifen von Weicheisen (1) und Stahl (2)

ist beinahe doppelt so groß wie die von Stahl, OR', aber die Koerzitivkraft −H_c des Eisens ist viel kleiner als die des Stahls, −H'_c. Man wird deshalb Weicheisen verwenden, um vorübergehende Magneten herzustellen (Elektromagneten), und Stahl, dessen Koerzitivkraft sehr groß und dessen Magnetisierung darum stabil ist, um permanente Magneten zu erzeugen.

21.5. Theorie des Magnetismus. Das Induktionsfeld von Permanentmagneten wird durch die Bewegung von elektrischen Ladungen auf atomarer Stufe erzeugt. Wie wir bereits gesagt haben, sind diese Ladungen die Elektronen selbst.

Ein Randelektron, das um den Kern kreist, verhält sich wie ein Strom in einer mikroskopischen Schleife und erzeugt ein Magnetfeld. Ein Elektronenorbit besitzt demnach ein magnetisches Moment $\vec{m}$ (s. Fig. 216). Infolge der negativen Ladung des Elektrons

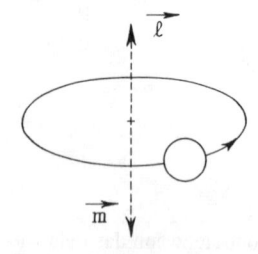

Fig. 216
Drehimpuls und magnetisches Moment eines bewegten Elektrons

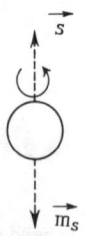

Fig. 217
Spin und magnetisches Moment eines Elektrons, das sich um sich selbst dreht

21.5. Theorie des Magnetismus

weist dieses magnetische Moment in entgegengesetzter Richtung zum Drehimpuls $\vec{l}$, der von der Bewegung des Elektrons auf seiner Bahn herrührt. Da sich das Elektron außerdem noch um sich selbst dreht, vergleichbar etwa mit einer kleinen Kugel, in der Masse und Ladung gleichmäßig verteilt sind (s. Fig. 217), besitzt das Elektron noch einen Eigendrehimpuls oder Spin $\vec{s}$, mit dem ein magnetisches Moment $\vec{m}_s$ verbunden ist. Das magnetische Moment des Atoms ist demnach die Resultierende der magnetischen Momente aller seine Bestandteile (das magnetische Moment des Kernes ist vernachlässigbar). Ist dieses magnetische Moment Null, dann ist der Stoff diamagnetisch. Bei bestimmten Stoffen ist das resultierende magnetische Moment des Atoms nicht Null, aber die in einem bestimmten Stoffvolumen enthaltenen Atome haben alle möglichen Richtungen, und es gibt keinen Gesamteffekt des Verbandes, d.h. keine Magnetisierung. Diese Stoffe heißen paramagnetisch.

Wie verhalten sich nun die diamagnetischen und paramagnetischen Körper in einem äußeren Feld? Die Wirkung eines Feldes auf eine diamagnetische Substanz verursacht eine Änderung der Elektronenumläufe. Diese Änderung entspricht einem induzierten Strom, der das Auftreten eines nicht verschwindenden, atomaren magnetischen Momentes mit sich bringt, das dem Feld entgegengerichtet ist. Der Effekt verschwindet gleichzeitig mit dem Erregerfeld. Im Fall einer einem Feld ausgesetzten paramagnetischen Substanz versucht jedes Atom sich so auszurichten, daß sein magnetisches Moment in Richtung des Feldes weist. Die Vektorsumme der magnetischen Momente der in dem Körper enthaltenen Atome ist nicht mehr Null. Sie hat die gleiche Richtung wie das Erregerfeld. Der Körper erhält eine Magnetisierung, die gleichzeitig mit dem Erregerfeld verschwindet. Natürlich modifiziert das Erregerfeld wie bei den diamagnetischen Stoffen gleichzeitig mit der Ausrichtung der Atome die Elektronenbahnen, wobei es in jedem von ihnen ein magnetisches Moment auftreten läßt, das dem Feld entgegengesetzt ist. Aber dieses Moment ist i. allg. gänzlich vernachlässigbar gegenüber dem Paramagnetismus.

Der Ursprung des magnetischen Momentes der ferromagnetischen Körper ist analog dem der paramagnetischen Körper. Indessen ist es nicht das magnetische Bahnmoment der Elektronen, das hier beteiligt ist, sondern das magnetische Moment, das mit dem Spin verbunden ist. Um die sehr starke Magnetisierung der Ferromagnetika zu erklären, ist es denkbar, daß das Erregerfeld eine vollständige Ausrichtung aller Momente der Atome hervorruft. Die Rechnung zeigt jedoch, daß dazu viel stärkere Felder nötig wären als man erzeugen kann. Man nimmt deshalb an, daß in den ferromagnetischen Festkörpern *Bereiche mit spontaner Magnetisierung* existieren, in denen die atomaren magnetischen Momente alle parallel sind (s. Fig. 218). Bei Abwesenheit des Feldes sind die Momente der verschiedenen Bereiche zufällig orientiert, und das resultierende magnetische Moment ist Null. Ein Erregerfeld wirkt auf den gesamten Verband, woraus dann die Magnetisierung resultiert (s. Fig. 219). Man kann zeigen, daß in diesem Fall das benötigte Feld viel kleiner ist als in dem zuerst besprochenen Fall.

Nachdem das Feld abgeschaltet ist, kann ein nicht verschwindendes magnetisches Moment zurückbleiben, und der Körper wird zu einem permanenten Magneten.

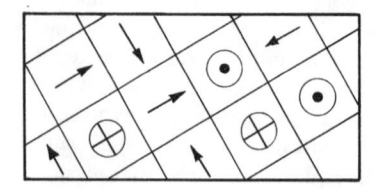

Fig. 218
Magnetisierungsbereiche einer
ferromagnetischen Substanz

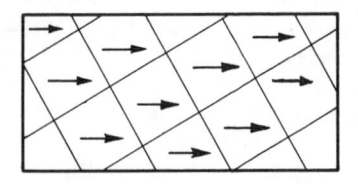

Fig. 219
Wirkung eines Erregerfeldes

Eine Erhöhung der Temperatur erhöht die thermische Bewegung, die versucht, einer Orientierung eines Verbandes von magnetischen Spinmomenten entgegenzuwirken. Ab einer bestimmten Temperatur (Curie-Punkt) hört die Substanz auf, ferromagnetisch zu sein und wird paramagnetisch. Für Eisen liegt der Curie-Punkt ungefähr bei 760 °C.

22. Elektromagnetische Induktion

22.1. Qualitative Aussagen. Nähern wir einen Magneten A einer Spule M, die mit einem Galvanometer G verbunden ist (s. Fig. 220). Infolge des von dem Magneten herrührenden Magnetfeldes greift die Spule M in einen Induktionsfluß (s. Abschn. 19.8). Wird der Magnet gegen M verschoben, dann wird die Spule von einem veränderlichen Fluß durchsetzt, und das Galvanometer zeigt einen Ausschlag. Der Stromkreis führt einen Strom, den sog. induzierten Strom. Man stellt folgende Sachverhalte fest:

a) Bei Annäherung des Magneten an die Spule schlägt das Galvanometer aus, kehrt aber zu Null zurück, sobald die Bewegung des Magneten aufhört.

b) Die von dem induzierten Strom durchflossene Spule entspricht einem Magneten N'S', der den Magneten A abstößt und seiner Bewegung entgegenwirkt.

c) Wenn man den Magneten entfernt, schlägt das Galvanometer von Neuem aber in umgekehrter Richtung aus und kehrt zu Null zurück, sobald die Bewegung des Magneten aufhört.

d) Wenn der Magnet entfernt wird, entspricht die Spule, die von einem Strom entgegengesetzter Richtung wie vorher (Fall b) durchflossen wird, einem Magneten, der seinen Südpol dem Nordpol des Magneten A zuwendet. Die Spule wirkt der Bewegung des Magneten entgegen.

e) Man kann dieselben Versuche wiederholen, wenn man den Magneten durch eine Spule ersetzt, die von einem konstanten Strom durchflossen wird.

Diese Resultate werden durch die folgende Aussage zusammengefaßt:

22.2. Induktion, magnetische Kräfte auf bewegte Ladungen

Wenn man durch einen beliebigen Prozeß den magnetischen Induktionsfluß durch einen geschlossenen Leiterkreis ändert, fließt in diesem Kreis ein induzierter Strom. Die Richtung dieses Stromes wird durch die Lenzsche Regel gegeben: *Der Induktionsstrom ist stets so gerichtet, daß er die Zustandsänderung, die ihn hervorruft (z.B. Bewegung des Magneten), zu hemmen versucht.*

22.2. Beziehung zwischen den Erscheinungen der Induktion und den magnetischen Kräften auf bewegte Ladungen. Wir betrachten einen Leiter der Länge l in einem Feld $\vec{B}$ (s. Fig. 221). Der Leiter liegt in der Ebene der Figur, und das Feld steht senkrecht auf dieser Ebene. Wenn der Leiter mit einer Geschwindigkeit $\vec{v}$ senkrecht zu $\vec{B}$ bewegt

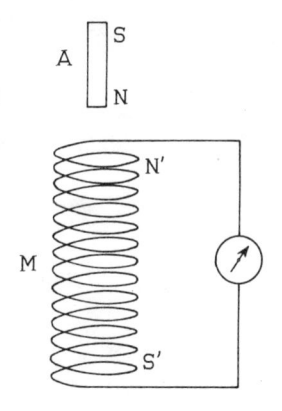

Fig. 220
Elektromagnetische
Induktion

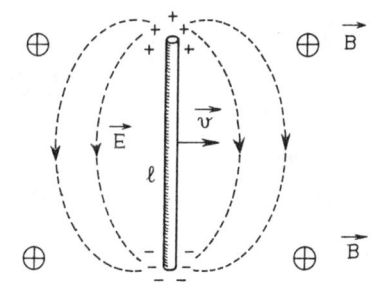

Fig. 221
Bewegung der Elektronen in einem Leiter, der sich in einem Feld $\vec{B}$ verschiebt.

wird, erfahren die freien Elektronen eine Kraft vom Betrag qvB, und sie wandern zum unteren Ende des Leiters. Es erfolgt eine Trennung von Ladungen, wie es Fig. 221 zeigt, aus der sich ein elektrisches Feld $\vec{E}$ ergibt. Die Ladungstrennung geht so lange weiter, bis das Feld $\vec{E}$ groß genug ist, um die magnetischen Kräfte, die auf die Ladungen wirken, aufzuheben. Man erhält

$$E = \frac{F}{q} = vB \tag{22.1}$$

Wir nehmen nun an, daß der Leiter l parallel zu sich selbst auf einem U-förmigen Leiter verschoben wird, der in der Ebene der Figur liegt (s. Fig. 222). Das Ganze wird von einem zu der Ebene der Figur senkrechten Feld $\vec{B}$ durchsetzt. Es wirkt keine magnetische Kraft auf die freien Elektronen des U-förmigen Leiters, denn dieser ist fest. Das elektrische Feld $\vec{E}$ dagegen, das von dem bewegten Leiter erzeugt wird, wirkt auf diese freien Elektronen, und ein Strom I beginnt zu fließen. Das ist der induzierte Strom. Im

Fall der Fig. 222 wandern die freien Elektronen in Uhrzeigerrichtung und der induzierte Strom in umgekehrter Richtung. Dieser Strom existiert so lange, wie die Bewegung des bewegten Leiters andauert.

22.3. Faradaysches Gesetz.

Berechnen wir die elektromotorische Kraft, die in dem vorstehenden Versuch auftritt. Die Ladungstrennung in dem Leiter l (s. Fig. 223) erzeugt ein elektrisches Feld $\vec{E}$, das so gerichtet ist, wie es in Fig. 222 gezeigt wird. Vom Standpunkt der Ladungsverschiebung aber verhält sich alles so, wie wenn bei einem unbewegten Leiter l ein elektrisches Feld vom Betrag E auf die freien Elektronen dieses Leiters wirken würde (dieses Feld wäre entgegengesetzt zu dem in Fig. 222 eingezeichneten Feld $\vec{E}$ gerichtet).

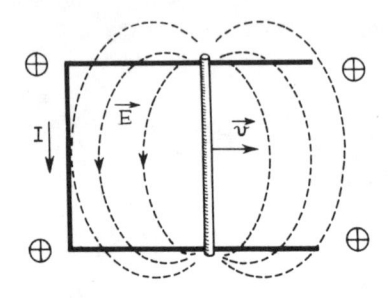

Fig. 222
Ursprung des induzierten Stromes

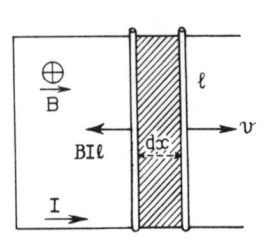

Fig. 223
Elektromotorische Kraft, die durch die Verschiebung des Leiters l erzeugt wird

Gemäß Gl. (18.7) muß zwischen den Enden des Leiters l eine Spannung V herrschen, die sich zu

$$V = El \qquad (22.2)$$

ergibt oder auch unter Verwendung von (22.1) zu

$$V = vlB \qquad (22.3)$$

Diese Spannung stellt die elektromotorische Kraft U des so gebildeten elektrischen Generators dar, d.h.

$$U = vlB \qquad (22.4)$$

Wenn sich nun der Leiter l in der Zeit dt um dx verschiebt, erhält man $v = \dfrac{dx}{dt}$, und (22.4) schreibt sich

$$U = l\frac{dx}{dt}B \qquad (22.5)$$

Die Größe l · dx · B stellt den Fluß dΦ dar, der von dem Leiter in der Zeit dt geschnitten wird. Das ist die Änderung des Flusses, der in der Zeit dt den Stromkreis durchquert. Hier tritt $\vec{B}$ von dem positiven Pol des Stromkreises ein, und der Fluß Φ und seine Änderung $d\Phi$ sind negativ. Man erhält

$$U = -\frac{d\Phi}{dt} \qquad (22.6)$$

Das ist das Faradaysche Gesetz. Die induzierte elektromotorische Kraft U erzeugt einen Strom, der so gerichtet ist, daß der Fluß, der durch ihn entsteht und den Stromkreis durchsetzt, versucht, die Induktionsflußänderung, die ihn hervorgerufen hat, zu hemmen. Im Fall der Fig. 223 nimmt der Fluß zu, und das Feld, das von dem Strom I herrührt, hat die zu $\vec{B}$ entgegengesetzte Richtung.

Man kann auch sagen, daß die induzierte elektromotorische Kraft einen Strom I erzeugt, der so gerichtet ist, daß der Leiter l von seiten des Feldes $\vec{B}$ einer Kraft BI·l ausgesetzt ist, die die Bewegung des Leiters hemmt. Folglich muß eine äußere Kraft auf den Leiter l ausgeübt werden, um ihn in Bewegung zu halten. Die von dieser Kraft geleistete Arbeit gibt die elektrische Energie des Systems wieder.

22.4. Selbstinduktion.

Betrachten wir eine Schleife, die von einem Strom I durchflossen wird (s. Fig. 224). Dieser Strom schickt durch die von seinem eigenen Leiter begrenzte Fläche S einen Induktionsfluß Φ. Dieser Fluß ist wie das Induktionsfeld proportional zu dem Strom I (s. Kapitel 20), und man erhält

$$\Phi = LI \qquad (22.7)$$

Der Koeffizient L ist charakteristisch für den Stromkreis: Es ist der Selbstinduktionskoeffizient oder die Eigeninduktivität des Stromkreises.

Nach den Konventionen des Abschn. 19.8 ist Φ positiv, ebenso wie die Umlaufrichtung des Stromes in der Schleife, demnach ist L immer positiv. Die Einheit der Eigeninduktivität ist das Henry. In Gl. (22.7) sind Φ in Weber und I in Ampere ausgedrückt.

Wenn der Strom I veränderlich ist, ist es auch der Fluß Φ, und er erzeugt in dem Stromkreis eine induzierte elektromotorische Kraft, die sog. elektromotorische Kraft der Selbstinduktion. Gemäß (22.6) und (22.7) erhält man

$$U = -L\frac{dI}{dt} \qquad (22.8)$$

Die elektromotorische Kraft der Selbstinduktion tritt nur auf, wenn der Strom sich ändert. Nach der Lenzschen Regel versucht sie, sich den Änderungen des Stromes zu widersetzen. Die Selbstinduktion hat also zur Folge, daß die Änderungen des Stromes in einem Stromkreis gehemmt oder verzögert werden. Wenn L und $\frac{dI}{dt}$ groß sind, kann die elektromotorische Kraft der Selbstinduktion beträchtlich werden, daher das Auftreten von Funken bei einer plötzlichen Unterbrechung des Stromes in der Leitung.

22. Elektromagnetische Induktion

22.5. Ein- und Ausschalten eines Stromes in einem Stromkreis. Wir betrachten einen Stromkreis mit dem Gesamtwiderstand R, der Eigeninduktivität L und einer Stromquelle der elektromotorischen Kraft U (s. Fig. 225). Wenn man den Stromkreis zur

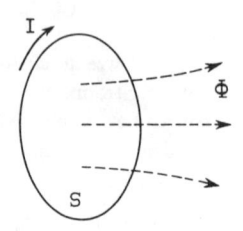

Fig. 224
Selbstinduktion
einer Stromschleife

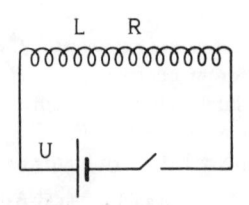

Fig. 225
Stromkreis, der eine
Induktivität und einen
Widerstand enthält

Zeit t = 0 schließt, erreicht die Stromstärke nicht sofort ihren konstanten Wert. Die elektromotorische Kraft der Selbstinduktion versucht, den Aufbau des Stromes zu hindern. Während der Stromänderung ist die induzierte elektromotorische Kraft der elektromotorischen Kraft U der Stromquelle entgegengesetzt, und unter Anwendung des Ohmschen Gesetzes erhält man

$$U - L \frac{dI}{dt} = RI \tag{22.9}$$

Als Lösung dieser Gleichung findet man

$$I = \frac{U}{R}(1 - e^{-\frac{R}{L}t}) \tag{22.10}$$

Fig. 226 zeigt den Verlauf von $1 - e^{-\frac{R}{L}t}$ als Funktion von $\frac{R}{L}t$. Theoretisch braucht es eine unendlich lange Zeit, bis die Stromstärke ihren konstanten Wert $I = \frac{U}{R}$ erreicht, aber dieser Grenzwert wird praktisch schon nach einer Zeit erreicht, die um so kürzer ist, je kleiner das Verhältnis $\frac{L}{R} = \tau$ selbst ist. Man nennt τ die Zeitkonstante des Stromkreises. Für t = τ ist I = 0,63 $\frac{U}{R}$, und für t = 10 τ ist I = 0,999 9 $\frac{U}{R}$.

Wenn man den Strom I zur Zeit t = 0 plötzlich unterbricht, indem man die elektromotorische Kraft U ausschaltet, erlaubt das Ohmsche Gesetz, folgende Gleichung zu schreiben

$$-L \frac{dI}{dt} = RI \tag{22.11}$$

deren Lösung von der Form

$$I = I_m e^{-\frac{R}{L}t} \qquad (22.12)$$

ist, wobei I_m die Stromstärke zum Zeitpunkt $t = 0$ ist. Da $I_m = \frac{U}{R}$ erhält man

$$I = \frac{U}{R} e^{-\frac{R}{L}t} \qquad (22.13)$$

Fig. 227 zeigt den Verlauf von $e^{-\frac{R}{L}t}$ als Funktion von $\frac{R}{L}t$. Die Stromstärke wird um so schneller zu Null, je kleiner die Zeitkonstante $\tau = \frac{L}{R}$ ist.

Für $t = \tau$ ist $I = 0{,}37 \frac{U}{R}$, und für $t = 10\tau$ ist $I = 0{,}000\,1 \frac{U}{R}$.

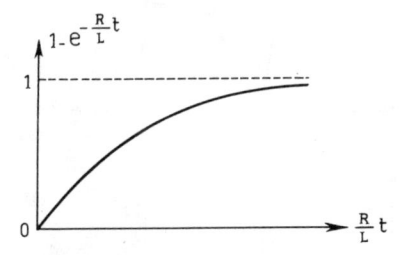

Fig. 226
Einschalten des Stromes

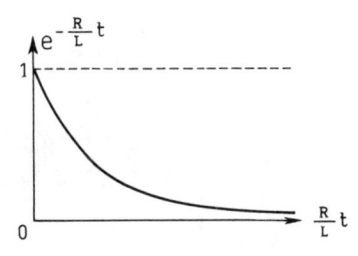

Fig. 227
Kurve, die man erhält, wenn der Stromkreis plötzlich geöffnet wird

22.6. Induktor. Wir betrachten einen Stromkreis, der aus einer kleinen Zahl von Windungen besteht und der um einen Weicheisenkern N gewickelt ist (s. Fig. 228). Das ist die Primärspule. Ein zweiter, gut isolierter Stromkreis besteht aus einer großen Zahl von Wicklungen aus dünnem Draht. Dieser Stromkreis, die sog. Sekundärspule, ist um die Primärspule gewickelt. Ein Eisenstück M wird von einem biegsamen Metallstreifen, der in 0 befestigt ist, gehalten. Der Primärkreis wird in A durch Kontakt mit einer Schraube V geschlossen. Wenn man den Unterbrecher schließt, baut sich der Strom verhältnismäßig langsam in der Primärspule auf, deren Zeitkonstante $\tau = \frac{L}{R}$ genügend groß ist. Das Weicheisen N wird magnetisiert und zieht M an, was eine Unterbrechung des Stromes zur Folge hat. Das Eisenstück M kehrt auf seine Ausgangslage zurück, der Kontakt in A wird wieder hergestellt, und der Vorgang beginnt von Neuem.

Jedesmal, wenn der Primärstrom ein- oder ausgeschaltet wird, greift ein veränderlicher Fluß durch die Sekundärspule. Sie ist somit Träger einer induzierten elektromotorischen Kraft, die um so größer ist, je schneller sich der Fluß ändert (Faradaysches Ge-

22. Elektromagnetische Induktion

setz, s. Abschn. 22.3). Wenn der Kontakt in A unterbrochen wird, tritt ein Unterbrechungsfunken (aufgrund der Selbstinduktion) auf, und da der Widerstand der Luft verhältnismäßig groß ist, ist die Zeitkonstante $\tau = \frac{L}{R}$ kleiner als beim Einschalten des Stromes. Der Strom nimmt also viel schneller ab als er sich aufbaut.

Der Primärstrom I und die induzierte elektromotorische Kraft U, die in der Sekundärspule auftritt, sind in Fig. 229 dargestellt. Die elektromotorische Kraft ist klein beim Schließen des Stromkreises und sehr groß beim Öffnen. Man kann die Dauer des Unterbrecherfunkens, die eine Fortdauer des Stromes zur Folge hat, abkürzen, indem man einen Kondensator zur Ableitung des Funkens in den Unterbrecher der Primärspule einfügt (gestrichelt in Fig. 228). Die Gestalt der Kurven in Fig. 229 wird dann ein wenig

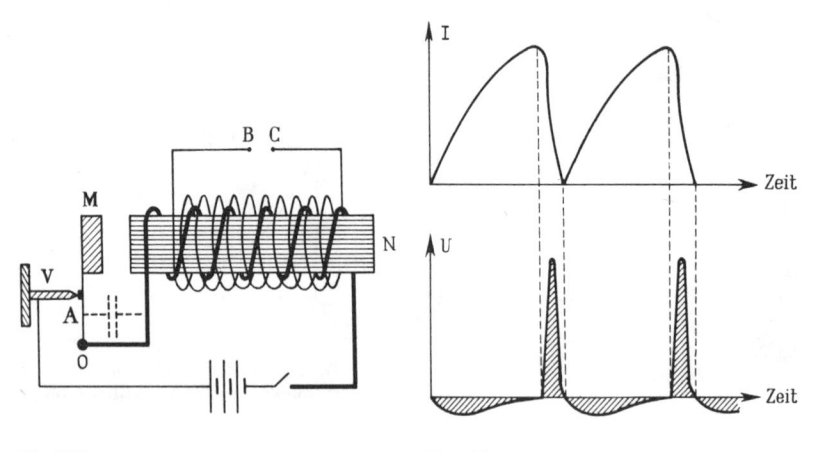

Fig. 228
Induktor

Fig. 229
Strom I in der Primärspule und elektromotorische Kraft U in der Sekundärspule eines Induktors

verändert. Wir verbinden die Klemmen der Sekundärspule durch einen Leiter: Beim Aus- und Einschalten fließen gleiche Elektrizitätsmengen verschiedenen Vorzeichens. Die schraffierten Flächen oberhalb des Abszissenachse in Fig. 229 sind gleich den schraffierten Flächen unterhalb dieser Achse.

Wir öffnen den Sekundärkreis, wobei wir zwischen B und C in Fig. 228 einen passenden Abstand lassen. Die große elektromotorische Kraft, die bei der Unterbrechung erzeugt wird, kann Funken hervorrufen, und nur der der Unterbrechung entsprechende Strom wird fließen können.

23. Strom in Gasen

23.1. Ionisation der Gase.
Damit in einem Gas Strom fließen kann, müssen in diesem Gas freie Ladungen vorhanden sein. Unter normalen Bedingungen enthalten die Luft und die Gase nur sehr wenige freie Ladungen und sind darum schlechte Leiter. Um ein Gas leitend zu machen, muß man frei bewegliche Ladungen erzeugen. Das kann dadurch geschehen, daß einem Gasmolekül ein Elektron entrissen wird: Das negative Ion wird von diesem Elektron gebildet und das positive Ion von dem Molekülrest. Infolge der Wärmebewegung stoßen sich Elektronen und neutrale Moleküle, und häufig bleibt ein Elektron auf einem neutralen Molekül haften, das dadurch zu einem negativen Ion wird. Wenn in einem Gas Ionen beider Vorzeichen vorhanden sind, nennt man das Gas ionisiert. Wir bemerken, daß, selbst wenn die Ionisation sehr stark ist, nur ein sehr kleiner Teil der Gasmoleküle dissoziiert ist.

Unter der Wirkung eines elektrischen Feldes werden die Ionen in Bewegung gesetzt und führen zu einem Stromfluß in dem Gas.

Von den Methoden, die es erlauben ein Gas zu ionisieren, behandeln wir hier gewisse chemische Reaktionen, die Stöße zwischen Teilchen, elektromagnetische Strahlung kurzer Wellenlänge, etwa die Röntgenstrahlen, und hohe elektrische Felder.

Ionisation bei gewissen chemischen Reaktionen. Ein geladenes Elektroskop kann seine Ladung nicht bewahren, wenn man eine brennende Kerze nahe bei ihm aufstellt. Bei der Verbrennung entstehen Ionen beider Vorzeichen; und die Ionen mit zu den Ladungen des Elektroskops entgegengesetztem Vorzeichen entladen dieses.

Man kann den Ionenfluß beider Vorzeichen beobachten, wenn man einen Plattenkondensator über eine brennende Kerze setzt und den Schatten der heißen Gase mit einer punktförmigen Lichtquelle abbildet (s. Fig. 230). Die Belegungen des Kondensators

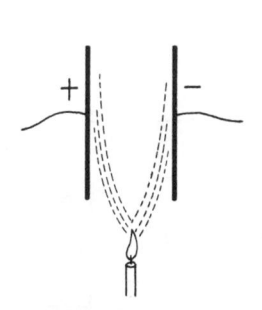

Fig. 230
Ionen verschiedenen Vorzeichens, die von einer Kerzenflamme erzeugt werden

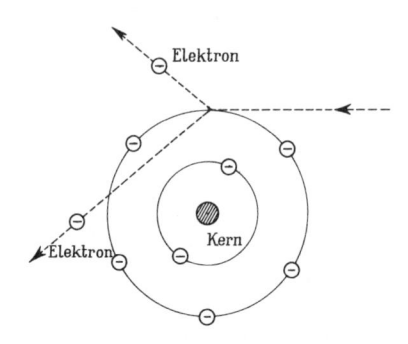

Fig. 231
Ionisation eines Sauerstoffatoms durch ein einfallendes Elektron

180   23. Strom in Gasen

sind mit den Polen einer Stromquelle verbunden, die eine hohe Spannung erzeugt (elektrostatischer Generator). Bei Abwesenheit eines elektrischen Feldes steigt die Gassäule senkrecht hoch. Sobald das elektrische Feld eingeschaltet wird, sieht man die Gassäule sich in zwei Gasströme teilen, die von den Kondensatorplatten angezogen werden. Die Ionen jedes Stromes haben das entgegengesetzte Vorzeichen wie die Kondensatorplatte, zu der sie sich wenden.

Stoßionisation. Die Ionisation kann durch den Stoß eines Teilchens erzeugt werden, z.B. durch den eines Elektrons, wenn dieses Teilchen eine ausreichende Energie besitzt. Fig. 231 zeigt die Ionisation eines Sauerstoffatoms durch ein Elektron, das mit großer Geschwindigkeit auftrifft.

Ionisation durch Röntgenstrahlen. Wenn man eine Röntgenröhre in der Nähe eines geladenen Elektroskops in Gang setzt, entlädt sich dieses rasch. Die Wirkung von Röntgenstrahlen auf Gasmoleküle kann die Emission von Sekundärstrahlen hervorrufen, die aus Elektronen hoher Geschwindigkeit bestehen. Diese Sekundärelektronen verursachen die Ionisation des Gases.

Ionisation durch hohe elektrische Felder. Verbindet man die Elektroden eines elektrostatischen Generators mit zwei kleinen Metallkugeln, die in einem Abstand von einigen Zentimetern zueinander stehen, dann springt, falls die Spannung hoch genug ist, ein Funken zwischen den Kugeln über. Die Luft ist leitend geworden, und ein Strom kann fließen.

23.2. Entladung in verdünnten Gasen. Wir betrachten ein Glasrohr von z.B. 50 cm Länge und 3 bis 4 cm Durchmesser, das mit einem System von Vakuumpumpen verbunden ist (s. Fig. 232). Es enthält zwei Elektroden, die mit den Polen einer Gleichstromquelle

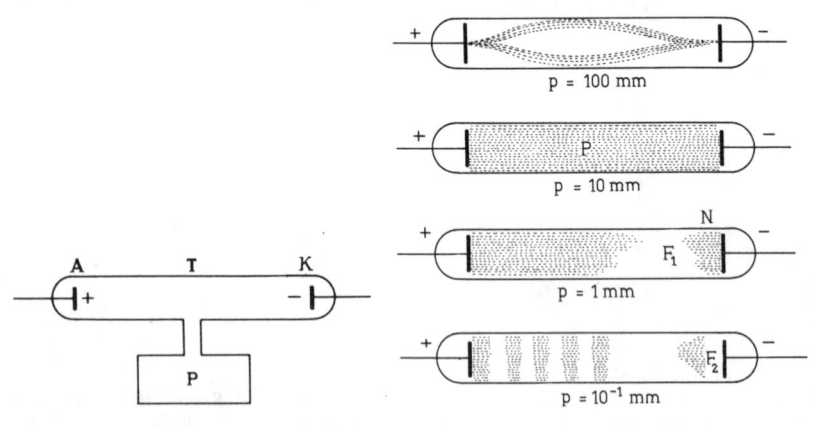

Fig. 232
Rohr zur Untersuchung der Entladung verdünnter Gase

Fig. 233
Entladung eines verdünnten Gases in Abhängigkeit vom Druck

verbunden sind, die eine hohe Spannung liefert. Die mit dem positiven Pol der Stromquelle verbundene Elektrode ist die Anode A, die andere, die mit dem negativen Pol der Stromquelle verbunden ist, die Kathode K. Wenn man den Druck p in dem Rohr T allmählich verringert, kann man folgendes beobachten (hierbei betrachte man die Zahlenwerte von p nur hinsichtlich ihrer Größenordnung):

Bei einem Druck von ungefähr 100 mm Quecksilbersäule (s. Fig. 233) verbinden ein oder mehrere leuchtende Streifen, in Luft von rosa Farbe, die Anode mit der Kathode. Bei p = 10 mm Hg erfüllt das Leuchten das ganze Rohr. Das ist die positive Säule P. Wenn der Druck auf 1 mm Hg fällt, umgibt sich die Kathode mit einer bläulich leuchtenden Haut N (negatives Glimmlicht), die von der positiven Säule durch einen Dunkelraum F_1, den sog. Faradayschen Dunkelraum, getrennt ist. Wenn der Druck weiter abnimmt (p = 10^{-1} mm Hg), entfernt sich das negative Glimmlicht etwas von der Kathode und ein neuer Dunkelraum F_2 tritt auf. Das ist der Crookesche Dunkelraum. Die positive Säule erhält ein gestreiftes Aussehen.

Bei p = 10^{-2} mm Hg erfüllt der Crookesche Dunkelraum merklich das ganze Rohr, und man beobachtet ein grünliches Fluoreszenzlicht an den Wänden des Glasrohres.

23.3. Kathodenstrahlen. In dem Gas befinden sich immer einige Ionen, und unter Einwirkung eines hohen elektrischen Feldes rufen sie Stoßionisationen hervor, wodurch das Gas leitend gemacht wird. Bei Drücken der Größenordnung 10^{-2} bis 10^{-3} mm Hg zeigt der Versuch, daß sich beinahe das ganze Rohr auf dem Potential der Anode befindet, während der Potentialabfall zwischen Anode und Kathode in der Nähe der Kathode lokalisiert ist. Das elektrische Feld ist also in der Nähe der Kathode sehr hoch.

Die positiven Ionen können eine zur Ionisation ausreichende Geschwindigkeit nur erreichen, wenn sie in das hohe elektrische Feld gelangen, das sich nahe der Kathode befindet. Die Kathode erhält einen positiven Zufluß (s. Fig. 234), der an ihrer Ober-

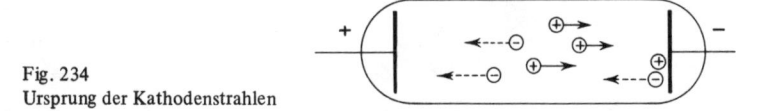

Fig. 234
Ursprung der Kathodenstrahlen

fläche eine starke Ionisation erzeugt und dabei Elektronen freisetzt, die ihrerseits zur Anode wandern und die Ionisation in dem ganzen Rohr aufrechterhalten. Die Ionisation, die von den positiven Ionen an der Oberfläche der Kathode erzeugt wird, zeigt sich durch die leuchtende Haut bei der Kathode. Die Elektronen können sowohl den Gasmolekülen als auch den Molekülen des Metalls, aus dem die Kathode besteht, entrissen werden. Die Spektralanalyse des Lichtes, das von der Kathodenhaut emittiert wird, zeigt tatsächlich gleichzeitig die Linien des Gases und die des Metalls. Die Elektronen, die durch den positiven Zufluß an der Oberfläche der Kathode erzeugt werden, erhalten eine sehr große Geschwindigkeit, wenn sie den Potentialabfall an der Kathode durchqueren. Sie setzen ihre Bewegung geradlinig durch das Rohr fort, denn Stöße sind

23. Strom in Gasen

infolge der geringen Molekülzahl selten. Diese Elektronen behalten eine konstante Geschwindigkeit bis zur gegenüberliegenden Wand, die sie zu einem intensiven Fluoreszieren bringen. Diese zu einer hohen Geschwindigkeit angeregten Elektronen bilden die Kathodenstrahlen.

Wenn eine Ladung e (Ladung des Elektrons) eine Potentialdifferenz V durchquert, ist die ins Spiel gebrachte Arbeit eV (Gl.(17.9)). Nach dem Satz von der kinetischen Energie (s. Abschn. 4.3) ist diese Arbeit gleich $\frac{1}{2} mv^2$, wobei m die Elektronenmasse ist und v die Geschwindigeit, die das Elektron beim Durchqueren der Potentialdifferenz V erhält. Man hat also

$$v = \sqrt{\frac{2eV}{m}} \tag{23.1}$$

Unter der Annahme, daß die Potentialdifferenz, die die Elektronen beschleunigt, gleich der Spannung zwischen Anode und Kathode ist, z.B. V = 40 000 Volt, erhält man v = 120 000 km/s.

Es ist noch anzumerken, daß die Kathodenstrahlen auch im vollständigen Vakuum erzeugt werden können (eine Entladung zwischen Anode und Kathode kann dann nicht mehr stattfinden), wenn man die Kathode so stark erhitzt, daß sie Elektronen emittiert. Das ist das Prinzip, das bei Röntgenröhren (Coolidgesche Röhren) angewandt wird.

23.4. Eigenschaften der Kathodenstrahlen. 1) Die Erfahrung lehrt, daß sich die Kathodenstrahlen geradlinig ausbreiten (s. Fig. 235). Ein Metallkreuz, das in die Bahn der Kathodenstrahlen gestellt wird, absorbiert diese, und man sieht den Schatten des Kreuzes auf der gegenüberliegenden Wand.

2) Der Kathodenstrahl wird senkrecht zur Kathode emittiert und hängt nicht von der Lage der Anode, z.B. A' oder A'', ab (s. Fig. 236).

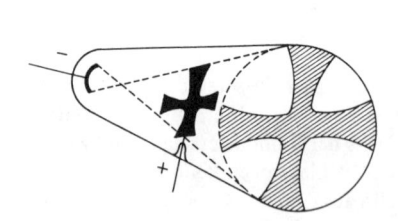

Fig. 235
Die Kathodenstrahlen breiten sich geradlinig aus

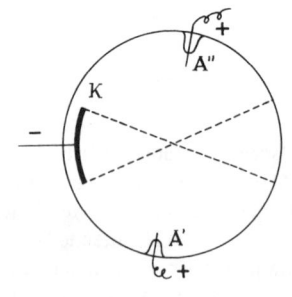

Fig. 236
Der Kathodenstrahl wird senkrecht zur Kathode emittiert und hängt nicht von der Lage der Anode ab

23.4. Eigenschaften der Kathodenstrahlen

3) Die aus negativ geladenen Teilchen (Elektronen) bestehenden Kathodenstrahlen werden unter der Wirkung eines magnetischen Induktionsfeldes abgelenkt. Man braucht der Röhre in Fig. 235 nur einen Magneten zu nähern, um zu sehen, daß sich der Schatten des Kreuzes verschiebt. Der Schatten wird verschwommener, denn die Kathodenstrahlen enthalten Elektronen verschiedener Geschwindigkeit, die unterschiedlich abgelenkt werden (s. Abschn. 19.2).

Die Kathodenstrahlen werden auch durch das elektrische Feld abgelenkt. Man kann den Versuch durchführen, indem man in die Röhre einen Plattenkondensator bringt, der das elektrische Feld erzeugt (s. Fig. 237). Der Lichtfleck, welcher auf der der Kathode

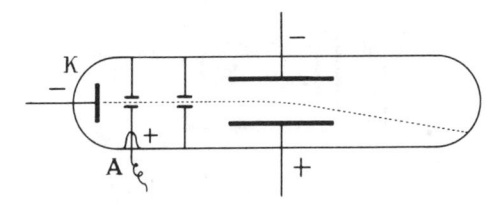

Fig. 237
Ablenkung von Kathodenstrahlen
durch ein elektrisches Feld

gegenüberliegenden Wand erscheint, wird abgelenkt, sobald man eine Spannung zwischen Platten anlegt. Durch die gleichzeitige Messung der elektrischen und magnetischen Ablenkung konnten die Geschwindigkeit v der Kathodenstrahlen und das Verhältnis e/m des Elektrons gemessen werden.

4) Die Kathodenstrahlen transportieren Energie (s. Fig. 238). Trifft der Kathodenstrahl auf die Flügel eines kleinen Schaufelrades, dann dreht sich dieses und bewegt sich vor-

Fig. 238
Versuch zur Demonstration der Energie,
die von den Kathodenstrahlen transportiert wird

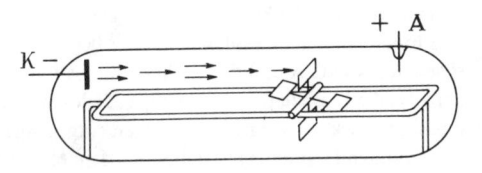

wärts. Die Bewegung des Flügelrades rührt nicht unmittelbar von dem Stoß der Teilchen her, sondern von der Erwärmung der Flügelfläche, die von dem Strahl getroffen wird.

5) Die Kathodenstrahlen rufen bei den meisten Stoffen Fluoreszenz hervor. Unter ihrer Wirkung emittiert Glas ein grünes Licht, Rubin ein rotes und Kreide ein orangegelbes Licht.

6) Die Kathodenstrahlen können einige chemische Reaktionen in Gang setzen und schwärzen photographische Platten.

7) Substanzen, die von den Kathodenstrahlen getroffen werden, emittieren eine kurzwellige elektromagnetische Strahlung, die Röntgenstrahlung.

24. Ströme in Elektrolyten

24.1. Ströme in Flüssigkeiten.
Wir führen den Versuch aus Fig. 239 durch. In einen mit destilliertem Wasser gefüllten Behälter taucht man zwei Elektroden, die mit einer Stromquelle G und einer Lampe L in Reihe geschaltet sind. Es fließt kein wahrnehmbarer Strom. Wenn man ein wenig Natriumchlorid in dem Wasser auflöst, leuchtet die Lampe sofort auf.

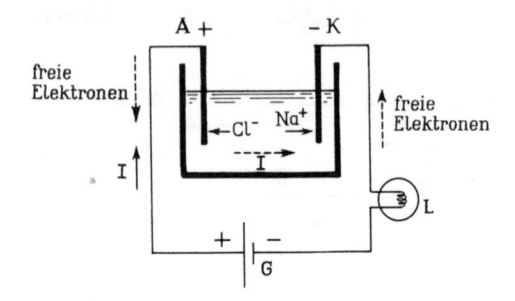

Fig. 239
Stromfluß in einem Elektrolyten

Eine Lösung, die Strom leitet, wird **Elektrolyt** genannt. Die Lösungen von Salzen, Säuren und Basen in Wasser oder bestimmten anderen Flüssigkeiten sind Elektrolyte. Die chemischen Effekte, die von dem Stromfluß herrühren, bilden die Erscheinungen der Elektrolyse.

Bei den Elektrolyten beruht der Mechanismus des Stromflusses auf dem Vorhandensein von Ionen. Man kann tatsächlich annehmen, daß selbst bei Abwesenheit des Stromes Ionen vorhanden sind, denn dieser beginnt zu fließen, sobald eine Spannung zwischen der Anode A und der Kathode K existiert. Es muß keine Energie geliefert werden, um die Dissoziation zu erzeugen. Jedes Molekül spaltet sich in zwei Teile, wobei die Bruchstücke gleichgroße Ladungen entgegengesetzten Vorzeichens besitzen. Die positiven Ionen (Kationen) bestehen aus dem Metall oder dem Wasserstoff im Fall einer Säure und die negativen Ionen (Anionen) aus dem Molekülrest. Bei den **schwachen Elektrolyten** (organische Säuren und Basen) verringert sich der Anteil an dissoziierten Molekülen rasch in dem Maße, wie die Konzentration wächst. Bei den **starken Elektrolyten** (KCl, starke Säuren, starke anorganische Basen, Salze im allgemeinen) ist die Dissoziation praktisch bei jeder Konzentration vollständig.

Unter der Wirkung des elektrischen Feldes, das aufgrund der Potentialdifferenz zwischen der Anode und der Kathode entsteht, wandern die positiven Ionen zur Kathode und die negativen Ionen zur Anode. Bei einem Feld von 100 Volt/Meter beträgt die Geschwindigkeit der Ionen ungefähr 5 µm pro Sekunde. *In einem Elektrolyten beruht der Strom auf dem Ladungstransport in beiden Richtungen durch Ionen beider Vorzeichen.* Nach Konvention nimmt man als Stromrichtung die Richtung an, in der die positiven Ionen wandern. Nehmen wir das Beispiel von Fig. 239, wo die NaCl Moleküle in

Na$^+$-Ionen und Cl$^-$-Ionen dissoziiert sind. Wenn die Na$^+$-Ionen mit der Kathode in Berührung kommen, nehmen sie wieder ein Elektron auf (das von der Kathode geliefert wird) und werden wieder zu Na-Atomen. Die Cl$^-$-Ionen geben ihre Elektronen an die Anode ab und werden zu Cl-Atomen. Die so ausgetauschten Elektronen stellen den Stromfluß in dem restlichen Stromkreis, in dem sie zirkulieren, sicher.

Die ladungsneutralen Bestandteile des gelösten Stoffes treten nur an den Elektroden auf und niemals in der Flüssigkeitsmasse selbst.

In den einfachsten Fällen sind die Endprodukte der Elektrolyse gerade die Elemente, aus denen sich der Elektrolyt zusammensetzt. Wenn man z.b. einen Strom durch eine konzentrierte Lösung von Kupferchlorid CuCl$_2$ fließen läßt, bedeckt sich die Kathode mit einer roten Kupferschicht, und an der Anode wird Chlor freigesetzt, das an seinem Geruch und seiner Farbe erkannt werden kann.

24.2. Faradaysches Gesetz. Die Erfahrung lehrt, daß die abgeschiedene Masse m des Elektrolyten nur von dessen chemischer Natur, der Stromstärke I und der Zeitdauer t des Stromes, der den Elektrolyten durchquert, abhängt. *Die durch den Stromfluß abgeschiedene Masse m ist proportional der Elektrizitätsmenge, die den Elektrolyten durchquert hat.*

$$m = K\,It \tag{24.1}$$

Der Koeffizient K hängt nur von der chemischen Natur des Elektrolyten ab. *Wenn man die gleiche Elektrizitätsmenge durch zwei verschiedene Elektrolyte schickt, dann sind die abgeschiedenen Massen proportional zu den Quotienten aus ihren Molekulargewichten und den Wertigkeiten der Bindung zwischen dem Metall und dem Molekülrest.*

Diese beiden von Faraday aufgestellten Gesetze können zusammenfassend wiedergegeben werden durch die Gleichung

$$m = \frac{M\,It}{Fp} \tag{24.2}$$

wobei M das Molekulargewicht ist und p die Wertigkeit der Bindung zwischen dem Metall und dem Molekülrest. Die sog. Faraday-Konstante F hat die Dimension einer Elektrizitätsmenge. Wenn man m in Kilogramm berechnet, ergibt das Experiment den Wert

$$F = 96{,}5 \cdot 10^6 \text{ Coulomb} \tag{24.3}$$

25. Ströme in Festkörpern

25.1. Elektronen in Kristallen.
Um einem Atom ein Elektron zu entreißen, muß eine wohl bestimmte Energie, die sog. Bindungsenergie des betrachteten Elektrons, aufgewandt werden. Ein Elektron auf einer stabilen Bahn ist in einem wohl bestimmten Energiezustand. Gewisse Elektronen, die sich auf inneren Bahnen nahe dem Kern befinden, haben eine sehr große Bindungsenergie. Die Elektronen, die sich auf weniger tiefen Bahnen befinden, haben weniger große Bindungsenergien. Die Elektronen auf den äußersten Bahnen haben sehr schwache Bindungsenergien. Über diese Elektronen reagieren die Atome miteinander, wenn sie Moleküle bilden. Sie sind verantwortlich für die chemischen Bindungen und werden Valenzelektronen genannt. Die Elektronen der inneren Schalen spielen praktisch keine Rolle bei den chemischen Bindungen.

Betrachten wir eine große Zahl von Atomen, die so weit voneinander entfernt sind, daß der Zustand eines jeden von ihnen eine vernachlässigbare Wirkung auf den Zustand der anderen hat. Die Energiezustände oder Energieniveaus der Elektronen jedes Atoms werden nicht beeinflußt und bleiben die eines isolierten Atoms.

Werden diese Atome einander genähert, um eine dreifach periodische Anordnung, d.h. einen Kristall, zu bilden, dann verändern sich die anfangs unveränderten Energieniveaus der Elektronen, denn sobald der Abstand zwischen den Atomen abnimmt, übt jedes Atom eine wachsende Kraftwirkung auf die anderen aus.

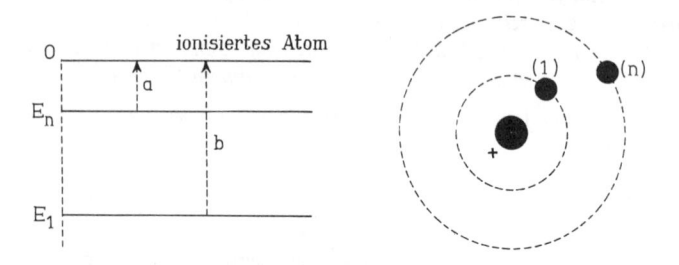

Fig. 240
Bindungsenergie eines Elektrons in einem Atom

Fig. 240 zeigt die Energieniveaus E_1 und E_n des Elektrons (1) (innerste Schale) und des Elektrons (n) (äußerste Bahn) für ein beliebiges Atom. Die anderen Elektronen des Atoms sind auf Bahnen, die nicht eingezeichnet sind, und die zwischen der Bahn (1) und der Bahn (n) liegen würden. Die mit Null bezeichnete, höchste horizontale Linie entspricht dem Ordinatenursprung. Um dem Atom das Elektron (n) zu entreißen, muß eine Energie aufgewandt werden, die dem Betrag nach gleich E_n ist, und die das Elektron (Pfeil a) von dem Niveau E_n auf das Energieniveau Null hebt (unendlich weit vom

25.1. Elektronen in Kristallen 187

Kern entferntes Elektron). Die Energien, die in Fig. 240 angegeben werden, sind negative Energien (s. Abschn. 38.2). Man muß also Fig. 240, ebenso wie die folgenden, so interpretieren, daß die Energie als um so niedriger anzusehen ist, je tiefer eine horizontale Linie liegt (je weiter entfernt von der Linie 0, ionisiertes Atom). Das Niveau E_1 entspricht einem niedrigeren Energieniveau als E_n, denn das letztere ist weniger negativ. Bei den Bindungsenergien ist es umgekehrt. Je weiter die Linie von der Linie 0 entfernt ist, um so größer ist die Bindungsenergie.

Wenn man eine große Zahl weit voneinander entfernter identischer Atome hat, sind für jedes Atom die Energieniveaus die der Fig. 240 und entsprechen denen eines isolierten Atoms.

Wenn sich die Atome einander nähern und einen Kristall bilden, werden die Energieniveaus geändert. Der Einfachheit halber sind in Fig. 241 die Verhältnisse dargestellt,

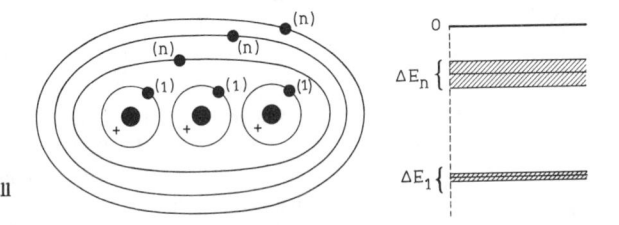

Fig. 241
Energieniveaus im Fall
eines Kristalls

wenn nur drei Atome in Berührung kommen. Die drei Elektronen (1) bleiben um den Kern lokalisiert und besetzen ein Niveau, dessen Energie sehr dicht bei der des isolierten Atoms liegt. Die drei Niveaus E_1 liegen sehr dicht beieinander und bilden ein enges Intervall ΔE_1. Das liegt daran, daß die Niveaus der inneren Schalen Elektronen mit großen Bindungsenergien zugeordnet sind und durch die weniger tiefen Schalen von den Wechselwirkungen abgeschirmt werden. Diese tiefen Niveaus werden also praktisch nicht geändert.

Dagegen spielen die Elektronen der äußeren Schale (Valenzelektronen) eine grundlegende Rolle bei den auftretenden Wechselwirkungen. Die Valenzelektronen, etwa die Elektronen (n) in Fig. 241, üben untereinander und auf andere Teilchen Kraftwirkungen aus. Es wird dabei unmöglich, ein Elektron einem bestimmten Atom zuzuordnen. *Man nimmt an, daß sich ein Valenzelektron in einem Kristall überall zugleich befindet.* Daraus folgt, daß die drei Elektronen (n) des vereinfachten Beispiels in Fig. 241 Energieniveaus besetzen, die sehr verschieden von den ursprünglichen Niveaus (s. Fig. 240) sind.

Folglich gruppieren sich alle Elektronenniveaus eines Kristalls in Energiebändern: Die Elektronen der inneren Schalen besetzen Niveaus, deren nahe beieinanderliegende Energien sehr enge Bänder wie ΔE_1 in Fig. 241 bilden. Dagegen besetzen die Valenzelektronen Niveaus, die in breiten Bändern wie ΔE_n gruppiert sind. Alle diese Energiebänder werden erlaubte Bänder genannt. Sie werden durch Zwischenbereiche, sog. verbotene Bänder, voneinander getrennt.

25. Ströme in Festkörpern

25.2. Besetzung der Energiebänder eines Festkörpers. Wir suchen nun die Wahrscheinlichkeit, mit der sich ein Elektron in einem vorgegebenen Energiezustand befindet. Das Problem wird durch die sog. Fermi-Dirac Statistik gelöst. Wir tragen als Ordinate die Energie E auf (s. Fig. 242) und als Abszisse die Wahrscheinlichkeit P, mit der ein Energieniveau besetzt wird. Es wird angenommen, daß der Kristall überall die gleiche Temperatur hat. Man sieht, daß die Besetzungswahrscheinlichkeit für die tiefsten Energien gleich 1 ist und für die höchsten Energien gegen Null strebt. Das Niveau E_F ist die Energie eines gedachten Zustandes, der mit der Wahrscheinlichkeit 50 zu 100 besetzt, oder umgekehrt gesagt, nicht besetzt ist. Das ist die Fermienergie.

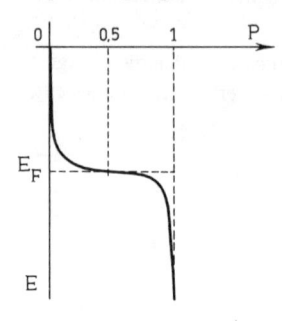

Fig. 242
Kurve, die die Fermi-Dirac-Statistik zum Ausdruck bringt

Wenn man die Figuren 241 und 242 zugleich untersucht, sieht man, daß die innersten Energiebänder (s. Fig. 241) besetzt sind, denn für diese Zustände ist die Besetzungswahrscheinlichkeit gleich 1. Das gilt für Zustände, die deutlich unterhalb von E_F liegen. Dagegen sind die Zustände, die deutlich oberhalb von E_F liegen, unbesetzt.

Wir nehmen nun an, daß die Fermienergie in eines der verbotenen Bänder fällt (s. Fig. 243). Die erlaubten Bänder, die oberhalb von E_F liegen, sind leer (Besetzungswahrscheinlichkeit Null) und die erlaubten Bänder, die unterhalb von E_F liegen, sind voll (Besetzungswahrscheinlichkeit gleich 1). Es gibt nur leere Bänder und volle Bänder. Unter den leeren Bändern ist das mit der tiefsten Energie

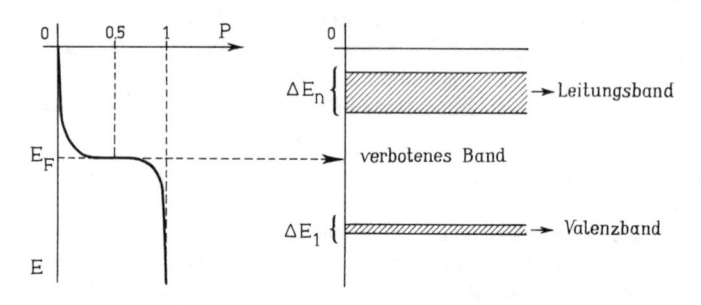

Fig. 243
Fermienergie und Energiebänder in einem Kristall. Fall eines Nichtleiters

das Leitungsband. Unter den vollen Bändern ist das mit der höchsten Energie das Valenzband. Wir werden später sehen, daß das der Fall eines Nichtleiters ist.

Es kann auch geschehen, daß die Fermienergie in ein erlaubtes Energieband fällt. Dieses Band ist also weder leer noch voll (s. Fig. 244). Alle anderen Bänder sind leer oder voll. Das ist der Fall eines Leiters, wie wir später sehen werden.

25.4. Halbleiter 189

25.3. Stromfluß im Kristall. Damit ein Strom fließen kann, muß ein Transport von elektrischen Ladungen unter der Wirkung eines äußeren elektrischen Feldes stattfinden. Bei Abwesenheit eines äußeren elektrischen Feldes gibt es keinen elektrischen Strom.

Die Elektronen eines teilweise oder vollständig besetzten Bandes transportieren bei Abwesenheit eines Feldes keinen Strom. Wenn man ein elektrisches Feld anlegt, können die Elektronen eines vollen Bandes ihre Bewegung nicht ändern um einen Strom zu erzeugen, denn alle möglichen Plätze sind in diesem Band besetzt. Tatsächlich teilt ein elektrisches Feld jedem Elektron eine Beschleunigung mit, d.h. eine Erhöhung der Energie. Da die nächsthöheren Zustände besetzt sind, kann kein Elektron in der Energieskala aufsteigen. Zwei Elektronen können permutieren, indem sie ihre Plätze tauschen, aber da die Elektronen in der Quantenmechanik ununterscheidbare Teilchen sind, hat dieser Austausch keine Wirkung und kann keinen Strom erzeugen.

Folglich kann nur in einem teilweise gefüllten Band unter der Wirkung eines äußeren Feldes ein Strom fließen. Darum sind die Festkörper, die Fig. 243 entsprechen, Nichtleiter und diejenigen, die Fig. 244 entsprechen, Leiter.

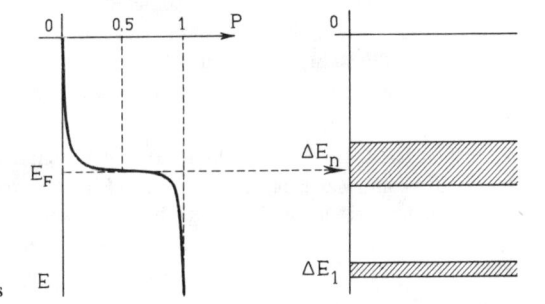

Fig. 244
Fermienergie und Energiebänder
in einem Kristall. Fall eines Leiters

25.4. Halbleiter. Wir betrachten einen Festkörper, bei dem die Fermienergie in ein verbotenes Band fällt (s. Fig. 245). Die Besetzungswahrscheinlichkeit des Valenzbandes ist gleich 1 und die des Leitungsbandes Null. Der Festkörper ist ein Nichtleiter. Wir wollen annehmen, daß die Temperatur steigt. Die Kurve, die die Besetzungswahrscheinlichkeit der Energieniveaus angibt, wird geändert. Die ausgezogene Kurve (Temperatur T) wird zu der gestrichelten Kurve (Temperatur $T' > T$). Man sieht dabei, und das beruht auf der Wärmebewegung, daß die Besetzungswahrscheinlichkeit am unteren Ende des Leitungsbandes nicht mehr ganz vernachlässigbar ist. Es gibt in diesem Band einige Elektronen. Aus demselben Grund ist die Besetzungswahrscheinlichkeit am oberen Ende des Valenzbandes nicht mehr genau gleich 1. Am oberen Ende dieses Bandes gibt es einige Zustände, die nicht besetzt sind. Diese Löcher oder Defektelektronen am oberen Ende des Valenzbandes können als nahezu freie Teilchen der Ladung $+e$ betrachtet werden. Elektronen und Löcher sind zahlenmäßig gleich, denn ein Loch existiert nur, weil ein Elektron des Valenzbandes seinen Platz verlassen hat, um einen Zustand des Lei-

25. Ströme in Festkörpern

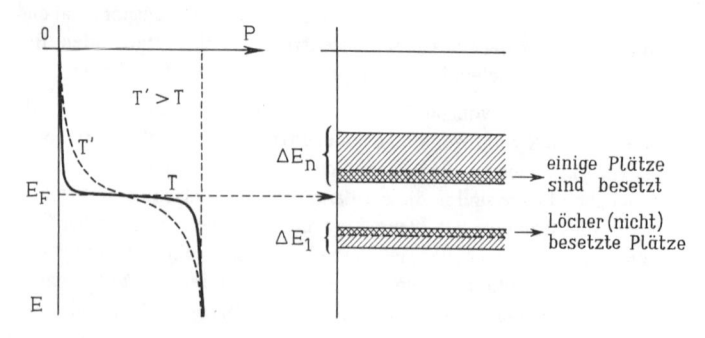

Fig. 245
Besetzung der Energiebänder in einem Halbleiter

tungsbandes zu besetzen. Es entstehen sozusagen Elektron-Loch-Paare. Unter dem Einfluß eines elektrischen Feldes wandern die Elektronen in die Richtung, die der des elektrischen Feldes entgegengesetzt ist, wobei sie negative Ladungen transportieren, während die Löcher in Richtung des Feldes wandern und dabei positive Ladungen transportieren. Ein Festkörper, bei dem die elektrische Leitfähigkeit auf diese Weise entsteht, nennt man einen Halbleiter. Germanium und Silizium sind Beispiele für halbleitende Körper.

Wir haben gerade gesehen, wie die Wirkung der Temperatur einen Kristall zu einem Leiter machen kann. Man kann einen ähnlichen Effekt hervorrufen, indem man einem vollständig reinen Kristall, der ursprünglich nichtleitend ist, eine sehr geringe Zahl von bestimmten Verunreinigungen (Störstellen) zusetzt. Man sagt, der Kristall sei dotiert.
Bei hinreichender Temperatur können zwei Fälle eintreten:

1) Bei gewissen Verunreinigungen (z.B. Spuren von Arsen in einem Germaniumkristall) wird die Zahl der freien Elektronen viel größer als die der Löcher, und der Stromfluß wird im wesentlichen durch die Elektronen mit negativen Ladungen sichergestellt. Man nennt diesen Halbleiter n-leitend.

2) Bei anderen Verunreinigungen (z.B. Spuren von Gallium in einem Germaniumkristall) ist die Zahl der freien Elektronen gering, während es dagegen viele Löcher gibt. Der Stromfluß wird also im wesentlichen von den Löchern sichergestellt. Man nennt den Halbleiter p-leitend.

Wir werden später sehen (s. Band 2, Kapitel 28, Elektronik), daß es möglich ist, Kristalldioden (so genannt zum Vergleich mit den Röhrendioden) herzustellen, indem man einen perfekten elektrischen Kontakt längs einer ebenen Fläche zwischen einem n-leitenden und einem p-leitenden Element herstellt. Wir werden auch die Anordnung von drei Elementen untersuchen, ein von zwei p-Leitern eingeschlossener n-Leiter (Anordnung pnp) oder ein von zwei n-Leitern eingeschlossener p-Leiter (Anordnung npn). Diese Anordnungen bilden die sog. Transistoren, bei denen gewisse Eigenschaften vergleichbar mit denen von Trioden sind.

26. Kontaktspannung

26.1. Peltier-Effekt. Wir schicken einen Strom durch einen Leiter (s. Fig. 246), der aus zwei sich berührenden (gelöteten) Leitern A und B besteht. Das Experiment zeigt, daß die beobachtete Freisetzung von Wärme nicht dem Gesetz des Joule-Effekts gehorcht. Je nach Richtung des Stromes wird an der Kontaktstelle eine bestimmte, zusätzliche Wärmemenge freigesetzt oder entzogen. Diese neue Erscheinung, die sich an der Verbindungsstelle zwischen zwei Metallen zeigt, wird Peltier-Effekt genannt. Er ist schwach und wird i. allg. von dem Joule-Effekt verdeckt.

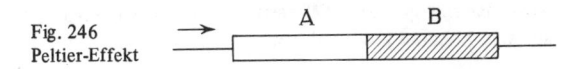

Fig. 246
Peltier-Effekt

26.2. Spannung, die von zwei verschiedenen, sich berührenden Leitern erzeugt wird. Thermoelement. Wir betrachten verschiedene Leiter A und B, die so angeordnet sind, wie es Fig. 247 zeigt. Wenn die beiden Lötstellen S_1 und S_2 verschiedene Temperaturen haben, zeigt sich an den Enden m und p eine Thermospannung. Die Anordnung der Leiter A und B bildet ein Thermoelement. Die Thermospannung U eines Thermoelements hängt nur von den Temperaturen t_2 und t_1 der Lötstellen S_1 und S_2 und der Art der sich berührenden Metalle ab. Mit einer i. allg. ausreichenden Näherung erhält man, wenn $t_2 > t_1$

$$U = a(t_2 - t_1) + b(t_2^2 - t_1^2) \qquad (26.1)$$

Die Kurve, die $U = f(t_2)$ wiedergibt, ist nahezu eine Parabel (s. Fig. 248). Die Span-

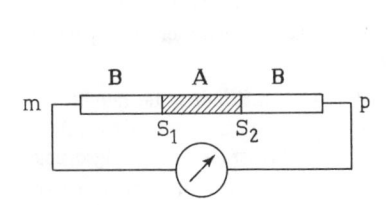

Fig. 247
Thermoelement

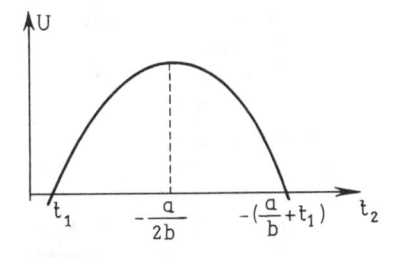

Fig. 248
Spannung eines Thermoelementes als Funktion der Temperatur einer der beiden Lötstellen

nung U geht bei $t_2 = -\dfrac{a}{2b}$ durch ein Maximum. Sie ändert ihr Vorzeichen bei der Temperatur $t_2 = -(\dfrac{a}{b} + t_1)$ der sog. Inversionstemperatur.

26. Kontaktspannung

Die Thermospannungen sind allgemein klein, und man schaltet häufig die Thermoelemente in Reihe, um Thermosäulen zu erhalten. Diese Thermosäulen sind handliche Thermometer.

26.3. Kontaktspannung zwischen einem Metall und einem Elektrolyten.

Man weiß, daß eine Metallelektrode, die in einen Elektrolyten eintaucht, versucht, spontan positive Ionen abzugeben. Um diesen Effekt zu charakterisieren, untersucht man das Verhalten der Metallelektrode in einer Lösung, die Ionen des Metalls enthält.

Die positiven Metallionen verlassen die Elektrode, die negativ geladen zurückbleibt. Es zeigt sich eine Potentialdifferenz zwischen der Elektrode und der Lösung, wobei diese auf dem höheren Potential ist. Zwei Effekte sind zu betrachten:

1) Die negative Elektrode zieht die positiven Ionen der Lösung an, und eine gewisse Anzahl dieser Ionen wird sich auf der Elektrode entladen. Die Anreicherung der Lösung an Metallionen erreicht demnach eine gewisse Grenze.

2) Die positiven Metallionen der Lösung erlangen einen osmotischen Druck, der versucht, die Anreicherung der Lösung an Metallionen zu hindern.

Es entsteht also ein Gleichgewicht zwischen den Ionen, die von der Elektrode abgegeben werden, und denen, die aus der Lösung kommen und von ihr eingefangen werden. Im Gleichgewicht ist das Potential der Elektrode gerade so groß, daß sich diese beiden Effekte kompensieren. Bei einer bestimmten Temperatur und für eine vorgegebene Ionenkonzentration der Lösung (Normalkonzentration) heißt dieses Potential **Normalpotential** des Metalls, aus dem die Elektrode besteht.

Natürlich ändern sich diese Effekte von einem Metall zum anderen. Wenn man eine Elektrode aus Zink in eine Zinksulfatlösung taucht, gibt die Elektrode sehr leicht Zn^{++}-Ionen ab, die in die Lösung gehen. Man sagt, Zink habe einen großen **Lösungsdruck**. Die Zinkelektrode lädt sich negativ auf, und die Anreicherung an Zn^{++}-Ionen in der Lösung erreicht einen Grenzwert, wie wir in dem vorangegangenen Fall 1) gesehen haben. Bei Zink spielt der osmotische Druck praktisch keine Rolle.

Wenn man dagegen eine Kupferelektrode in eine Lösung von Kupfersulfat taucht, ist die Abgabe von Cu^{++}-Ionen durch das Kupfer gering, und der osmotische Druck der Cu^{++}-Ionen der Lösung wird jetzt wirksam. Da dieser größer ist als der Lösungsdruck, werden sich Cu^{++}-Ionen auf der Kupferelektrode abscheiden, die sich dadurch positiv auflädt. Um das Normalpotential zu messen, das zwischen einem Metall und einer Lösung von Ionen dieses Metalls besteht, müßte man die Potentialdifferenz zwischen diesem Metall und einer anderen Elektrode mit *demselben Potential wie das der Lösung* messen. Dies ist in der Praxis jedoch nicht möglich. Man macht also eine vergleichende Messung, indem man eine Vergleichselektrode, die sog. Wasserstoffelektrode, benutzt (s. Fig. 249). Sie besteht aus einer Platinelektrode, die zum Teil in eine Lösung (Lösung von Schwefelsäure), zum Teil in Wasserstoff getaucht ist. Der Wasserstoffstrom wird durch das Rohr T in die Lösung geschickt, und der Hahn S ermöglicht es, die Ver-

26.4. Galvanische Elemente. Akkumulatoren 193

bindung mit einer anderen Elektrode herzustellen. Fig. 250 zeigt, wie man die Wasserstoffelektrode verwendet, um das Potential eines Metalls, z.B. Silber, zu messen. Die Verbindung zwischen den Elektroden geschieht mittels eines Behälters, der KCl enthält und der den Zweck hat, die Potentialdifferenz, die bei der Berührung der Flüssigkeiten entsteht, möglichst weit herabzusetzen.

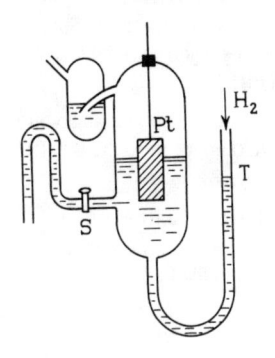

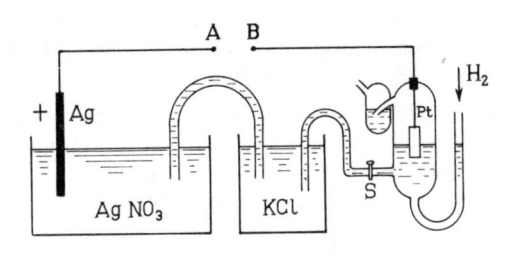

Fig. 249
Wasserstoffelektrode

Fig. 250
Messung des Normalpotentials (Silber) mit Hilfe der Wasserstoffelektrode

Die nachfolgende Tabelle gibt das Normalpotential in Volt einiger Metalle bei 25 °C an, d.h. die Potentialdifferenz, die zwischen diesem Metall und einer Lösung von Ionen des Metalls besteht, deren Konzentration gleich der Normalkonzentration ist. Die Vorzeichen sind + oder −, je nachdem, ob sich das Metall positiv oder negativ auflädt.

Der Lösungsdruck ist für die Metalle, die am Anfang der Tabelle stehen, groß und für die, die am Ende stehen, klein.

Elektrode	Normalpotential (Volt)
Na	−2,71
Zn	−0,76
Fe	−0,44
Pb	−0,12
Cu	+0,34
Ag	+0,80

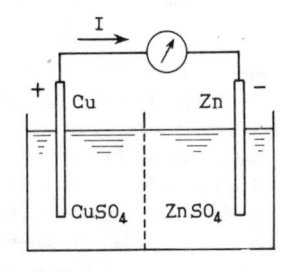

Fig. 251
Daniell-Element

26.4. Galvanische Elemente. Akkumulatoren. Wir füllen in einen Behälter zwei Flüssigkeiten, z.B. Kupfersulfat und Zinksulfat, die durch eine poröse Scheidewand getrennt werden (s. Fig. 251). Werden eine Kupferelektrode und eine Zinkelelektrode in das

26. Kontaktspannung

Kupfersulfat bzw. das Zinksulfat, getaucht, dann zeigt ein Voltmeter die Existenz einer Potentialdifferenz an, wobei das Kupfer positiv und das Zink negativ ist. Man erhält ein Galvanisches Element (Daniell-Element). Wenn der Strom fließt, geht Zink in Lösung, und die Lösung wird konzentrierter: Die elektromotorische Kraft nimmt also mit der Zeit ab. Wenn man ein Element mit zwei Metallen aus der vorangegangenen Tabelle und mit den entsprechenden Lösungen bildet, besteht der negative Pol aus dem Metall, das als erstes in der Tabelle auftaucht. Die numerischen Werte geben die Spannung des Elementes an, wenn man die Kontaktspannung der Lösungen vernachlässigt. In dem obigen Beispiel ist die Spannung ungefähr gleich 1 Volt.

Es gibt verschiedene Arten von Elementen, deren elektromotorische Kräfte i. allg. von der Größenordnung 1 bis 2 Volt pro Element sind. Aber man kann sie in Reihe schalten, um Batterien zu erhalten.

Die vorstehenden Erscheinungen zeigen, daß eine elektromotorische Kraft existiert, wenn das Element eine Asymmetrie aufweist. Wir tauchen nun zwei gleiche Platinelektroden in eine Lösung aus Schwefelsäure (Fig. 252). Obwohl eine Potentialdiffe-

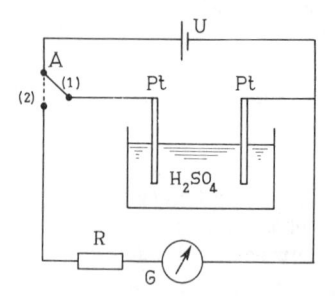

Fig. 252
Akkumulator

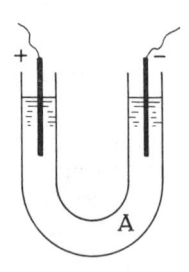

Fig. 253
Elektrophorese

renz zwischen jeder Platinelektrode und der Flüssigkeit besteht, ist die Summe dieser Potentialdifferenzen wegen der Symmetrie Null, d.h., es fließt kein Strom. Mit Hilfe einer zusätzlichen Stromquelle U lassen wir während einiger Minuten einen Strom fließen. Die an den Elektroden ankommenden Ionen ändern die Oberfläche der Metalle und polarisieren sie, wodurch die Symmetrie zerstört wird. Indem wir den Schalter A von der Position (1) in die Position (2) bringen, schalten wir die Stromquelle ab und verbinden das Element mit einem Galvanometer G. Das Galvanometer schlägt aus und zeigt dadurch an, daß dieses Element zu einer Stromquelle geworden ist, deren elektromotorische Kraft entgegengesetzt ist zu der der Quelle U, die die Elektrolyse erzeugt hat. Die Asymmetrie aufgrund des Stromflusses bei dem ersten Prozeß (U eingeschaltet) erzeugt eine Stromquelle (U abgeschaltet). Man hat so einen Akkumulator gewonnen. Wenn man ihn sich entladen läßt, wird seine elektromotorische Kraft nach und nach geringer und verschwindet schließlich: Die Elektroden entpolarisieren sich spon-

26.6. Elektrogenese bei Lebewesen

tan. Akkumulatoren mit (an der Oberfläche oxidierten) Bleielektroden werden am häufigsten benutzt. Man verwendet auch alkalische Akkumulatoren, bei denen der Elektrolyt eine Kaliumlösung ist und die Elektroden aus Schichten von Eisen und Nikkel bestehen. Sie sind robuster und leichter zu warten als Bleiakkumulatoren, aber sie haben nicht wie diese den Vorteil, eine nahezu konstante Spannung zu liefern.

26.5. Elektrophorese. Die Teilchen einer kolloidalen Lösung tragen elektrische Ladungen, die für dieselbe Lösung alle gleiches Vorzeichen haben. Diese Teilchen stoßen sich ab, was sie daran hindert, sich zusammenzuballen. Wir wollen den Versuch von Fig. 253 durchführen. Wenn die Röhre mit einer kolloidalen Lösung A gefüllt ist, wird durch das Einschalten einer Spannung wie bei einem Versuch zur Elektrolyse eine Wanderung der Teilchen zu der einen oder der anderen Elektrode hervorgerufen. Die negativ geladenen Lösungen gehen zur Anode: Das sind die elektronegativen Kolloide. Die positiv geladenen Lösungen gehen zur Kathode, dies sind die elektropositiven Kolloide. Die Elektrophorese hat in der Biologie wichtige Anwendungen bei der Trennung von Proteinen gefunden. Die Elektrophorese führt zu einem Abfall des Brechungsindexes, und der Effekt wird mit Hilfe von optischen Geräten beobachtet.

26.6. Elektrogenese bei Lebewesen. Eine der Ursachen für die Existenz einer elektrischen Spannung im lebenden Organismus ist die Tatsache, daß Zellwände für bestimmte Ionen gut durchlässig sind und für andere nicht. Es tritt ein sog. Membranpotential von ca. 100 mV auf. Ein interessantes Beispiel bietet der Electrophorus electricus (s. Fig. 254), ein Fisch von etwa einem Meter Länge aus dem Amazonasbecken. Er kann

Fig. 254
Electrophorus electricus

Spannungen von mehr als 500 Volt erzeugen. Diese Tierart besitzt erregbares Gewebe, das eine hohe Konzentration von Kaliumionen und eine geringe Konzentration von Natriumionen im Zellinnern hat. Das Gewebe ist von einer Körperflüssigkeit umgeben, die umgekehrt eine hohe Konzentration von Natriumionen und eine geringe Konzentration von Kaliumionen aufweist. Diese Asymmetrie ist die Ursache für die Erzeugung der Spannung. Viele solcher Spannungsquellen liegen in den „elektrischen Organen" des Elektrophorus wie in Serie hintereinander geschaltete Elemente. Hierdurch werden die hohen Spannungen erzeugt.

27. Wechselstrom

27.1. Beispiel für die Erzeugung einer sinusförmigen elektromotorischen Kraft.

Betrachten wir eine Leiterschleife der Fläche S, die sich mit einer konstanten Winkelgeschwindigkeit ω um einen Durchmesser dreht. In Fig. 255 steht die Drehachse im Punkt 0 senkrecht auf der Figurenebene. Die Schleife wird von einer homogenen magnetischen Induktion $\vec{B}$ durchsetzt, die senkrecht zur Drehachse der Schleife steht. Zum Zeitpunkt $t = 0$ nehmen wir $\alpha = 0$ an. Zu einem beliebigen Zeitpunkt t wird der Induktionsfluß Φ gemäß (19.12) gegeben durch

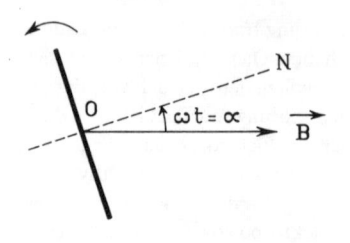

$$\Phi = BS\cos\alpha = BS\cos\omega t \qquad (27.1)$$

Fig. 255
Erzeugung eines Wechselstromes durch Drehung einer Leiterschleife in einem magnetischen Induktionsfeld

Dieser Fluß ist veränderlich, und die Schleife wird zum Träger einer induzierten elektromotorischen Kraft, die durch (22.6) gegeben ist. Man erhält

$$U = -\frac{d\Phi}{dt} = BS\,\omega\sin\omega t \qquad (27.2)$$

Die elektromotorische Kraft ist also sinusförmig. Indem man

$$U_m = BS\,\omega \qquad (27.3)$$

setzt, kann man schreiben

$$U = U_m \sin\omega t \qquad (27.4)$$

Wenn die Schleife einen geschlossenen Stromkreis bildet, wird sie von einem ebenfalls sinusförmigen Strom I durchflossen. Aber i. allg. ist der Strom nicht in Phase mit der elektromotorischen Kraft, und man muß schreiben

$$I = I_m \sin(\omega t - \varphi) \qquad (27.5)$$

Wir werden später die Werte von I_m und φ als Funktion von U_m, ω und den Charakteristiken des Stromkreises untersuchen. Der Stromkreis wird von einem sinusförmigen Wechselstrom durchflossen, dessen Periode $T = 2\pi/\omega$ die gleiche ist wie die der elektromotorischen Kraft. Der Kehrwert $\nu = 1/T$ der Periode ist die Frequenz des Wechselstromes. Die Frequenz wird in Hertz (Hz) berechnet. Für die industriellen Ströme hat man $\nu = 50$ Hz, für die niederfrequenten Ströme $10^2 < \nu < 10^4$ Hz und für die Hochfrequenzströme $10^4 < \nu < 10^9$ Hz. Der Strom I und die elektromotorische Kraft U werden durch die Kurven (1) bzw. (2) in Fig. 256 wiedergegeben. Wenn man ωt auf der Abszisse aufträgt, ist die Verschiebung zwischen den beiden Kurven die Phasendifferenz φ zwischen I und U.

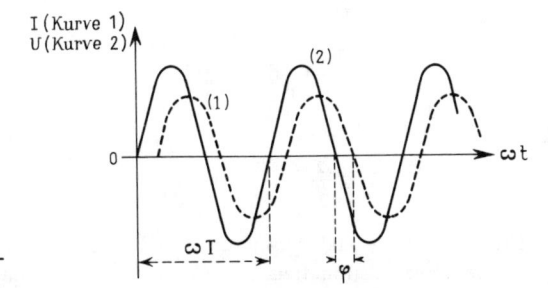

Fig. 256
Kurve, die den Strom I und die elektromotorische Kraft U wiedergibt

27.2. Effektive Stromstärke

Betrachten wir einen Wechselstrom I, der durch einen Widerstand R fließt. Die durch den Jouleschen Effekt freigesetzte Wärmemenge W wird durch (18.13) gegeben, sie hängt nicht von der Stromrichtung ab.

Mit effektiver Stromstärke I_{eff} eines Wechselstromes bezeichnet man die Stärke eines Gleichstromes, der in derselben Zeit die gleiche Wärmemenge in demselben Leiter freisetzt. Nach dieser Definition ist die Wärmemenge, in Joule ausgedrückt, die von dem in dem Widerstand R fließenden Wechselstrom während einer Periode T freigesetzt wird

$$W = R I_{eff}^2 T \qquad (27.6)$$

Die Wärmemenge dW, die von dem Wechselstrom

$$I = I_m \sin(\omega t - \varphi)$$

in dem Widerstand R während einer sehr kleinen Zeit dt freigesetzt wird, ist

$$dW = R I_m^2 \sin^2(\omega t - \varphi) \, dt \qquad (27.7)$$

Man kann in der Tat annehmen, daß die Stromstärke $I = I_m \sin(\omega t - \varphi)$ während der Zeit dt konstant bleibt, wenn diese hinreichend klein ist. Die während einer Periode freigesetzte Wärmemenge ist demnach

$$W = R I_m^2 \int_0^T \sin^2(\omega t - \varphi) \, dt \qquad (27.8)$$

Man kann schreiben

$$W = R I_m^2 \int_0^T \frac{1 - \cos 2(\omega t - \varphi)}{2} \qquad (27.9)$$

aber

$$\int_0^T \cos 2(\omega t - \varphi) \, dt = \frac{1}{2\omega} [\sin 2(\omega t - \varphi)]_0^T$$

$$= \frac{1}{2\omega} [\sin 2(\frac{2\pi t}{T} - \varphi)]_0^T = 0$$

(27.10)

27. Wechselstrom

woraus folgt

$$W = \frac{RI_m^2}{2} \int_0^T dt = \frac{RI_m^2 T}{2} \qquad (27.11)$$

Nach (27.6) erhält man

$$I_{eff}^2 = \frac{I_m^2}{2}, \quad I_{eff} = \frac{I_m}{\sqrt{2}} \qquad (27.12)$$

Fig. 257 zeigt die Änderungen von I^2 als Funktion der Zeit. Die während einer Periode von dem Wechselstrom freigesetzte Wärmemenge wird durch die schraffierte Fläche wiedergegeben. Nach (27.11) ist sie gleich der Fläche des Rechtecks ABCD, welche die Wärme wiedergibt, die von einem konstanten Strom der Stärke I_{eff} freigesetzt wird.

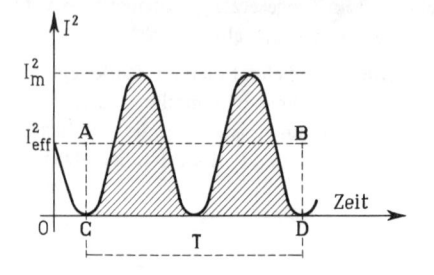

Fig. 257
Effektive Stromstärke eines Wechselstromes

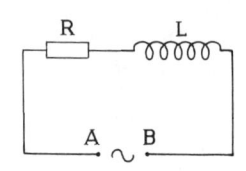

Fig. 258
Stromkreis mit einem Widerstand und einer Induktivität in Reihenschaltung

27.3. Verschiedene Effekte des Wechselstroms. Zu jedem Zeitpunkt zerlegt der Wechselstrom Elektrolyte genauso, wie es ein Gleichstrom derselben Stärke tun würde. Die aus der Elektrolyse resultierenden Effekte sind jedoch in den beiden Stromphasen entgegengesetzt.

Der Wechselstrom wirkt zu jedem Zeitpunkt auf eine Magnetnadel genauso, wie es ein Gleichstrom derselben Stärke tun würde. Die Wirkung einer magnetischen Induktion auf einen Wechselstrom ist zu jedem Zeitpunkt die gleiche, wie wenn der Strom konstant wäre.

27.4. Wechselspannung an den Klemmen einer Reihenschaltung von Widerstand und Induktivität. Mit Hilfe eines Generators G (s. Fig. 258) wird eine Wechselspannung zwischen den Punkten A und B erzeugt. Sie kann wiedergegeben werden durch den Ausdruck

$$V = V_m \sin\omega t$$

27.4. Wechselspannung an Widerstand und Induktivität

Die Induktivität L hat einen Eigenwiderstand, der mit R in Reihe geschaltet ist, und man kann annehmen, daß R die Summe dieser beiden Widerstände darstellt.

Infolge der Stromänderungen in der Induktivität L ist diese der Träger einer induzierten elektromotorischen Kraft, die sich numerisch zu der elektromotorischen Kraft U des Generators addiert. Das Ohmsche Gesetz schreibt sich für den Zeitpunkt t

$$U - L\frac{dI}{dt} = (R + r)I \qquad (27.13)$$

wobei r der Innenwiderstand des Generators ist. Wenn V die Spannung zwischen A und B ist, erhält man nach (18.16)

$$V = RI + L\frac{dI}{dt} \qquad (27.14)$$

Wenn V von der Form $V = V_m \sin\omega t$ ist, schreibt sich I bekanntlich

$$I = I_m \sin(\omega t - \varphi)$$

wobei φ die Phasendifferenz zwischen dem Strom und der Spannung ist. Man erhält

$$L\frac{dI}{dt} = L\omega I_m \cos(\omega t - \varphi) \qquad (27.15)$$

und

$$V = RI_m \sin(\omega t - \varphi) + L\omega I_m \cos(\omega t - \varphi) \qquad (27.16)$$

wofür man schreiben kann

$$V = (RI_m \cos\varphi + L\omega I_m \sin\varphi)\sin\omega t + (L\omega I_m \cos\varphi - RI_m \sin\varphi)\cos\omega t \qquad (27.17)$$

Wenn man diesen Ausdruck mit $V = V_m \sin\omega t$ vergleicht, sieht man, daß der Koeffizient von $\cos\omega t$ in dem Ausdruck (27.17) Null sein muß, und man erhält

$$L\omega \cos\varphi - R\sin\varphi = 0 \qquad (27.18)$$

woraus folgt

$$\tan\varphi = \frac{L\omega}{R} \qquad (27.19)$$

Die Gleichung (27.17) ergibt folglich

$$I_m(R\cos\varphi + L\omega\sin\varphi) = V_m \qquad (27.20)$$

Nun erhält man aus (27.19)

$$\cos\varphi = \pm\frac{R}{\sqrt{R^2 + L^2\omega^2}} \qquad \sin\varphi = \frac{L\omega}{\sqrt{R^2 + L^2\omega^2}} \qquad (27.21)$$

27. Wechselstrom

und indem man diese Werte in (27.20) einsetzt

$$I_m = \pm \frac{V_m}{\sqrt{R^2 + L^2\omega^2}} \qquad (27.22)$$

Nimmt man in den Gleichungen (27.21) und (27.22) das Vorzeichen — anstelle des Vorzeichens +, so führt das zu einem Wechsel von φ zu $\varphi + \pi$ und von I_m zu $-I_m$, was aber keine Änderung von $I = I_m \sin(\omega t - \varphi)$ bringt. Man kann sich also auf das positive Vorzeichen beschränken, d.h. φ in dem Intervall $0, \frac{\pi}{2}$ zu wählen. I_m ist also positiv, und man erhält

$$I_m = \frac{V_m}{\sqrt{R^2 + L^2\omega^2}} \qquad (27.23)$$

Die Größe

$$Z = \sqrt{R^2 + L^2\omega^2} \qquad (27.24)$$

ist der **Scheinwiderstand (Impedanz)** des Stromkreises, und die Größe $L\omega$ wird **induktiver Widerstand** genannt. Die Stromstärke ist mit der Spannung nicht in Phase, und die Phasendifferenz φ ergibt sich aus (27.19)

27.5. Wechselspannung an den Klemmen eines Widerstandes allein. Im Fall eines Stromkreises ohne Induktivität (L = 0) erhält man $\varphi = 0$. Der Strom und die Spannung sind in Phase, und nach (27.23) gilt

$$V_m = RI_m \qquad (27.25)$$

Man kann schreiben

$$I_{eff} = \frac{I_m}{\sqrt{2}} = \frac{V_m}{R\sqrt{2}} \qquad (27.26)$$

Wir setzen

$$V_{eff} = \frac{V_m}{\sqrt{2}} \qquad (27.27)$$

V_{eff} ist die effektive Spannung, und man erhält somit

$$V_{eff} = RI_{eff} \qquad (27.28)$$

Das Ohmsche Gesetz ist für die Effektivwerte und für die Maximalwerte gültig.

27.6. Wechselspannung an den Klemmen einer Induktivität. Wenn der Widerstand der Induktivität vernachlässigbar ist, zeigt Gl. (27.19), daß man für R = 0 die Phasendifferenz $\varphi = \pi/2$ erhält. Die Spannung läuft dem Strom um $\pi/2$ voraus. Gemäß (27.23) erhält man

$$I_m = \frac{V_m}{L\omega} \qquad (27.29)$$

27.7. Wechselspannung an den Klemmen einer Reihenschaltung von Widerstand, Induktivität und Kapazität.

Legen wir eine Wechselspannung an den Klemmen einer Reihenschaltung eines Widerstandes R, einer Induktivität L und einer Kapazität C an (s. Fig. 259). Wie oben wird angenommen, daß R den Widerstand des Stromkreises außerhalb des Generators wiedergibt. Die augenblickliche Potentialdifferenz zwischen A und B ist gleich der Summe der augenblicklichen Potentialdifferenzen an den Klemmen von R, von L und C. Nach dem Vorausgegangenen erhält man

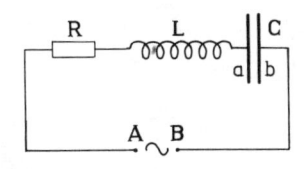

Fig. 259
Stromkreis mit einem Widerstand, einer Induktivität und einer Kapazität in Reihenschaltung

$$V = RI + L\frac{dI}{dt} + V_a - V_b \tag{27.30}$$

wobei $V_a - V_b$ die Potentialdifferenz an den Klemmen der Kapazität C ist. Zu einem Zeitpunkt t, wo A positiv ist und B negativ, trägt die Belegung a eine Ladung $+q$ und die Belegung b eine Ladung $-q$, und man erhält mit (17.12)

$$q = C(V_a - V_b) = CV_C \tag{27.31}$$

Da der Strom in allen Elementen des Stromkreises der gleiche ist, erhält man folglich gemäß (18.2), wenn $I = I_m \sin(\omega t - \varphi)$ der Momentanstrom ist

$$dq = CdV_C = Idt = I_m \sin(\omega t - \varphi)\, dt \tag{27.32}$$

und

$$V_C = \frac{I_m}{C} \int \sin(\omega t - \varphi)\, dt = -\frac{I_m}{C\omega} \cos(\omega t - \varphi) \tag{27.33}$$

und weiterhin

$$V_C = \frac{I_m}{C\omega} \sin(\omega t - \varphi - \frac{\pi}{2}) \tag{27.34}$$

Gl. (27.34) zeigt, daß die Spannung V_C an den Klemmen der Kapazität dem Strom I um $\pi/2$ nachläuft. Die Größe $\frac{1}{C\omega}$ heißt **kapazitiver Widerstand**.

Man kann den Ausdruck (27.30) umwandeln in

$$V = RI_m \sin(\omega t - \varphi) + I_m(L\omega - \frac{1}{C\omega}) \cos(\omega t - \varphi) \tag{27.35}$$

Wenn man die Ausdrücke (27.16) und (27.35) vergleicht, ergibt eine Rechnung analog zu der des Abschn. 27.4

$$I_m = \frac{V_m}{\sqrt{R^2 + (L\omega - \frac{1}{C\omega})^2}} \tag{27.36}$$

27. Wechselstrom

und

$$\tan\varphi = \frac{L\omega - \frac{1}{C\omega}}{R} \qquad (27.37)$$

Die Größe

$$Z = \sqrt{R^2 + (L\omega - \frac{1}{C\omega})^2} \qquad (27.38)$$

ist der Scheinwiderstand des Stromkreises.

27.8. Resonanz. Der Ausdruck (27.36) zeigt, daß I_m durch ein Maximum geht, wenn $L\omega - \frac{1}{C\omega} = 0$. Man sagt, es herrsche Resonanz: $\tan\varphi = 0$, und die Spannung ist mit dem Strom in Phase. Wenn man die Frequenz $\nu = \omega/2\pi$ einführt, schreibt sich die vorstehende Relation

$$\nu = \frac{1}{2\pi\sqrt{LC}} \qquad (27.39)$$

die gerade diejenige Frequenz ν angibt, für die sich in einem Stromkreis der Kapazität C und der Induktivität L Resonanz ergibt. Die Kurven in Fig. 260 zeigen die Änderungen von I_m als Funktion von ν gemäß (27.36) und für zwei Werte R_1 und R_2 des Widerstandes R ($R_2 > R_1$).

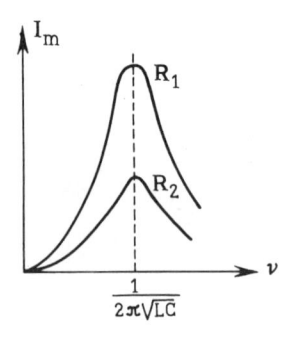

Fig. 260
Resonanz

27.9. Leistung bei einem Wechselstrom. Sei $V = V_m \sin\omega t$ die Spannung an den Klemmen eines Stromkreises, der von dem Strom $I = I_m \sin(\omega t - \varphi)$ durchflossen wird. Während eines sehr kleinen Zeitintervalls dt kann man V und I als konstant betrachten, und die von dem Strom gelieferte Energie ist gemäß (18.11)

$$dW = VIdt = V_m I_m \sin\omega t \, \sin(\omega t - \varphi) dt \qquad (27.40)$$

woraus folgt

$$dW = \frac{1}{2} V_m I_m [\cos\varphi - \cos(2\omega t - \varphi)] \, dt \qquad (27.41)$$

Die Energie während einer Periode T ist somit

$$W = \frac{V_m I_m}{2} \int_0^T \cos\varphi \, dt - \frac{V_m I_m}{2} \int_0^T \cos(2\omega t - \varphi) dt = \frac{T}{2} V_m I_m \cos\varphi \qquad (27.42)$$

denn das zweite Integral ist Null, da die Werte, die von $\cos(2\omega t - \varphi)$ angenommen werden, wechselseitig dem Betrag nach gleich aber von verschiedenem Vorzeichen sind. Die Leistung, die der Strom liefert, ist also

$$P = \frac{V_m I_m}{2} \cos\varphi \qquad (27.43)$$

oder mit den Effektivwerten

$$P = V_{eff} I_{eff} \cos\varphi \qquad (27.44)$$

Wenn der Stromkreis nur Widerstände enthält, ist

$$\varphi = 0 \text{ und } \cos\varphi = 1$$

Wenn der Stromkreis auch eine Induktivität und eine Kapazität umfaßt, gilt $\cos\varphi < 1$, und die Leistung wird verringert. Die Leistung ist Null, wenn $\varphi = \pi/2$, und man nennt den Strom leistungslos (wattlos). Der Faktor $\cos\varphi$ wird Wirkfaktor genannt.

27.10. Transformatoren. Die Transformatoren erlauben es, die Spannung von Wechselströmen zu ändern. Ein Transformator besteht aus einem Eisenrahmen, auf den zwei verschiedene Spulen P und S gewickelt sind, wie es sehr schematisch in Fig. 261 gezeigt wird. Die Primärwicklung P ist mit der Quelle der Wechselspannung verbunden, und die Sekundärwicklung arbeitet als eine neue Spannungsquelle.

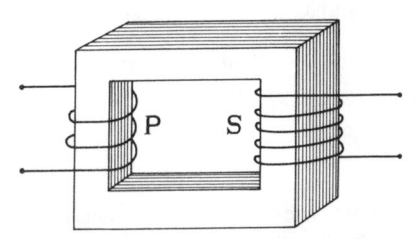

Fig. 261
Transformator

Seien V_1 und V_2 die Spannungen an den Klemmen der Primär- und der Sekundärwicklung zu einem gegebenen Zeitpunkt, n_1 und n_2 die Anzahl der Wicklungen der beiden Spulen und Φ der periodische Induktionsfluß durch den Eisenkern. Die Primärwicklung verhält sich wie ein Verbraucher, an dem eine Spannung V_1 anliegt und der durch Selbstinduktion zum Träger einer elektromotorischen Kraft $-n_1 \frac{d\Phi}{dt}$ wird. Wenn R_1 der Widerstand der Primärwicklung ist und I_1 die Stärke des Stromes, der sie durchfließt, ergibt sich das Ohmsche Gesetz

$$V_1 - n_1 \frac{d\Phi}{dt} = I_1 R_1 \qquad (27.45)$$

27. Wechselstrom

Sei I_2 der Strom, der durch die Sekundärwicklung fließt, und R_2 ihr Widerstand. Die Sekundärwicklung verhält sich wie ein Generator mit dem Widerstand R_2, der eine Spannung V_2 erzeugt und dessen elektromotorische Kraft $V_2 + I_2 R_2$ gleich $-n_2 \frac{d\Phi}{dt}$ ist.

$$V_2 + I_2 R_2 = - n_2 \frac{d\Phi}{dt} \tag{27.46}$$

In einem Transformator sind die Widerstände der Stromkreise stets gering, und man kann annehmen, daß $I_1 R_1$ und $I_2 R_2$ gegen V_1 und V_2 vernachlässigbar sind. Man erhält also zu jedem Zeitpunkt

$$\frac{V_2}{V_1} = - \frac{n_2}{n_1} \tag{27.47}$$

wobei das negative Vorzeichen bedeutet, daß V_2 und V_1 entgegengesetzte Phasen haben. Man erhält die gleiche Relation zwischen den Effektivspannungen

$$\frac{V_{2\text{eff}}}{V_{1\text{eff}}} = \frac{n_2}{n_1} \tag{27.48}$$

Das Verhältnis n_2/n_1 wird Übersetzungsverhältnis genannt. Wenn $n_2 > n_1$, ist der Transformator ein Hochspannungstransformator, wenn $n_2 < n_1$, ist er ein Niederspannungstransformator.

Mit der Annahme, daß die von der Sekundärseite abgegebene Leistung gleich der an die Primärseite gelieferten Leistung ist (keine Verluste in dem Transformator) und daß die Wirkfaktoren in der Primär- und der Sekundärwicklung die gleichen sind, erhält man

$$V_{1\text{eff}} I_{\text{eff}} = V_{2\text{eff}} I_{\text{eff}} \tag{27.49}$$

und gemäß (27.48)

$$\frac{I_{1\text{eff}}}{I_{2\text{eff}}} = \frac{V_{2\text{eff}}}{V_{1\text{eff}}} \tag{27.50}$$

Auf der Seite, auf der die Spannung höher ist, ist der Strom geringer. Man zeigt wie bei den Spannungen, daß die Primär- und Sekundärströme zu jedem Zeitpunkt in entgegengesetzter Phase sind. Es gibt unzählige Anwendungen von Transformatoren. Eine wichtige Anwendung ist der Transport von elektrischer Energie. Mit Hilfe eines Hochspannungstransformators erhöht man die Spannung beträchtlich (z.B. 300 000 Volt), und man verringert die Stromstärke. Die Verluste durch den Jouleschen Effekt werden dadurch ebenfalls reduziert, und man kann den Strom wirtschaftlich transportieren.

Auf der Empfängerseite erreicht man mit Hilfe eines Niederspannungstransformators die gewünschte, vergleichsweise geringe Spannung.

Sachverzeichnis

Abschirmung, elektrische 140
Adhäsionskraft 67, 100
Adiabaten 124
Akkumulator 194
Aktion und Reaktion, Prinzip von 30
Ampere, Definition 165
Amperesche Regel 155, 162
Anionen 184
anisotrop 77
Anziehung, elektrostatische 91
– zwischen kleinen schwimmenden Körpern 104
Äquipartitionsgesetz 72
Äquipotentialfläche 143
Äquivalenzprinzip 125
Arbeit 35 f.
– der elektromotorischen Kräfte 161
– einer Kraft 35
–, Erhaltung der 36
Archimedischer Auftrieb 62
Archimedisches Gesetz 54
Aufsteigen in kapillaren Röhren 102
Auftrieb 63
– bei Flugzeugen 63
Ausbreitung von Wärme 119
Avogadrosche Zahl 74

Bänder, Energie- eines Kristalls 187 ff.
–, erlaubte 187
–, Leitungs- 188
–, Valenz- 188
–, verbotene 187
Batterie 194
Bernoullische Gleichung 56 f., 63
Bertholletscher Versuch 108
Beschleunigung 24
–, Führungs- 28
–, Normal- 25
–, Tangential- 25
–, Winkel- 26
–, Zentripetal- 32

Besetzungswahrscheinlichkeit 189
Bewegung, absolute 27
–, geradlinige 25, 28
Bewegungsgröße 39
Bezugssystem 21
–, absolutes 22
– Erde–Sterne 21
–, kopernikanisches 22
Bindungsenergie 186
Bio-Savartsches Gesetz 162 f., 165
Blättchenelektroskop 138
Bleiakkumulator 195
Boltzmann-Konstante 75
Bose-Einstein-Statistik 70
Boyle-Mariottesches Gesetz 70, 112
Bravaissche Gitter 79 ff.
Brownsche Bewegung 68

Carnot, Prinzip von 128 f., 132
Clausius, Prinzip von 128 f.
Coolidgesche Röhren 182
Coulomb, Definition 165
Coulombsche Anziehungskräfte 91
Coulombsches Gesetz 137
Crookescher Dunkelraum 181
Curie-Punkt 172

Daltonsches Gesetz 110
Dampfdruck 113
– kurve 114
Daniell-Element 194
Defektelektronen 189
Diamagnetismus 166
Diamantgitter 90
Dielektrika 137
Diffusion 106
Diffusionskoeffizient 107, 110
Dipol, elektrischer 65
Drehimpuls 47
– satz 47
Drehmoment 45
– einer Kraft 45
Drei-Finger-Regel 153
Druck eines Gases 73
– im Inneren eines Flüssigkeitstropfens 97

Druck einer Flüssigkeit 55
–, osmotischer 107 f., 192
Dutrochet, Experiment von 108
Dynamik, Grundgesetz der 31 f.

Effekte des Wechselstroms 198
Eigeninduktivität 175
Einkristall 87
Electrophorus electricus 195
elektrische Abschirmung 139
– Energie 150
– Leitfähigkeit 149
elektrischer Generator 147
– Leitwert 149
– Strom 147
– Widerstand, spezifischer 149
– Wind 141
elektrisches Feld 140
–– einer Kugel 140
elektrische Spannung 147
elektrisches Potential 142
elektrische Stromstärke 148
Elektrizität, negative 136
–, positive 136
–, Reibungs- 136
Elektrogenese 195
Elektrolyse 184
Elektrolyt 184
Elektrometer 145 f.
Elektron, Bindungsenergie 186
–, Energieniveau 186
Elektronen/gas 92
–, mittlere Strömungsgeschwindigkeit freier 148
Elektron-Loch-Paare 190
Elektrophorese 195
Elementarzelle 86
Energie, Änderung der inneren 125
– bänder 187 f.
––, Besetzung der 188
–, elektrische 150
– erhaltung 39, 126
–, Gesamt- 126
–, Gleichverteilung 72

Sachverzeichnis

Energie, innere 125 f.
—, kinetische 37
—, mechanische 39
— niveau 186
—, potentielle im Schwerefeld 38
— zustand 186
Entladung in verdünnten Gasen 180
Entmagnetisierung 168
Entropie 133 ff.
Erstarrungsverzögerung 116

Faradayscher Dunkelraum 181
— Käfig 140
Faradaysches Gesetz der Elektrolyse 185
——— elektromagnetischen Induktion 174 f.
Feld/konstante, magnetische 163
— stärke, magnetische 164 167
Fermi-Dirac-Statistik 70, 188
— energie 188
Fernwirkungskräfte 29
Ferromagnetismus 166
Festkörper, kristalliner 77
Ficksche Apparatur 106
Flotation 102
Fluchtgeschwindigkeit 43, 51
Fluidität 105
Fluoreszenzlicht 181
Fluß 174
Flüssigkeit, Druck in einer 55
—, Ergiebigkeit der 56
—, ideale 52
—, Molekularstruktur der 93
—, reale 52
—, Strömung einer idealen 55
—, Struktur der 93
—, Viskosität von 104
Freiheitsgrade 72
Frequenz 27

Galvanisches Element 194
Gase, Struktur der 68

Gas, ideales 70
——, Zustandsgleichung 70 f.
— im molekularen Zustand 76
Gay-Lussacsches Gesetz 70
Gesamtimpuls 41
Geschwindigkeit, absolute 28
—, kritische 60
—, mittlere 23, 69
Geschwindigkeitsquadrat 69
—, mittleres 72
Geschwindigkeit von Fischen 64
Gesetz vom größten Fluß 160
Gitter 78, 89
—, Elementarzelle des 78
— translation 78
Gleichgewichtszustand 116 f., 121, 124
Gleichstrom 147
Glimmlicht, negatives 181
Gravitation 48
Gravitationskonstante 48
Grenzflächenspannung 99
Grundelement 82

Halbleiter 190
—, n-leitend 190
—, p-leitend 190
Hochspannungstransformator 204
Hookesches Gesetz 67
Hystereseschleife 170

Impedanz 200
Impuls 39
— erhaltung 41 f.
—, relativistisches 43
Induktion, elektromagnetische 172
—, magnetische 153 ff., 163, 165, 167
—, Selbst- 175
Induktions/feld 153, 155, 157, 162
— fluß 159
——, Gesetz vom größten 160
— linien 153
Induktor 177
Influenz 138 f.

Inversionstemperatur 191
Ionen/bindung 91
— kristalle 91
Ionisation 141, 179 f.
Isotopenanreicherung 111
isotrop 77

Joule 36, 119, 150
Joulescher Versuch 126
Joulesches Gesetz 150
Jurinsches Gesetz 102 f.

Kalorie 119
Kältemaschinen 129
Kapazität 144, 146
Kapillardepression 104
Kapillare 102
Kardanische Aufhängung 48
Kathodenstrahlen 181 ff.
Kationen 184
Kelvin, Prinzip von 127
Keplersche Gesetze 49
Koerzitivkraft 169
Kohäsion 94
Kohäsionskraft 67, 94, 100
Kolloid 195
Kondensationstemperatur 114
Kondensator 146
Kontaktkräfte 29
Konvektion 120
Koordinaten 21
Korkenzieherregel 156, 162
Körper, rotationssymmetrischer 47
—, starrer, Gleichgewichtsbedingung 44
Kraft 29
—, Arbeit einer 35
—, elektromotorische 151, 196
—, gegenelektromotorische 151
— linien eines elektrischen Feldes 140
——— Feldes 38
——— Magneten 158
——— Stromes 162
—, magnetische 153
— moment 44
— stoß 40
—, Vektornatur der 29
— zwischen Leitern 164

Sachverzeichnis

Kraft zwischen Molekülen 65
Kreisbewegung 25
Kreisel 47
– kompaß 48
Kreisprozeß 121, 124
–, Carnotscher 130
–, monothermischer 127
Kristall 83
– dioden 190
–, dotierter 190
Kristalle mit metallischer Bindung 92
– – Valenzbindung 90
Kristall/flächen 87
– gitter 77
– strukturen 83 f.
Krümmungsradius 25

Ladung, magnetische 158
Laplacesches Gesetz 155
Leistung 36
Leiter 137, 189
Leitfähigkeit, elektrische 149
Leitungsband 188
Lenzsche Regel 173, 175
Löcher 189
Lösung 106
Lösungs/druck 192
– mittel 106

Magnet, Induktionslinien eines 158
Magnetisierung 167
–, Bereiche mit spontaner 171
–, induzierte 158, 166
–, remanente 169
Magnetisierungskurven 168
Magnet, permanenter 171
Magnus-Effekt 63
Masse 30
Maxwell-Boltzmann-Statistik 70
–, Gesetz von 160
Mechanik, nicht relativistische 43
–, relativistische 43
Metall, Normalpotential 192
Molekülgeschwindigkeit, Verteilungsgesetz der 68

Molekül/kristalle 88
–, nicht polares 65
–, polares 65
Molmasse 75
Momentan/beschleunigung 24
– geschwindigkeit 23
Moment, magnetisches 156, 171

Netzebene 78
Newtonsche Gesetze 30 f., 48
– Mechanik 30
Nichtleiter 137, 189
Niederspannungstransformator 204
Niveaulinien eines Feldes 38
n-Leiter 190
Normal/beschleunigung 25
– potential 192
npn-Leiter 190
Nullpunkt, absoluter 71

Oberflächen/kräfte 94 f.
– spannung 96
Oerstedscher Versuch 161
Ohm 149
Ohmsches Gesetz 149
Osmose 108

Paramagnetismus 166, 171
Partialdrücke 109
Pascal, Prinzip von 55
Peltier-Effekt 191
Periode 27
Permeabilität, magnetische 167
Perpetuum mobile 127 f.
Pferdestärke 36
Phasen/übergang 111
– verschiebung 27
p-Leiter 190
pnp-Leiter 190
Poiseuillesches Gesetz 59
polarisieren 141, 194
Polykristall 88
Potential/abfall 181
– der Schwerkraft 38
– differenz 143
– einer Kugel 144
– im Schwerefeld 37
Primärspule 177, 203

Primär/strom 177, 204
– wicklung 203
Prinzip von Wirkung und Gegenwirkung 29
Prozeß, irreversibler 121
–, isothermer 121
–, monothermischer 121
–, nicht geschlossener 125
–, reversibler 121 f.
Punkt, kritischer 113

Rakete 42 f.
Randwinkel 101
Raumgeschwindigkeit, erste 50
Reibung, Elektrisierung durch 136
Reibungskräfte bei laminaren Strömungen 61
– – turbulenten Strömungen 62
Relativ/bewegung 27
– geschwindigkeit 28
relativistischer Impuls 43
Resonanz 202
– frequenz 202
Reynoldsche Zahl 60 f.
Riesenmoleküle 91

Satelliten, künstliche 49
Sättigung, magnetische 169
Sättigungs/druck 113
– – kurve 114
– kurve 113
Scheinwiderstand 200, 202
Schmelzen 77, 115
Schmelz/punkt 115
– temperatur 115
Schwerelosigkeit 35
Schwer/kraft 48, 51
– punkt 46
– – satz 46
Schwingung 27
Sekundär/spule 177
– ströme 204
– wicklung 203
Selbstinduktionskoeffizient 175
Siede/temperatur 114
– verzug 114
Spaltebenen 87
Spannung, effektive 200
–, elektrische 143

Sachverzeichnis

spezifischer Widerstand 149
spezifische Wärme 119
Spin 171
Stoff, homogener 111
Stokesches Gesetz 61
Stoß 40
−, elastischer 40
− ionisation 180 f.
−, unelastischer 40
Strom/dichte 148
−, hochfrequenter 196
−, induzierter 172 f.
− kreis 152, 176
−−, Zeitkonstante eines 176
− linien 55
−, niederfrequenter 196
− quelle 147
− richtung, konventionelle 147
−−, positive 147
− stärke, effektive 197
Strömung, laminare 59
−, stationäre 55
−, turbulente 60
Strom, wattloser 203
Struktur, atomare, der Kristalle 83
− der Flüssigkeiten 93
−− Gase 68
Sublimation 117
suprafluid 106
suprafluider Zustand 104
Supraleitung 149
Suszeptibilität, magnetische 167
System 120
−, thermisch isoliertes 121
− -Umgebung 120

Tangentialbeschleunigung 25
Teilchen, Bahnkurve eines geladenen 154
Temperatur, absolute 133
−, kritische 113
− skala, thermodynamische 133

thermische Umwandlungen 119
Thermodynamik 119 ff.
−, erster Hauptsatz 124
−, statistische 121
−, zweiter Hauptsatz 127 ff.
Thermoelement 191 f.
Thermosäulen 192
Thermostat 121
Toricelli 58
Trägheit 30
Trägheitsmoment 47
Transformator 203
−, Übersetzungsverhältnis 204
Translation 27
Tripelpunkt 117

Universum, Entwicklung des 135
Unterbrecher 178
Unterkühlung 116

Valenz/band 188
− elektronen 186 f.
van-der-Waals-Kräfte 67, 88
van't Hoffsches Gesetz 108
venturische Röhre 57
venturisches Phänomen 57
Verdampfung 112
−, Verzögerung der 116
Verflüssigung 112
−, Verzögerung der 116
Viskosität 52
−, dynamische 58
− von Gasen 76
Viskositätskoeffizient von Gasen 77
Volumenergiebigkeit 60

Wärme, Ausbreitung von 119
− kraftmaschine 132
−−, Wirkungsgrad 132

Wärmeleitung 119
− menge 119
− reservoir 121
−, spezifische 119
− strahlung 119
Watt 36
Wechsel/strom 147
−−, Frequenz 196
−−, Leistung 202
− wirkung zwischen Molekülen 65
Weglänge, mittlere freie 75 f.
Widerstand, elektrischer 149
−, induktiver 200
− in einer Strömung 61 f.
−, innerer 151
−, kapazitiver 201
−, spezifischer 149
Winkel/beschleunigung 26
− geschwindigkeit 26 f.
Wirkfaktor 203
Wirkungs/grad 132
−− einer Wärmekraftmaschine 131
−−, maximaler 133
− querschnitt 76

Zelle, Elementar- 78
Zellen 79, 91 f.
−, kubisch raumzentrierte 79
−− flächenzentrierte 79
−, raumzentrierte 92
Zentrifugalkraft 34
Zustand, fester 77
−, flüssiger 93
−, gasförmiger 68
−, kristalliner 77
Zustandsänderung 111
−, adiabatische 121
−, adiabatisch reversible 124
−, isotherme 121
−, monothermische 121
−, reversible 122, 124
−, thermische 119